Wietschel • Fichtner • Rentz (Hrsg.)

Regenerative Energieträger

Der Beitrag und die Förderung regenerativer Energieträger im Rahmen einer Nachhaltigen Energieversorgung

Wietschel • Fichtner • Rentz (Hrsg.)

Regenerative Energieträger

Der Beitrag und die Förderung regenerativer Energieträger im Rahmen einer Nachhaltigen Energieversorgung

WILEY-VCH Verlag GmbH & Co. KGaA

Bibliografische Information der Deutschen Nationalbibliothek
Die Deutsche Nationalbibliothek verzeichnet diese Publikation in der Deutschen Nationalbibliografie; detaillierte bibliografische Daten sind im Internet über http://dnb.d-nb.de abrufbar.

ISBN 978-3-527-32181-0

Vorwort

Die Forderung nach einem Nachhaltigen Wirtschaften, um der Verantwortung der heutigen Generation für die Lebensgrundlagen künftiger Generationen gerecht zu werden, bestimmt die aktuelle umweltpolitische Diskussion. Nachdem die ethisch motivierten Forderungen, die sich aus dem Leitbild einer Nachhaltigen Entwicklung ergeben, weitgehend akzeptiert sind, steht man heute vor der Herausforderung, Konzepte und Lösungswege zu entwickeln, die eine praktische Umsetzung eines Nachhaltigen Wirtschaftens in den jeweiligen Handlungsfelder ermöglichen.

Innerhalb der Gestaltung einer Nachhaltigen Energiewirtschaft spielen regenerative Energieträger aufgrund ihres potenziellen Beitrages zur Ressourcenschonung von fossilen Energieträgern und zur Minderung der klimawirksamen Spurengase eine besondere Rolle. Es stellt sich somit die Frage, wie regenerative Energieträger am effektivsten und effizientesten gefördert werden sollen und welchen Beitrag sie innerhalb einer an Nachhaltigkeitskriterien ausgerichteten Energiewirtschaft leisten können. Am Deutsch-Französischen Institut für Umweltforschung (DFIU) und am Institut für Industriebetriebslehre und Industrielle Produktion (IIP) der Universität Karlsruhe (TH) wurden in den vergangenen Jahren verschiedene Forschungsvorhaben zu diesem Themenkomplex bearbeitet. Ziel des vorliegenden Buches ist es, die aktuellen Forschungsergebnisse zusammenfassend einem breiten Fachpublikum vorzustellen.

Die Forschungsvorhaben wurden u.a. gefördert von der Landesanstalt für Umweltschutz Baden-Württemberg (LfU), durch das Projekt BWPLUS der Landesanstalt für Umweltschutz Baden-Württemberg aus Mitteln des Ministeriums für Umwelt und Verkehr des Landes Baden-Württemberg und aus Mitteln des Büros für Technikfolgen-Abschätzung beim Deutschen Bundestag. Diesen Institutionen sei an dieser Stelle ein herzlicher Dank für ihre Unterstützung ausgesprochen. Dem Ministerium für Umwelt und Verkehr des Landes Baden-Württemberg wird auch für die finanzielle Unterstützung dieser Publikation gedankt.

Karlsruhe, den 09. Februar 2002

Die Herausgeber

Inhaltsverzeichnis

1 **Einleitung** 1
M. Wietschel

2 **Zur Gestaltung einer Nachhaltigen Energieversorgung** 4
M. Wietschel, N. Enzensberger, M. Dreher

2.1 Vorgehensweise zur Entwicklung einer nachhaltigen Umweltpolitik 4
2.1.1 Normative Nachhaltigkeitskonzepte im Überblick 7
2.1.2 Definition des Leitbilds einer Nachhaltigen Energieversorgung 9
2.1.3 Bestimmung von Problemfeldern 12
2.1.4 Festlegung von Indikatoren 14
2.1.5 Zielwerte von Indikatoren (Handlungsziele) 15
2.1.6 Identifikation und Bewertung von Strategien 17
2.1.7 Auswahl von umweltpolitischen Instrumenten und Festlegung von Maßnahmenbündeln 17
2.2 Strategien zur Gestaltung einer Nachhaltigen Energieversorgung 18
2.2.1 Strategien zur Effizienzverbesserung 18
2.2.2 Nutzung regenerativer Energieträger 21
2.2.3 Strategien zur Innovationsförderung 21
2.2.4 Strategien im Rahmen der Globalisierung 23
2.2.5 Nachhaltigkeitsstrategien im Verkehrsbereich 23
2.2.6 Zur Kombination von Nachhaltigkeitsstrategien 25
2.3 Zusammenfassung 26
2.4 Quellen 27

3 **Klassifizierung umweltpolitischer Instrumente und Bewertungskriterien** 30
N. Enzensberger, M. Wietschel

3.1 Allgemeine Instrumentenklassifikation 30
3.1.1 Hoheitliche Instrumente 30
3.1.1.1 Ordnungsrechtliche Instrumente 31
3.1.1.2 Ökonomische Instrumente 32
3.1.1.3 Suasorische Instrumente 33
3.1.1.4 Organisatorisch-strukturelle und regulatorische Instrumente 34
3.1.2 Maßnahmen und Instrumente der Privatwirtschaft 35
3.1.2.1 Unternehmensinitiativen 35
3.1.2.2 Selbstverpflichtungen 36
3.2 Kriterien für eine Instrumentenbeurteilung 36
3.2.1 Anforderungen an ein Kriterienraster 37
3.2.2 Bewertungskriterien für Instrumente der Nachhaltigkeit im Überblick 39
3.2.3 Kriterien der Zielerreichung hinsichtlich des Strategieziels 39
3.2.3.1 Grad der Zielerreichung 41
3.2.3.2 Geschwindigkeit der Zielerreichung 41
3.2.4 Kriterien der Zielerreichung hinsichtlich weiterer Partialziele einer Nachhaltigen Energieversorgung 42
3.2.5 Effizienzkriterien 43

3.2.5.1 Statische Effizienz ... 43
3.2.5.2 Dynamische Effizienz ... 43
3.2.5.3 Transaktionskosten ... 44
3.2.6 Kriterien der Systemkonformität ... 44
3.2.6.1 Marktkonformität ... 44
3.2.6.2 Rechtskonformität ... 45
3.2.7 Implementierungsanforderungen ... 46
3.2.7.1 Administrative Anforderungen ... 46
3.2.7.2 Regulierungsanforderungen ... 47
3.2.7.3 Flexibilität ... 48
3.3 Zusammenfassung ... 49
3.4 Quellen ... 49

4 Diskussion regenerativer Energieträger zur Stromerzeugung unter Nachhaltigkeitskriterien ... 51
M. Dreher

4.1 Einleitung ... 51
4.2 Untersuchungsgegenstand ... 52
4.3 Vorgehen bei der Beurteilung mit Hilfe des Kriterienrasters ... 56
4.4 Strategiebestimmte Kriterien bei der Förderung regenerativer Energieträger ... 57
4.4.1 Versorgungsstandard ... 57
4.4.1.1 Langfristige Fähigkeit zur Nachfragedeckung ... 57
4.4.1.2 Bedarfsgerechte Energiebereitstellung ... 58
4.4.1.3 Versorgungssicherheit der Stromversorgung ... 59
4.4.1.4 Versorgungsqualität der Stromversorgung ... 60
4.4.1.5 Versorgungssicherheit bei Energielieferungen ... 61
4.4.2 Ressourcen ... 62
4.4.2.1 Abbau nicht-regenerativer Energieträger ... 62
4.4.2.2 Abbau nicht-energetischer Rohstoffe ... 63
4.4.3 Umweltschutz ... 65
4.4.3.1 Artenschutz ... 65
4.4.3.2 Landschaftsschutz ... 66
4.4.3.3 Flächenverbrauch ... 67
4.4.3.4 Schadstoff- und Partikelemissionen ... 68
4.4.3.5 Klimaschutz ... 70
4.4.3.6 Abfall ... 72
4.4.4 Gesellschaft und Politik ... 73
4.4.4.1 Soziale Gerechtigkeit ... 73
4.4.4.2 Gesundheits- und andere Risiken ... 74
4.4.4.3 Beeinträchtigung der Lebens- und Wohnqualität ... 74
4.4.5 Wirtschaftlichkeit ... 76
4.4.5.1 Energiebereitstellungskosten ... 76
4.4.5.2 Wirtschaftsfaktoren ... 77
4.5 Maßnahmenbestimmte Kriterien ... 79
4.5.1 Quotenregelung ... 80
4.5.1.1 Zielerreichung ... 80
4.5.1.2 Effizienz ... 81
4.5.1.3 Systemkonformität ... 82
4.5.1.4 Implementierungsanforderungen ... 83

4.5.2 Erneuerbare-Energien-Gesetz (EEG) 84
4.5.2.1 Zielerreichung 84
4.5.2.2 Effizienz 85
4.5.2.3 Systemkonformität 87
4.5.2.4 Implementierungsanforderungen 88
4.5.3 Grüne Angebote 89
4.5.3.1 Zielerreichung 89
4.5.3.2 Effizienz 90
4.5.3.3 Systemkonformität 91
4.5.3.4 Implementierungsanforderungen 92
4.6 Zusammenfassung 93
4.7 Quellen 95

5 **Grüne Angebote als freiwilliges Förderinstrument** **99**
M. Dreher, S. Graehl, M. Wietschel

5.1 Grundlagen Grüner Angebote 99
5.1.1 Die Grundidee 99
5.1.2 Besondere Rahmenbedingungen für Grüne Stromangebote 100
5.1.3 Theoretische Überlegungen zur Entwicklung des Angebotserfolgs 101
5.1.4 Zusätzlichkeit Grüner Angebote 103
5.2 Der Markt für Grüne Angebote in Deutschland 106
5.2.1 Datenbasis zu Grünen Angeboten 106
5.2.2 Markteinführung 108
5.2.3 Unternehmensziele 109
5.2.4 Angebotsformen 110
5.2.5 Tarifmodelle 114
5.2.5.1 Preise und Absatzmengen 114
5.2.5.2 Marketing 117
5.2.5.3 Anlagen und Energieträger 118
5.2.5.4 Qualitätssicherung 120
5.3 Unterschiede zwischen den Akteursgruppen 122
5.4 Grüne Angebote als Alternative zu hoheitlichen Instrumenten 124
5.5 Instrumentenkombinationen und Förderwirkung 126
5.6 Zusammenfassung 128
5.7 Quellen 130

6 **Auswirkungen einer Förderung regenerativer Energieträger in der Stromerzeugung - Eine Energiesystemanalyse für Baden-Württemberg** **132**
M. Dreher

6.1 Einleitung 132
6.2 Analysemethodik 132
6.2.1 Das Energie- und Stoffflussmodell Perseus-Reg^2 132
6.2.2 Systemgrenzen der Modellierung 137
6.2.3 Handel mit Umweltzertifikaten 139
6.2.3.1 Modellierung der Förderung regenerativer Stromerzeugung 140
6.2.4 Optionen zur regenerativen Stromerzeugung 141
6.2.5 Rahmenbedingungen der Beispielregion Baden-Württemberg 142

6.3 Ergebnisse der durchgeführten Energiesystemanalysen ... 145
6.3.1 Folgen des Kernenergieausstiegs für die Emissionsentwicklung ... 145
6.3.2 Wesentliche Ergebnisse der Analysen zur Förderung regenerativer Stromerzeugung ... 146
6.3.2.1 Zur Nutzung von Deponie- und Klärgas ... 146
6.3.2.2 Die Förderung von Wasserkraftanlagen ... 146
6.3.2.3 Die Nutzung fester Biobrennstoffe vor dem Hintergrund der Emissionsentwicklung ... 147
6.3.2.4 Die Schlüsselrolle der Windkraft ... 150
6.3.2.5 Entwicklung der Erzeugungsgrenzkosten im Rahmen einer Förderregelung ... 151
6.4 Empfehlungen für zukünftige Förderregelungen ... 153
6.5 Zusammenfassung ... 155
6.6 Quellen ... 158

7 Entwicklung einer kombinierten Minderungsstrategie für Treibhausgase und die Massenluftschadstoffe SO_2 und NO_X - Eine Energiesystemanalyse für Baden-Württemberg ... 160
W. Fichtner, A. Fleury

7.1 Problemstellung und Zielsetzung ... 160
7.2 Methodik ... 161
7.2.1 Das PERSEUS-BW Modell ... 161
7.2.2 Berücksichtigung mehrerer Treibhausgase im PERSEUS-BW Modell ... 162
7.2.3 Kopplung an ein internationales Strom- und Zertifikatmarktmodell ... 163
7.3 Input Daten ... 163
7.3.1 Kraftwerkspark in Baden-Württemberg ... 163
7.3.2 Raumwärme und Warmwasser in Haushalten und Kleinverbraucher ... 164
7.3.3 Industrie ... 165
7.3.4 Verkehr und Landwirtschaft ... 165
7.4 Ergebnisse ... 166
7.4.1 Szenariodefinition ... 166
7.4.2 Szenario 1: Referenzfall ... 166
7.4.3 Szenario 2: Vorgabe einer CO_2-Obergrenze ... 167
7.4.4 Szenario 3: Vorgabe einer CO_2, NO_x und SO_2-Obergrenze ... 168
7.4.5 Szenario 4: Vorgabe einer CO_2-Obergrenze und Zertifikatshandel ... 169
7.4.6 Szenario 5: Berücksichtigung mehrerer Treibhausgase ... 170
7.5 Zusammenfassung und Ausblick ... 171
7.6 Quellen ... 171

8 Nutzung regenerativer Energieträger – Eine Prozesskettenanalyse am Beispiel der energetischen Holznutzung in Baden-Württemberg ... 174
U. Karl, F. Wolff

8.1 Holzsortimente zur energetischen Nutzung ... 175
8.1.1 Waldholz und Rinde ... 177
8.1.2 Gebrauchtholz ... 178
8.1.3 Landschaftspflegeholz ... 183
8.1.4 Sägenebenprodukte ... 184
8.1.5 Industrierestholz ... 184

8.2 Prozesskettenanalyse ... 185
8.2.1 Methodik der Prozesskettenanalyse ... 185
8.2.2 Auswahl typischer Prozessketten ... 186
8.2.2.1 Holzfeuerungen aus dem Bereich der kommunalen Nahwärmeversorgung ... 189
8.2.2.2 Fernheizwerke ... 190
8.2.2.3 Industrieheizkraftwerke mit reinen Holzfeuerungen ... 191
8.2.2.4 Mitverbrennung im Heizkraftwerk ... 191
8.2.3 Charakterisierung typischer Prozessketten ... 192
8.2.4 Transport ... 192
8.2.5 Bereitstellung des Brennstoffs Holz ... 193
8.2.5.1 Bereitstellung von Waldholz ... 193
8.2.5.2 Aufbereitung von Gebrauchtholz, Industrierestholz ... 194
8.2.5.3 Aufbereitung von Landschaftspflegeholz und Grünschnitt ... 194
8.2.5.4 Aufbereitung von Sägespänen und –mehl zu Pellets oder Briketts ... 195
8.2.6 Lagerung ... 195
8.2.7 Feuerungsanlagen für Holz ... 196
8.2.7.1 Emissionsminderungstechniken ... 198
8.2.7.2 Energieumwandlung ... 200
8.2.7.3 Mitverbrennung von Biomasse in Kohlefeuerungen ... 201
8.2.8 Verwertung bzw. Entsorgung der festen Rückstände ... 202
8.2.9 Ergebnisse der Prozesskettenanalyse für typische Anlagenbeispiele in Baden-Württemberg ... 203
8.3 Zusammenfassung aktueller Tendenzen in Baden-Württemberg ... 206
8.3.1 Marktsituation Alt- und Restholz ... 206
8.3.2 Pellets ... 207
8.4 Zusammenfassung ... 208
8.5 Quellen ... 209

1 Einleitung

M. WIETSCHEL

Das Leitbild einer Nachhaltigen Entwicklung ist heute weitgehend akzeptiert. Die Umweltpolitik steht jedoch vor der Herausforderung, die Umsetzung der Leitidee einer Nachhaltigen Entwicklung in verschiedenen Handlungsfeldern durch Setzung des Ordnungsrahmens gezielt zu fördern. Das Handlungsfeld einer Nachhaltigen Energieversorgung ist dabei von besonderem Interesse, weil viele der heute akuten Umweltprobleme, wie der Treibhauseffekt, die Ressourcenschonung, der Saure Regen oder die bodennahe Ozonbelastung, mit der Umwandlung von Energie in Verbindung gebracht werden. Weiterhin finden in der Energiewirtschaft der Bundesrepublik Deutschland - aber auch weltweit - zur Zeit in Folge der eingeleiteten Liberalisierung bei der Strom- und Gasversorgung einschneidende Umstrukturierungsprozesse statt. Die ehemals weitgehend geschützten Energieversorgungsunternehmen sehen sich einer verstärkten Wettbewerbssituation ausgesetzt. Dies kann auch dazu führen, dass der Umweltschutz an Stellenwert in den Unternehmen verliert und neue Formen der Regulierung, die dem geänderten Ordnungsrahmen angepasst sind, notwendig werden.

Vor diesem Hintergrund ist die Nutzung von regenerativen Energieträgern zur Strom- und Wärmeerzeugung eine Option, die vor allem im Zusammenhang mit der im Rahmen von Klimaschutzzielen angestrebten Verringerung von CO_2-Emissionen sowie der Begrenztheit fossiler Ressourcen als besonders erfolgsversprechend angesehen wird. Allerdings besteht die Problematik, dass die Nutzung regenerativer Energieträger in vielen Anwendungsfällen gegenüber der konventionellen Energieerzeugung nicht konkurrenzfähig ist. Aus diesem Grund wird in der nationalen wie auch internationalen Energie- und Umweltpolitik häufig die Strategie der gezielten Förderung regenerativer Energieträger verfolgt. So strebt die Bundesregierung eine Verdoppelung des Anteils regenerativer Energien an der Elektrizitätserzeugung bis zum Jahre 2010 an. Auch die Europäische Kommission formuliert in ihrem White Paper zur Nutzung Erneuerbarer Energien die Zielsetzung einer Verdoppelung des Anteils erneuerbarer Energien bis 2010 auf einen Anteil von 12% am gesamten Energieverbrauch. Damit stellt sich die Frage, wie regenerative Energieträger am effektivsten und effizientesten gefördert werden sollen und welchen Beitrag sie an der Gestaltung einer Nachhaltigen Energieversorgung leisten können.

Ausgehend von diesen Problemstellungen werden in dem vorliegenden Fachbuch verschiedene Themenkomplexe behandelt. Um überhaupt eine Bewertung des Beitrages von regenerativen Energieträgern an einer Nachhaltigen Energieversorgung vornehmen zu können, muss zuerst geklärt werden, welche Anforderungen sich aus der Nachhaltigkeitsdiskussion für die Energieversorgung ergeben. Die Herausforderung dabei ist, ausgehend von den unterschiedlich ethisch motivierten Nachhaltigkeitsverständnissen eine grundlegende Interpretation einer Nachhaltigen Energieversorgung aufzustellen. Auf deren Basis sind dann sektorspezifische Problemfelder wie die Klimaveränderung durch energiebedingte Treibhausgase oder die Versorgungssicherheit zu identifizieren und zu quantifizieren. Darin schließt sich die Erhebung von Bewertungskriterien für anvisierte Anpassungsprozesse der Akteure - wie der verstärkten Nutzung von regenerativen Energieträgern zur Stromerzeugung oder bessere Wärmedämmmaßnahmen an Gebäuden – an. Um die Anpassungsprozesse zu initiieren, stehen umweltpolitische Instrumente wie eine Energiesteuer oder ein Zertifikatehandel zur Verfügung. Zu deren Abwägung im Rahmen einer Nachhaltigkeitsdiskussion sind Bewertungsmaßstäbe zu eruieren. Dieser Themenkomplex wird in Kapitel 2 übersichtsartig behandelt und in Kapitel 3 dahingehend vertieft, dass dort die verschiedenen umweltpolitischen Instrumente klassifiziert, kritisch gewürdigt werden und anschließend ein Kriterienraster entworfen wird, das zur Bewertung umweltpolitischer Instrumente herangezogen werden kann. Da der verstärkte Einsatz regenerativer Energieträger in Konkurrenz zu anderen Optionen für die Gestaltung einer Nachhaltigen Energieversorgung steht, werden in Kapitel 2 die verschiedenen Optionen kurz skizziert.

In Kapitel 4 werden einzelne regenerative Energieträger der Stromversorgung unter Nachhaltigkeitsaspekten diskutiert. Dazu werden die in Kapitel 2 herausgearbeiteten Problemfelder einer Nachhaltigen Energieversorgung - wie der Flächenverbrauch einzelner Erzeugungstechnologien - herangezogen und für die verschiedenen in der Bundesrepublik Deutschland relevanten regenerativen Energieträger und deren Umwandlungstechnologien diskutiert. Dann werden die drei zur Zeit im Zentrum der Diskussion stehenden umweltpolitischen Instrumente zur Förderung regenerativer Energieträger - das in der Bundesrepublik Deutschland implementierte Erneuerbare-Energien-Gesetz (EEG), eine Quotenregelung sowie Grüne Angebote – hinsichtlich verschiedener (in Kapitel 3 herausgearbeiteter) Kriterien wie Grad der Zielerreichung oder Marktkonformität näher untersucht.

Im anschließenden 5. Kapitel erfolgt eine vertiefte Diskussion von Grünen Angeboten, die auf freiwilliger Basis eine Förderung von Strom aus regenerativen Anlagen ermöglichen. Dabei werden die Perspektiven Grüner Angebote sowie die aktuelle Situation am Markt über verschiedene empirische Erhebungen dargestellt und Problembereiche sowie zukünftige Handlungsfelder in diesem Segment aufgezeigt.

Um zu stärker quantitativen Aussagen zu gelangen, werden im folgenden 6. Kapitel über eine Energiesystemanalyse die Auswirkungen einer Förderung regenerativer Energieträger in der Stromerzeugung am Anwendungsbeispiel Baden-Württembergs erhoben. Baden-Württemberg bietet sich für eine derartige Analyse an, weil u.a. aufgrund des hohen Kernenergieanteils an der Stromerzeugung und des beschlossenen Ausstiegs aus der Kernenergie Umwälzungen in der Kraftwerksstruktur zu erwarten sind. Es erfolgt eine Darstellung der methodischen Basis, der Modellergebnisse sowie eine Identifikation der Auswirkungen eines solchen Förderansatzes.

Weiterhin werden Schlussfolgerungen bezüglich einer zukünftigen Ausgestaltung von Förderinstrumenten für regenerative Energieträger dargestellt.

Ebenfalls auf der Basis einer Energiesystemanalyse wird im sich anschließenden 7. Kapitel wiederum für Baden-Württemberg aufgezeigt, wie eine in sich konsistente Minderungsstrategie für Treibhausgase ausgestaltet werden kann, und welche Rolle hierbei die regenerativen Energieträger im Vergleich zu anderen Optionen spielen können. Die Minderungsstrategien für Treibhausgase werden dabei kombiniert mit Minderungsstrategien für SO_2- und NO_x-Emissionen, die u.a. für den Sauren Regen bzw. im Falle von NO_x auch für die Überdüngung von Böden und Gewässern sowie die trophosphärische Ozonbildung verantwortlich gemacht werden.

Im abschließenden 8. Kapitel erfolgt die Untersuchung der Nutzungsmöglichkeiten von Holz am Beispiel einer Prozesskettenbetrachtung als alternative Analysemöglichkeit zur Energiesystemplanung. Hierbei liegt der Schwerpunkt auf der sehr zahlreich umgesetzten Nutzung von Holz zur Wärmeerzeugung. Die Prozesskettenanalyse erfolgt auf Grundlage von existierenden Anlagen in verschiedenen Regionen von Baden-Württemberg. Dabei wird vor allem der im Vergleich zu anderen regenerativen Energieträgern relevante Bereich der Holzbereitstellung und Ascheentsorgung näher beleuchtet.

2 Zur Gestaltung einer Nachhaltigen Energieversorgung

M. WIETSCHEL, N. ENZENSBERGER, M. DREHER

2.1 Vorgehensweise zur Entwicklung einer nachhaltigen Umweltpolitik

Im Folgenden wird eine Vorgehensweise skizziert, wie ausgehend von einem abstrakten Nachhaltigkeitsbegriff über eine sukzessive Konkretisierung dieses Leitbilds Empfehlungen hinsichtlich einer geeigneten Politikgestaltung abgeleitet werden können[1]. Die Schrittfolge besteht im Wesentlichen aus acht Schritten. Dieses in Abbildung 1 grafisch dargestellte Vorgehensschema soll zunächst allgemein vorgestellt werden, bevor es in den nachfolgenden Unterkapiteln hinsichtlich der Implementierung einer Nachhaltigen Energieversorgung diskutiert wird.

Für die Bestimmung des Nachhaltigkeitsbegriffs existieren verschiedene theoretische Konzepte, die sich vor allem hinsichtlich der berücksichtigten Dimensionen wie Ökologie, Ökonomie und Soziales sowie den Forderungen hinsichtlich einer inter- und/oder intragenerativen Gerechtigkeit unterscheiden. Die erste Entscheidung in der Nachhaltigkeitspolitikgestaltung ist damit die Entscheidung für ein bestimmtes Nachhaltigkeitsverständnis, das dann im Folgenden die normative Grundlage für alle weiteren Schritte darstellt.

Der so determinierte Nachhaltigkeitsbegriff ist auf ein konkretes Aktionsfeld, in der Regel einen konkreten Wirtschaftssektor, zu übertragen. Es ist ein sektorspezifisches Leitbild zu erarbeiten, das für den betrachteten Sektor die relevanten Problembereiche entlang der durch das gewählte Konzept festgelegten Dimensionen aufzeigt. Dieses zunächst in der Regel noch relativ abstrakte Leitbild ist im nächsten Schritt bezüglich einzelner Problemfelder weiter zu differenzieren. Problemfelder beschreiben einzelne, relevante Teilaspekte eines Problembereichs (z.B. Klimaschutz als Unterpunkt des Problembereichs/Dimension Ökologie). Auch die Auswahl der im Folgenden zu betrachtenden Problemfelder ist ein wesentlicher Teil des politischen Entscheidungsprozesses.

Für die einzelnen Problemfelder sind sogenannte Indikatoren zu definieren, quantitative Kennzahlen, die eine problemrelevante Beschreibung des Ist- bzw. Soll-Zustands in den einzelnen

[1] Diese Vorgehensweise wurde im Rahmen einer Studie für das Büro für Technikfolgen-Abschätzung beim Deutschen Bundestag entwickelt (siehe [Rentz et al. 2001]). Verwiesen wird auch auf [Enzensberger et al. 2001] und [Wietschel et al. 2002].

Problembereichen gestatten. Die Festlegung von Soll-Werten für die einzelnen Indikatoren stellt dann einen der zentralen Schritte in der Entwicklung einer jeden Nachhaltigkeitspolitik dar. Ohne klare Zielwerte ist es kaum möglich, eine zielgerichtete Planung bzw. eine Erfolgskontrolle vorzunehmen.

Für die Ausrichtung des bestehenden Wirtschaftssystems an dem so entwickelten Zielsystem bedarf es geeigneter Strategien. Unter Strategien sollen hier alle zur Zielerreichung angestrebten technisch-organisatorischen Veränderungsprozesse im betrachteten Wirtschaftssektor verstanden werden (z.B. der Ausbau der Kraft-Wärme-Kopplung).

Umwelt- und energiepolitische Instrumente (z.B. Grenzwerte) dienen als politische Gestaltungsoptionen der Initiierung gewünschter Veränderungsprozesse. Die Strategie legt somit fest, in welcher Weise sich das bestehende System ändern soll, das Instrument beschreibt die Art des Eingriffs, der vorgenommen wird, um diese Veränderung zu unterstützen bzw. zu gewährleisten. Zur besseren Abgrenzung sollen Instrumente, zu denen die jeweiligen Ausgestaltungsmerkmale im Detail formuliert wurden, im Folgenden als Maßnahmen bezeichnet werden. Diese sind schließlich zu in sich konsistenten Maßnahmenbündeln zusammenzufassen.

Verschiedene der hier zunächst nur kurz dargelegten Schritte werden in den folgenden Unterkapiteln detaillierter beschrieben. Hierbei ist zu beachten, dass auf jeder dieser Ebenen Auswahlprozesse stattfinden, die die nachfolgenden Schritte jeweils determinieren: Entscheidung für bzw. gegen ein bestimmtes Nachhaltigkeitsverständnis, Auswahl/Formulierung von Managementregeln, Problemfeldern und Indikatoren, Festlegung von alternativen Zielwerten, Selektion zwischen verschiedenen Strategieansätzen, Instrumenten und Maßnahmen. Dieser sich sukzessiv weiter konkretisierende Entscheidungs- bzw. Auswahlprozess erfordert stets eine Abwägung unterschiedlicher Zielsetzungen und/oder Kriterien. Grundlage der Entscheidung stellt dabei zum großen Teil das Wertesystem der jeweiligen Entscheidungsträger dar. Eine allgemeingültige, rein an wissenschaftlich-objektiven Kriterien herbeigeführte Ableitung geeigneter Strategien und Instrumente zur Implementierung einer Nachhaltigen Energieversorgung kann es somit nicht geben. Allerdings kann diesbezüglich ein breiterer gesellschaftlicher Konsens herbeigeführt werden.

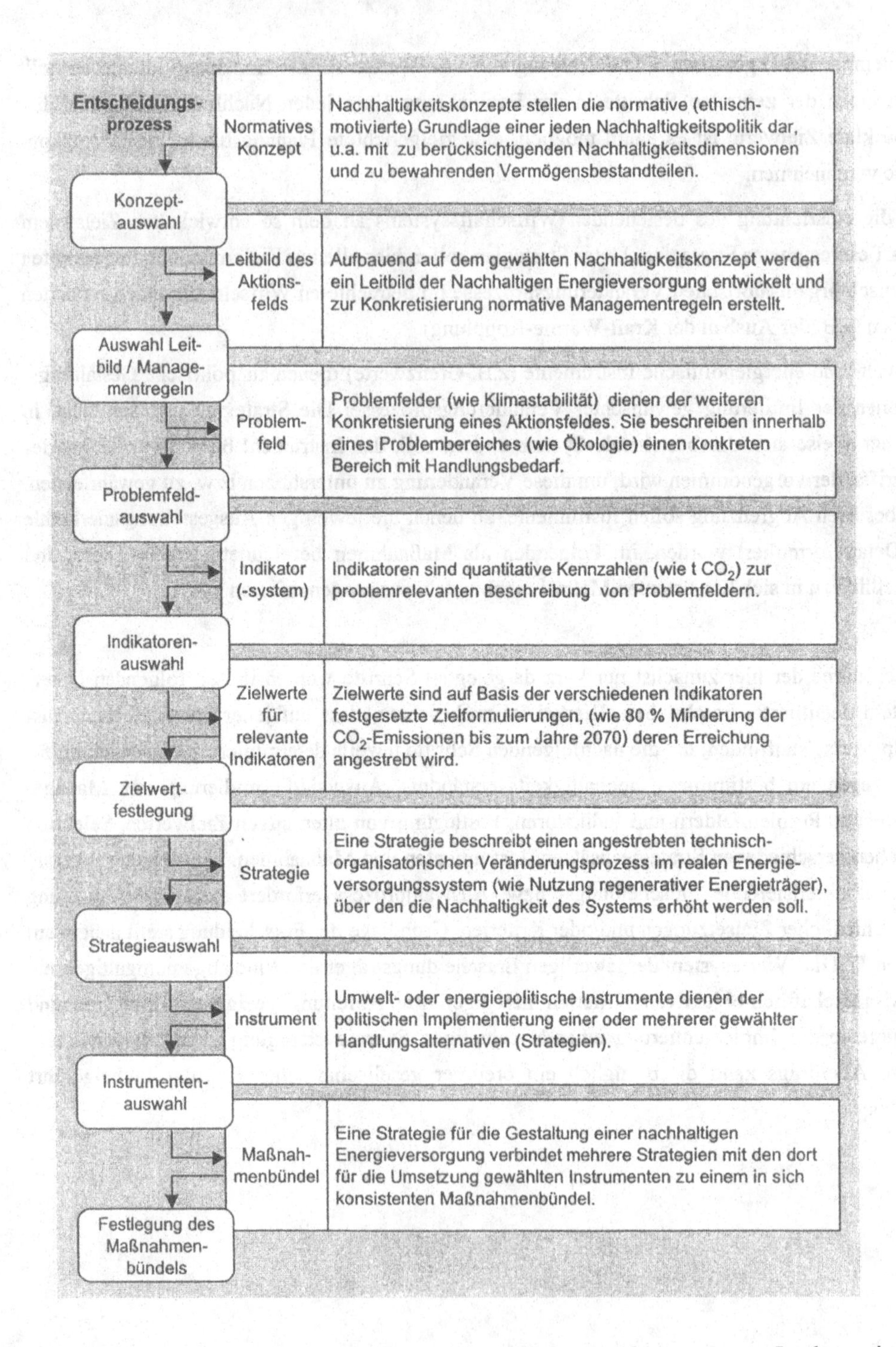

Abbildung 1: Vorgehensweise zur Ableitung von Politikempfehlungen zur Implementierung einer Nachhaltigen Entwicklung am Beispiel der Energieversorgung

2.1.1 Normative Nachhaltigkeitskonzepte im Überblick

In ihrem 1987 veröffentlichten Abschlussbericht „Our Common Future“[2] definiert die Brundtland-Kommission Nachhaltige Entwicklung als eine Entwicklung, die es gestattet, die Bedürfnisse der Gegenwart zu befriedigen, ohne die Fähigkeit zukünftiger Generationen, ihre eigenen Bedürfnisse zu befriedigen, zu beeinträchtigen. Letztlich fordert diese Umschreibung einer Nachhaltigen Entwicklung die treuhänderische Nutzung und besonders auch Bewahrung der uns zur Verfügung stehenden Lebensgrundlage (‚Vermögen' im weitesten Sinn) für nachkommende Generationen[3].

Während diese Definition der Brundtland-Kommission den Vorteil besitzt, in weiten Teilen der Wirtschaft, Politik und Gesellschaft konsensfähig zu sein, gestattet ihre wenig präzise Formulierung[4] vielfältige Interpretationen, die wiederum eine Diskussion um konkrete Maßnahmen zur Umsetzung dieses Leitbildes erschweren.

Zur aktuellen Bestimmung des Nachhaltigkeitsbegriffs mit dem Ziel einer stärkeren Operationalisierung, um Handlungsempfehlungen treffen zu können, spielt das Verständnis vom Erhalt des zu bewahrenden Vermögens eine entscheidende Rolle. Das Vermögen lässt sich nach Naturkapital in Form von natürlichen Ressourcen und Umweltqualitätsstandards, nach Sachkapital in Form von Produkten und Anlagen sowie intangible Ressourcen wie z.B. Wissen und weiteren wie z.B. Human- und/oder Sozialkapital differenzieren.

Das Konzept der schwachen Nachhaltigkeit (weak sustainability)[5] legt die Annahme einer Substituierbarkeit zwischen Natur- und menschengeschaffenem Sachvermögen zugrunde. Konkret bedeutet dies, dass beispielsweise ein irreversibler Verbrauch von Naturvermögen durch den Aufbau von zusätzlichem Sachvermögen (z.B. Wissen, Technologien) ausgeglichen werden kann.

Verfechter einer strikten Nachhaltigkeit (strong sustainability)[6] lehnen eine solche Substituierbarkeit des Naturvermögens durch menschengeschaffenes Sachvermögen ab, da ihrer Ansicht nach eine Nachhaltige Entwicklung die Bewahrung des Naturvermögens voraussetzt, weil für

---

[2] Vgl. [WCED 1987, S. 43].

[3] Die [Enquête-Kommission 1998, S. 31], zitiert hierzu das [BMU 1997]: „Menschliches Leben und Wirtschaften ist an einem Punkt angelangt, an dem es Gefahr läuft, sich seiner eigenen natürlichen Grundlagen zu berauben“.

[4] Vgl. [Schubert 1998, S. 391].

[5] Geht im Wesentlichen auf [Solow 1974] und [Hartwick 1977] zurück.

[6] Wie sie im Wesentlichen von Pearce und seiner „Londoner Schule“ begründet wurde, vgl. [Hoffmann et al. 2000].

diese keine funktionsäquivalenten anthropogenen Substitute existieren[7]. Letztendlich hieße das zum Beispiel, dass nicht-erneuerbare Ressourcen generell nicht mehr genutzt werden dürften.

Ausgehend von diesen beiden Extremen wurden verschiedene weitere Konzepte entwickelt, die versuchen, eine Verbindung zwischen diesen beiden genannten Konzepten herzustellen. Ein solcher Ansatz ist das Konzept kritischer Bestandsniveaus im Naturvermögen[8]. Hier wird zwar prinzipiell von einer gegebenen Substituierbarkeit des Naturvermögens durch menschengeschaffenes Sachvermögen ausgegangen, jedoch nur soweit wie dabei zuvor festgeschriebene kritische Niveaus einzelner Bestandteile des Naturvermögens nicht unterschritten werden. Auch hier ist im Sinne der ‚weak sustainability' eine Wahrung oder Mehrung des Gesamtvermögens gefordert.

Neben der von ethischen Wertevorstellungen geprägten Diskussion um die intergenerative Gerechtigkeit, wird in einigen Nachhaltigkeitskonzepten auch eine Diskussion um eine intragenerative Gerechtigkeit geführt. Dabei werden u.a. Fragen zu weltweit gleichen Nutzungsrechten an Ressourcen, der Reduktion der Umweltbelastungen durch die Industrieländer oder der Anpassung der wirtschaftlichen Lebensverhältnisse erörtert. Weiterhin ist die Frage der Gewichtung der intra- zu intergenerativen Gerechtigkeit zu beantworten.

Oftmals wir der Begriff der Nachhaltigkeit auf die natürlichen Ressourcen und die Umwelt beschränkt (Ein-Säulen-Konzept). Ausgehend von der Kenntnis um Zielinterdependenzen zwischen ökologischen Zielen und ökonomischen sowie sozialen Zielen werden in einem erweiterten Nachhaltigkeitsansatz neben diesen zunächst erfassten ökologischen, auch ökonomische und soziale Kriterien als Bewertungsmaßstäbe für ein nachhaltiges Wirtschaften eingefordert[9] (Drei-Säulen-Konzept). Dabei unterscheiden sich die Konzepte u.a. darin, ob sie diese drei Dimensionen gleichrangig gewichten[10] oder der Bewahrung der natürlichen Lebensgrundlage Vorrang eingeräumt wird.

Ob nun beispielsweise eine strikte oder schwache Nachhaltigkeit als zu realisierender Ansatz gewählt wird, ob eine intragenerative Gerechtigkeit auch anvisiert wird oder ob die Beschränkung auf die ökologische Dimension aufgehoben wird, unterliegt dem zugrundegelegten Wertesystem des Entscheidungsträgers.

Aufgrund der beschriebenen Problematik sowie der gesellschaftspolitischen Bedeutung gibt es Bestrebungen, den Begriff der Nachhaltigen Entwicklung „ähnlich wie die positiven und offenen

---

[7] Vgl. [Endres et al. 1998, S. 296].

[8] Wie es beispielsweise von [Endres et al. 1998] vorgeschlagen wird.

[9] Was die Frage nach dem innovativen Ansatz einer Nachhaltigen Entwicklung aufwirft, denn in der klassischen Gesellschaftspolitik findet schon immer eine Abwägung widerstreitender Belange statt (siehe [Klemmer 1998]).

[10] Vgl. [Enquête-Kommission 1998].

Begriffe Freiheit oder Gerechtigkeit als ‚regulative Idee' zu verstehen, für die es nur vorläufige und hypothetische Zwischenbestimmungen geben kann"[11].

Das Leitbild einer Nachhaltigen Entwicklung prägt ein neues Wissenschaftsverständnis in der Umweltökonomie, denn die traditionelle Umweltökonomie war weitgehend neoklassisch geprägt. Die neoklassische Wirtschaftstheorie basiert auf der Betrachtung von wirtschaftlichen Entscheidungen einzelner Individuen und billigt ihnen ein größtmögliches Maß an Entscheidungsfreiheiten zu (Konzept des Individualismus). Dabei wird ein egoistisches und rationales Handeln unterstellt, das auf dem Menschenbild des homo oeconomicus fußt. Hieraus resultiert ein Verständnis der Umweltpolitik, das in manchen Fällen ein Marktversagen eingesteht und zwar immer dann, wenn externe Effekte auftreten. Bei den für diese Fälle entwickelten klassischen Lösungsansätzen[12] gibt es keine Umweltethik. Gemäß dem Individualprinzip bildet nämlich die individuelle Wertschätzung den Maßstab für die Umweltnutzung, was dazu führen kann, dass auch eine deutliche Umweltbelastung als akzeptabel eingestuft wird, und staatliche Eingriffe werden auf ein Minimum beschränkt. Die fehlende Umweltethik sowie der fehlende Einbezug Betroffener (u.a. in Form künftiger Generationen) in der traditionellen Umweltökonomie sind mit der ethisch-motivierten Forderung nach einer intergenerationalen Gerechtigkeit, die innerhalb der Nachhaltigkeitsdiskussion aufgestellt wurde, nicht zu vereinbaren.

2.1.2 Definition des Leitbilds einer Nachhaltigen Energieversorgung

Zur Entwicklung und Bewertung von Nachhaltigkeitsstrategien im Energiesektor ist der oben eingeführte Begriff der Nachhaltigen Entwicklung auf den Energiesektor zu übertragen und weiter zu konkretisieren. In Abhängigkeit der normativen Ausrichtung führt dies jedoch zu deutlichen Unterschieden bei der Definition einer Nachhaltigen Energieversorgung. Eine weitgefasste Definition (allerdings ohne Einbezug einer intragenerativen Gerechtigkeit) kann eine Nachhaltige Energieversorgung als eine Energieversorgung beschreiben, die die Bedürfnisse der Gegenwart hinsichtlich zeitlich und räumlich bedarfsgerecht bereitgestellten Energiedienstleistungen wie Beleuchtung oder Raumwärme unter Beachtung einer begrenzten Belastbarkeit der Natur, begrenzter Ressourcen und der zentralen Bedeutung der Energieversorgung für ein wirtschaftliches Wachstum und sozialen Wohlstand zu befriedigen vermag. Im Sinne einer interge-

[11] [Enquête-Kommission 1998, S. 28].

[12] Um Suboptimalitäten aufgrund eines Marktversagens zu vermeiden, bedient sicht die traditionelle Umweltökonomie zweier unterschiedlicher Konzepte zur Internalisierung externer Effekte: den Verhandlungslösungen auf Basis der Verteilung von Eigentumsrechten (nach Coase) und der Erhebung einer Umweltsteuer (nach Pigou, der sogenannten Pigou-Steuer).

nerativen Gerechtigkeit ist weiterhin zu fordern, dass nachkommenden Generationen „eine mindest gleichgroße technisch-wirtschaftlich nutzbare Energiebasis“[13] erhalten bleibt, wie sie der jetzigen Generation zur Verfügung steht. Dies entspricht der Forderung nach dem zu wahrenden Gesamtvermögen.

Dieser Definition liegt der Ansatz zugrunde, dass im Rahmen eines erweiterten Nachhaltigkeitsverständnisses neben der Wirtschaftlichkeit, der Ressourcenschonung, der Umweltverträglichkeit und der sozialen Verträglichkeit die Versorgungssicherheit eine besondere Bedeutung für eine Nachhaltige Energieversorgung hat[14].

Zur weiteren Konkretisierung des Begriffs einer Nachhaltigen Energieversorgung werden von verschiedenen Autoren sogenannte Grundanforderungen eines nachhaltigen Energieversorgungssystem postuliert bzw. Managementregeln für Akteure und politische Entscheidungsträger formuliert.[15] Die verschiedenen Managementregeln, erweitert um eigene Vorschläge, lassen sich dabei fünf Problembereichen zuordnen:

Versorgungsstandard

Die Energiebereitstellung muss in so ausreichender Menge erfolgen, dass eine Förderung der Wohlfahrt der Bevölkerung und die Sicherstellung der physischen Existenzbedingungen eines jeden Einzelnen nicht am Energiemangel scheitert.

Die Bereitstellung der Energiedienstleistungen soll zeitlich und räumlich bedarfsgerecht, d.h. an die Lebensgewohnheiten und Bedürfnisse der Menschen angepasst erfolgen.

Die Versorgungssicherheit ist auf Dauer und unter sich eventuell verändernden Rahmenbedingungen zu gewährleisten.

Ressourcenmanagement

Zur Wahrung der Nutzungsoptionen nachkommender Generationen ist eine Schonung begrenzter Ressourcen erforderlich.

Ein Abbau natürlicher sich nicht selbst erneuernder Ressourcen ist durch die Erschließung neuer, gleichwertiger Alternativen auszugleichen.

Die Nutzung erneuerbarer Ressourcen darf deren Regenerationsfähigkeit nicht übersteigen.

---

[13] Vgl. [Voß 2000, S. 127].

[14] In [Voß 2000] werden als Grundanforderungen Versorgungssicherheit, soziale Verträglichkeit, Wirtschaftlichkeit und Umweltverträglichkeit genannt.

[15] Vgl. z.B.[UNESC 2000], [Voß 2000], [Eichelbrönner/Henssen 1997], [Hillerbrand 1998], [Forum 2000].

Das Ziel eines minimalen Ressourcenabbau impliziert die Forderung einer größtmöglichen technischen Effizienz bei der Energieumwandlung und –nutzung.

Umweltschutz

Ein Energieversorgungssystem darf das Artengleichgewicht (Fauna und Flora) nicht beeinträchtigen.

Stoffeinträge in die Natur dürfen die Aufnahmefähigkeit der Umweltmedien nicht übersteigen oder die natürliche Regenerations- und Anpassungsfähigkeit gefährden. Dies gilt auch für thermische Belastungen aus der Energieumwandlung.

Abfallstoffe sollten soweit möglich in die Nutzung zurückgeführt werden. Eine u. U. notwendige Deponierung oder sonstige (End-)Lagerung von Reststoffen muss so erfolgen, dass hieraus keine Gefahren für zukünftige Generationen entstehen.

Wirtschaftlichkeit

Um eine Energieversorgung bei geringen Kosten (d.h. geringstmöglicher Inanspruchnahme knapper Ressourcen) und einer geringen Belastung der Volkswirtschaft sicherzustellen, ist eine hohe wirtschaftliche Effizienz der Energiesysteme anzustreben.

Die Inanspruchnahme knapper Ressourcen ist bei einer Technologiebeurteilung über Vollkosten zu berücksichtigen. Vollkosten beinhalten hier auch die Internalisierung externer Effekte.

Die Forschung und Entwicklung in den Unternehmen und in Forschungseinrichtungen sollten mit technischen Innovationen und Optimierungen einen Beitrag zu einer höheren Effizienz der Energieversorgung leisten.

Berücksichtigung sozialer und politischer Aspekte

Im Sinne einer hohen sozialen Verträglichkeit sollte ein Energieversorgungssystem jedem Menschen den Zugang zu notwendigen Energiedienstleistungen ermöglichen. Soziale Gerechtigkeit erfordert ferner, dass dies zu einem Preis geschieht, der dem Zahlungsvermögen des jeweiligen Individuums angemessen ist.

Energieversorgungssysteme sind risikoarm und mit hoher Fehlertoleranz zu konzipieren. Zudem ist eine lokale und zeitliche Begrenzung schwerer Auswirkungen etwaiger Störfälle sicherzustellen. Dies sollte auch im Falle mutwilliger Zerstörung (z.B. Krieg) gelten.

Systemimmanente Risiken dürfen die durch die Energieversorgung vermiedenen Risiken nicht übersteigen. Menschen im Umfeld von Brennstoffgewinnungs-, Energieumwandlungs-, Übertragungs- oder Verteilungsanlagen dürfen sich durch die Technologie bzw. Anlage nicht bedroht fühlen (Wohn- und Lebenswert).

Energiesysteme sollen zu einer friedlichen Kooperation zwischen Staaten und zur Vermeidung von Destabilisation und interregionalen oder internationalen Spannungen beitragen[16].

2.1.3 Bestimmung von Problemfeldern

Eine Konkretisierung des Nachhaltigkeitskonzeptes mit dem Ziel der Entwicklung von Handlungsrichtlinien wird darüber geführt, was die wichtigsten Problemfelder sind, die einer Nachhaltigen Entwicklung entgegenstehen (bzw. entgegenstehen könnten). Die normative Ausrichtung des Nachhaltigkeitskonzeptes legt die Dimensionen fest, in denen Problemfelder identifiziert werden können. Eine weitere Entscheidungssituation liegt in der Auswahl der Problemfelder (siehe Tabelle 1), die auf Basis eines Wertesystems erfolgen muss. Dabei sind Fragen zu beantworten, inwieweit man beispielsweise wenig rationale Ängste von Menschen vor bestimmten Technologien in ein solches Problemfeld aufnimmt. Zur Auswahl von Problemfeldern können verschiedene Kriterien herangezogen werden, die sich je nach Problemfeld unterscheiden können. Beim Umweltschutz können dies beispielsweise das ökologische Gefährdungspotential, die Reversibilität/Irreversibilität, die Umweltpräferenzen der Bevölkerung, die gesicherten Ursachen-Wirkungsbeziehung oder die Datenlage sein. Bei der Versorgungssicherheit sind Kriterien wie internationale Verpflichtungen (z.B. zum Netzbetrieb auf Grundlage der UCPTE[17]) oder Kundenanforderungen heranziehbar.

---

[16] Vgl. [UNESC 2001, S. 19ff] und [Energy Charter o.J.].

[17] Die westeuropäischen Länder (bis auf Großbritannien) sind über das UCPTE-Verbundsystem (Union pour la Coordination de la Production et du Transport de l'Electricité) verbunden. Ziele der 1951 gegründeten Vereinigung sind u. a. die Sicherstellung der Übertragungssicherheit zwischen einzelnen Mitgliedsländern und die Erstellung von technischen und organisatorischen Anforderungen.

Tabelle 1: Problemfelder und Indikatoren zum Vergleich und Beurteilung nachhaltiger Energieversorgungssysteme

Problembereich	**Problemfeld**	**Indikator(en)**
Versorgungsstandard	Langfristige Fähigkeit zur Nachfragedeckung	Zu erwartende Entwicklung der Erzeugungskapazität (Zubau/Stillegungen) / prognostizierter Kapazitätsbedarf
	Bedarfsgerechte Energiebereitstellung	Finanzielle Konsequenzen von Kapazitätsengpässen: Strompreise zu Spitzenlastzeiten / durchschnittliche Stromgestehungskosten
	Versorgungssicherheit (Stromversorgung)	Netzausfälle / Jahr und Region
		Redundanz zentraler Systembestandteile (n-1-Kriterium)
	Versorgungsqualität (Stromversorgung)	Spannungsqualität (Frequenz, Lastsymmetrie, etc.): Mindest-Qualitätsstandards der DIN EN 50160
	Versorgungssicherheit (Brenn- und Kraftstoffe)	Importabhängigkeit (Anteil am Primärenergieaufkommen)
		Politische Stabilität der Lieferländer / Qualität der bilateralen Beziehung
Ressourcen	Abbau nicht-regenerativer Energieträger	Reichweite der nach dem jeweiligen Stand der Technik wirtschaftlich abbaubaren Rohstoffreserven; jährliche Abbaurate; Umfang der neu erschlossenen Ressourcen und Reserven.
		Technische Effizienz in den Abbauprozessen
		Technische Effizienz in der gesamten Umwandlungs- und Versorgungskette, kumulierter Energieaufwand einzelner Brennstoffe/Technologien
	Nutzung regenerativer Energieträger	Anteil regenerativer Energieträger an der Gesamterzeugung
		Jährliche Nutzung / Nachwuchsrate (z.B. bei Biomasse)
	Abbau nicht-energetischer Rohstoffe	Kumulierter Materialaufwand verschiedener Technologien, Gesamtbedarf des Energiebereichs
Umweltschutz	Artenschutz	Bestandsentwicklung bei Nist- / Zugvögeln, Biodiversität an geplanten Kraftwerksstandorten bzw. in zur Kühlwasserentnahme genutzten Küstenabschnitten, Seen oder Flüssen
	Landschaftsschutz	Sichtbarkeit / Lärmentwicklung der Energieanlagen
	Flächenverbrauch	Bebaute bzw. überbaute Fläche von Erzeugungs-, Übertragungs- und Verteilungsanlagen (u.U. bezogen auf Einwohnerzahl, gesicherte installierte Leistung oder durchschnittliche Jahreserzeugung)
	Eutrophierung, Versauerung, Photooxidantienbildung	Absolute (t/a) und spez. ($g/kWh_{th\,/\,el}$) Emissionen (NO_X, VOC, SO_2 etc.)

	Klimaschutz	Absoluter (t/a) und spezifischer ($g/kWh_{th\,/\,el}$) CO_2-/THG-Ausstoß bzw. GWP
		GWP-Beitrag der Energieversorgung am Gesamtausstoß
		Beitrag der Energieversorgung an ‚Critical Loads' relevanter Schadstoffe bzw. der Schadstoffäquivalente (ODP,POCD, AP, NP)
	Abfall	Absolutes (t/a) und spezifisches ($g/kWh_{el\,/\,th}$) Abfallaufkommen
		Rückführungsrate
Gesellschaft / Politik	Soziale Gerechtigkeit	Anteil der Ausgaben für Energiedienstleistungen am verfügbaren Einkommen verschiedener Einkommensklassen
		Bevölkerungsanteil mit direktem Stromanschluss
	(Gesundheits)-Risiken	Schadstoffkonzentration in (Wohn-)Umgebung von Kraftwerksanlagen
		Wahrscheinlichkeit und mögliche Auswirkungen etwaiger Störfälle
	Beeinträchtigung der Lebens- / Wohnqualität	Lärmbelastung (dB in 100 m Entfernung), optische Beeinträchtigung (Schattenwurf, Lichtreflexe)
		Psychologisch begründete Ängste vor bestimmten Technologien (z.B. Mietpreis- / Grundstückspreisveränderungen aufgrund Kraftwerksneubau)
Wirtschaftlichkeit	Energiebereitstellungskosten	Spezifische Kosten ($Pf/kWh_{el\,/\,th}$), u.U. nach Lastbereichen, Regionen und/oder Jahreszeiten differenziert
	Wirtschaftsfaktoren	Gesamtkosten der Energieversorgung
		Beschäftigungswirkungen von ‚Technologie-Switchs'
		Import-/Export-Bilanz im internationalen Stromaustausch

2.1.4 Festlegung von Indikatoren

Indikatoren sind quantitative Kennzahlen, die einer strukturierten Beschreibung eines existierenden Energiesystems unter der Zielrichtung der Erfassung der relevanten Problemfelder der Nachhaltigkeit dienen. Vorschläge für Indikatoren(systeme) für eine Nachhaltige Entwicklung finden sich in der wissenschaftlichen Literatur sehr zahlreich[18]. Da die Auswahl der Indikatoren wesentlich die Bewertung von nachhaltigen Energiesystemen beeinflussen kann, ist sie sehr sorgfältig vorzunehmen. Es existieren eine Reihe an Anforderungen an die Bestimmung von Indikatoren wie deren Unabhängigkeit voneinander, um zu starke Gewichtungen von einzelnen Aspekten durch Mehrfachaufführungen zu vermeiden, der Verfügbarkeit der Datenbasis zur Berechnung der Indikatoren und vor allem validierbar sein und der Detaillierung- bzw.

---

[18] Die international meist verbreiteten sind die der [OECD 1998], der UNCSD (detaillierte Informationen finden sich unter www.un.org/esa/sustdev/csd.htm)' und der SDI Group (www.sdi.org).

Abstraktionsgrad sollte so gewählt sein, dass ein Indikator für sich alleine eine hohe Aussagekraft besitzt, die Gesamtzahl der Indikatoren jedoch überschaubar bleibt. In Tabelle 1 sind einige Indikatoren beispielhaft angegeben.

2.1.5 Zielwerte von Indikatoren (Handlungsziele)

Für sich alleine genommen bieten Indikatorwerte nur einen beschränkten Erkenntnisgewinn. Deshalb stellt sich nach der Festlegung der Indikatoren die Frage, welche Indikatorenwerte (z.B. Höhe des Elektrizitätspreises oder des Primärenergieträgeranteils, der importiert wird) für das Energiesystem als Ganzes betrachtet, als nachhaltig eingestuft werden (im folgenden als Zielwerte bezeichnet).

Für jedes Problemfeld sind auf Basis der Indikatoren **Qualitätsziele**[19] festzulegen, die die Zustände oder Umwelteigenschaften (Sollwerte) beschreiben, die unter den Kriterien der Nachhaltigkeit anzustreben sind. Daraus lassen sich dann **Handlungsziele** ableiten, die die notwendigen Schritte zur Erreichung der Qualitätsziele operationalisieren. Sie sind in der Regel mit Zeitangaben versehen.

Die Zielwerte für Indikatoren lassen sich beispielsweise aus den oben angeführten Managementregeln ableiten. So kann beispielsweise aus der Forderung, nicht-erneuerbare Energieträger und Rohstoffe sollen nur in dem Umfang genutzt werden, in dem mindestens ein gleichwertiger wirtschaftlich nutzbarer Ersatz verfügbar gemacht wird, in Form neu erschlossener Reserven, erneuerbarer Ressourcen oder einer höheren Produktivität der Energieträger bzw. Rohstoffe' folgendermaßen quantifiziert werden[20]:

$$R_0 \cdot \eta_0 \leq R_1 \cdot \eta_1 \quad bzw. \quad C_0 \leq \frac{R_0 \cdot \varepsilon}{1+\varepsilon}$$

mit:

C_0:	Verbrauch des Energieträgers im Jahre 0
$R_{0,1}$:	Reserven des Energieträgers im Jahr 0 bzw. 1
$\eta_{0,1}$:	Nutzeneffizienz im Jahre 0 bzw. 1
ε:	Nutzeneffizienzssteigerungsrate ($\eta_1 = \eta_0(1+\varepsilon)$)

[19] Zu Umweltqualitäts- und -handlungszielen wird auf [Enquête-Kommission 1998, S. 80] verwiesen.

[20] Siehe [Nill et al. 2001].

Durch diese Berechnungsformel wird eine Substituierbarkeit des natürlichen Vermögens durch Sachkapital zugelassen, was mit einer strikten Nachhaltigkeitsanforderung allerdings nicht vereinbar ist. Ein Problem bei der Anwendung dieses Zielwertes liegt in der Entscheidung, ob nur heimische Reserven berücksichtigt werden oder auch weltweite Reserven, da der Konsum aller fossilen Primärenergieträger bis auf Braunkohle in Deutschland überwiegend durch einen Import abgedeckt wird. Wenn die weltweiten Reserven berücksichtigt werden, stellt sich die Frage nach dem internationalen Verteilungsschlüssel (z.B. pro Einwohner oder nach Primärenergieverbrauch?).

Weiterhin können Zielwerte abgeleitet werden aus:

- politischen Absichtserklärungen (wie die Minderung der CO_2-Emissionen in der Bundesrepublik Deutschland um 25 % bis zum Jahre 2005 bezogen auf das Basisjahr 1990 oder die Senkung der Strompreise durch die Liberalisierung der Elektrizitätsmärkte auf den EU-Durchschnitt),
- rechtlichen Vorgaben (wie der NEC[21]-Richtlinie der EU, in der nationale Emissionsobergrenzen für SO_2, NO_x und VOC mit dem Zieljahr 2010 festgelegt sind, die auf Basis von kritischen Belastungsfrachten (Critical Loads) errechnet wurden[22]),
- oder Expertenabschätzungen.

Die Problematik einer konsenshaften Festlegung von Zielwerten zur Nachhaltigen Energieversorgung liegt auf der Hand. Weiterhin sind die Zielwerte auf nationaler Ebene auf die einzelnen Sektoren - wie dem Energiesektor - herunterzubrechen, wofür Verteilungsschlüssel entwickelt werden müssen.

Auf eine Festlegung von Zielwerten kann verzichtet werden, wenn nur zwei (bzw. mehrere) verschiedene Nachhaltigkeitsstrategien miteinander verglichen werden, weil hier die Differenzen in den Merkmalsausprägungen als Entscheidungsgrundlage dienen können. Weiterhin lassen sich gewisse Bewertungen und Handlungsempfehlungen daraus ableiten, dass die Indikatorenausprägung von Energieversorgungssystemen in ihre zeitliche Entwicklung gesetzt wird (Trendanalyse) oder Vergleich zu anderen Energieversorgungssystemen gesetzt wird (Benchmarking). Bei letzterer Vorgehensweise stellt sich allerdings die Frage, inwieweit verschiedene Versorgungssysteme aufgrund der in der Regel doch starken Unterschiede beispielsweise bedingt durch klimatische Unterschiede, Ressourcen an heimischen Brennstoffen, Marktregulierungen etc. vergleichbar sind.

---

[21] NEC: national emission ceilings.

[22] Allerdings wurden nicht die Zielwerte festgeschrieben, die zur Erreichung der Critical Loads notwendig sind, sondern die Zielwerte wurden unter dem Aspekt der ökonomischen Auswirkungen in einem politischen Verhandlungsprozess nach oben korrigiert.

2.1.6 Identifikation und Bewertung von Strategien

Im folgenden Schritt sind die Strategien zu ermitteln. Dies bezieht sich auf die technisch-organisatorischen Veränderungsprozesse – wie Substitution bestimmter umweltschädlicher Produkte, Technologiewechsel oder Einsatz von Abscheidetechnologien. Dabei sollten die Strategien vollständig erfasst werden und die jeweiligen Indikatorwerte erhoben werden.

Die Strategien sind dann zu bewerten, wobei zwei Bewertungsfragen zu lösen sind:

- Hat die Strategie eine Bedeutung hinsichtlich des jeweiligen Indikatorzielwertes?
- Wie sind die Indikatoren untereinander zu gewichten?

Zur Lösung der ersten Bewertungsfrage ist der Beitrag des Handlungswertes zum Zielwert des Indikators heranzuziehen. So ist beispielsweise bei einem Technologievergleich von Relevanz, dass bestimmte regenerative Erzeugungsanlagen wie Windkraftkonverter oder Photovoltaikanlagen ein fluktuierendes Leistungsangebot haben und sich dies auf die Netzstabilität und damit Versorgungssicherheit deutlich negativ auswirken kann, während dies beispielsweise bei Biomasseanlagen nicht der Fall ist.

Zur Gewichtung der einzelnen Indikatoren untereinander existieren verschiedene methodische Ansätze, die in [Enzensberger et al. 2001] und [Wietschel et al. 2002] aufgegriffen werden. Auf Basis des Bewertungsansatzes werden die Strategien bewertet und eine Prioritätenreihenfolge (bzw. Maßnahmenbündel) festgelegt.

2.1.7 Auswahl von umweltpolitischen Instrumenten und Festlegung von Maßnahmenbündeln

Die Zielerreichung durch die Umsetzung der Strategien ist dann durch umweltpolitische Instrumente wie Steuern, Grenzwerte oder freiwillige Selbstverpflichtungserklärungen sicherzustellen. Die Auswahl des umweltpolitischen Instrumentes hängt von einer Reihe von Kriterien ab wie beispielsweise von der Zielerreichung (Effektivität), die die Eignung eines umweltpolitischen Instrumentes beschreibt, das vorgegebene Ziel wirksam umzusetzen, oder der ökonomischen Effizienz als Maßstab, ob die größten Verbesserungsanstrengungen im Sinne der verfolgten umweltpolitischen Zielsetzung dort erfolgen, wo die hierfür günstigsten Kostenvoraussetzungen bestehen (optimale Ressourcenallokation). Auf die Kriterien zur Bewertung umweltpolitischer Instrumente wird in Kapitel 3.2 ausführlich eingegangen.

Auch wenn in der Umweltökonomie häufig eine gewisse Übereinstimmung über die Kriterien zur Evaluierung umweltpolitischer Instrumente festzustellen ist, bleibt die Gewichtungsfrage der Kriterien untereinander in der Regel ungelöst.

Als abschließender Schritt erfolgt die Festlegung der Gesamtstrategie, d.h. welche der Zielwerte sollen durch welche Strategien erreicht werden und welche Instrumente (Instrumentenbündel) werden dazu eingesetzt, um die Ziele zu realisieren. Die Festlegung der Gesamtstrategie ist wichtig, da in der Regel nicht eine Handlungsalternative bzw. ein umweltpolitisches Instrument alleine in der Lage ist, die übergeordnete Zielsetzung einer Nachhaltigen Energieversorgung sicherzustellen. Zudem beeinflussen sich die Strategien wie auch die Instrumente gegenseitig.

2.2 Strategien zur Gestaltung einer Nachhaltigen Energieversorgung

2.2.1 Strategien zur Effizienzverbesserung

Zahlreiche mögliche Strategien zur Realisierung einer Nachhaltigen Energieversorgung umfassen den Bereich der Effizienzverbesserung. Die Strategien dieser Gruppe fokussieren sich dabei primär auf die folgenden Problemfelder:

- Emissionsreduktion
- Ressourcenschonung
- Wirtschaftlichkeit der Energiedienstleistungsbereitstellung
- Versorgungssicherheit

Ziel ist es, durch eine verbesserte Energieeffizienz der eingesetzten Technologien den mit der Bereitstellung einer gewünschten Energiedienstleistung verbundenen Energieeinsatz zu verringern und dadurch die gewünschten Zielwerte von Nachhaltigkeitsindikatoren für die genannten Problemfelder zu erreichen.

Im Folgenden wird auf die einzelnen Nachhaltigkeitsstrategien mit dem Ziel der Effizienzverbesserung näher eingegangen:

Erhöhung der Energieeffizienz bei Gebäuden: Dieser Strategie kommt aus zwei Gründen eine besondere Rolle bei der Entwicklung einer Nachhaltigen Energieversorgung zu. Zum Einen wird in den Sektoren private Haushalte sowie Kleinverbrauch ein Großteil des Energieverbrauchs durch den Raumwärmebedarf verursacht. Zum Anderen kann durch Investitionen im Gebäudebereich aufgrund der langen Gebäudenutzungsdauer und Renovationszyklen (z. B. bei Heizungssystemen über 15 Jahre) der Effizienzvorteil in einem langfristigen Zeithorizont genutzt werden und daher umfangreich zur Zielerreichung beitragen. Für den Fall, dass die vorhandenen Potenziale im Zuge einer Gebäudeerrichtung oder Renovierung nicht genutzt werden, stehen diese Potenziale erst im nächsten Renovationszyklus wieder zur Verfügung. Dadurch, dass die Zeitspanne, innerhalb der eine Potenzialnutzung nicht möglich ist, mehrere Jahre beträgt, können sich bereits durch eine einmalige Verschiebung der Potenzialnutzung erhebliche Nachteile bezüglich des Grades und der Kosten einer Erreichung der Strategieziele ergeben. Vor dem Hintergrund der zahlreichen vorhandenen energetischen Effizienzsteigerungspotenziale (z. B. durch Wärmedämmung oder moderne Heizungsanlagen) bietet der Raumwärmebereich einen erfolgversprechenden Ansatzpunkt zum Erreichen der Zielsetzungen bei den angesprochenen Problemfeldern.

Bei der energetischen Gebäudesanierung gibt es allerdings auch zahlreiche Hemmnisse bezüglich der Erschließung bestehender Potenziale zur Effizienzsteigerung. Hierzu gehören z. B. mangelnde Information, das Problem, dass Gebäudeeigentümer nicht die technischen Voraussetzungen zur Potenzialnutzung haben oder der Umstand, dass nicht der Investor sondern der Gebäudenutzer (Mieter) von einer Effizienzsteigerung finanziell profitiert[23]. Weiterhin werden Maßnahmen zur Effizienzsteigerung von den Investoren nicht immer nur unter energetischen und ökonomischen Gesichtspunkten bewertet. So sind beispielsweise bei der Renovierung von Häuserfassaden neben energetischen auch gestalterische Aspekte zu beachten, während bei Technologien wie dem Gasbrennwertkessel häufig auch Aspekte des technologischen Risikos in die Bewertung einfließen.

Optionen zur Stromeinsparung: Aufgrund der zu erwartenden wachsenden Stromnachfrage[24] und des vorgesehenen Kernenergieausstieg wird sich die CO_2-Intensität der Stromerzeugung in Deutschland voraussichtlich erhöhen (vgl. Ausführungen in Kapitel 6 und 7). Um die Gesamtemissionen zu senken, stellen – vor dem Hintergrund der zahlreichen Potenziale – Optionen zur Stromeinsparung und damit zur Senkung der Energienachfrage eine erfolgversprechende Möglichkeit zur Realisierung einer Nachhaltigen Energieversorgung dar. Wichtige Ansatzpunkte dieser Strategie können Aufklärungs- und Informationskampagnen bei Konsumenten wie auch bei Anlagen- und Geräteherstellern sein. Ziel ist eine Verhaltensänderung bei der Benutzung und Entwicklung von elektrischen Geräten, um dadurch den erforderlichen Stromeinsatz zur Bereitstellung einer gewünschten Energiedienstleistung zu verringern. Ein weiterer wichtiger Bereich in diesem Zusammenhang ist der mit dem Stand-By Betrieb verbundene Stromverbrauch zahl-

[23] Dieses Problem wird auch als Investor-Nutzer-Dilemma bezeichnet.

[24] Zur Nachfrageentwicklung siehe z. B. [Prognos 2000, S. 370].

reicher Geräte[25]. Energieversorgungsunternehmen können über Least-Cost-Planning Konzepte oder Einspar-Contracting einen Beitrag zur Senkung des Stromverbrauchs leisten (siehe [Rentz et al. 1997]).

Substitution von Stromanwendungen: Im Rahmen dieser Strategie soll der Einsatz anderer Energieträger anstelle von Elektrizität gefördert werden. Ziel ist es, die gewünschte Energiedienstleistung durch einen geringeren Primärenergieeinsatz bereitzustellen und dadurch die Umweltbelastungen zu verringern. Dieser Aspekt ist besonders im Bereich der elektrischen Raumwärmeerzeugung von Bedeutung. Hier können beispielsweise durch den Einsatz moderner Heizungs- oder Nah- bzw. Fernwärmesysteme Primärenergieträger effizienter zur Raumwärmeerzeugung eingesetzt werden, als dies bei elektrischen (Nachtspeicher-) Heizungen der Fall ist.

Effizienzsteigerung bei Kraftwerken: Diese Nachhaltigkeitsstrategie setzt direkt bei der Stromerzeugung an. Durch wirkungsgradsteigernde Maßnahmen kann eine verbesserte Primärenergieausnutzung erreicht werden, wodurch die Entwicklung verschiedener Nachhaltigkeitsindikatoren, wie z. B. Emissionen oder Ressourcenverbrauch, positiv beeinflusst werden kann. Im Rahmen dieser Strategie sollte daher der Einsatz modernster Kraftwerkstechnologien sowie der Kraft-Wärme-Kopplung (KWK) in zentralen wie auch dezentralen Systemen vorangetrieben werden.

Brennstoff-Wechsel bei der Stromerzeugung: Im Zuge einer kurzfristigen Entwicklung kommt vor allem dem Einsatz von Erdgas in Gas- und Dampfkraftwerken (GuD) oder auch Brennstoffzellen eine besondere Rolle zu. Unter den Gesichtspunkten einer Nachhaltigen Entwicklung sollte das langfristige Förderziel dieser Strategie die Reduzierung des Anteils fossiler Kraftwerke und der überwiegende Einsatz regenerativer Energieträger sein (siehe auch Kapitel 2.2.2). In diesem Zusammenhang ist auch zu berücksichtigen, dass mit einem Brennstoff-Switch häufig ein Technologiewechsel einhergeht. Damit ergibt sich eine enge Verbindung zu Strategien zur Unterstützung der technologischen Weiterentwicklung (siehe Kapitel 2.2.3).

[25] Als aktuelle Maßnahme zur Verringerung dieses Energieverbrauchs kann z. B. die Informations- und Aufklärungskampagne der Energiestiftung Schleswig-Holstein zur Stand-By Problematik angeführt werden (siehe http://www.wirklich-aus.de.).

2.2.2 Nutzung regenerativer Energieträger

Der verstärkte Einsatz regenerativer Energieträger beeinflusst vor allem Nachhaltigkeitsindikatoren bezüglich der Nutzung regenerativer Energieträger aus dem Problembereich der Ressourcen sowie die Problemfelder der Emissionen und des Klimaschutzes.

Die Nutzung regenerativer Energieträger kann im Rahmen einer Strategie zur Nachhaltigen Entwicklung des Energiesystems im Bereich der Strom- wie auch der Wärmeerzeugung weiter ausgebaut werden. Die Relevanz dieser Strategie für eine Nachhaltige Entwicklung ergibt sich aus der Beschränktheit fossiler Ressourcen sowie der umfangreichen mit der Energienutzung verbundenen Klimagas- und Schadstoffemissionen. Vor allem im Bereich der Emissionsminderung bietet der Einsatz regenerativer Energieträger zur Strom- und Wärmeerzeugung umfangreiche Potenziale (siehe dazu Kapitel 6). Aufgrund der Umstände, dass mit der Nutzung regenerativer Energieträger üblicherweise auch kapitalintensive Anlageninvestitionen verbunden sind und dass die Anlagen häufig Nutzungsdauern von 20 Jahren und mehr aufweisen, ist diese Nachhaltigkeitsstrategie vor allem in Bezug auf die langfristige Entwicklung von Bedeutung. Allerdings erfordern diese langfristigen Zusammenhänge auch, dass bereits zum heutigen Zeitpunkt die Weichen für die verstärkte Nutzung regenerativer Energieträger gestellt werden müssen, z. B. in Form von technologischen Weiterentwicklungen, um zukünftig die erforderliche Nachhaltige Entwicklung realisieren zu können.

Während im Bereich der Stromerzeugung vor allem Biomasse, Windkraft, Wasserkraft und bei sehr ambitionierten Zielen auch Solarstrahlung von Bedeutung sind, sind im Wärmebereich Biomasse, Geothermie und Solarstrahlung zur Bereitstellung von Niedertemperaturwärme erfolgversprechend.

2.2.3 Strategien zur Innovationsförderung

Strategien zur Innovationsförderung weisen im Gegensatz zu den bisher diskutierten Strategiebereichen keine klare Fokussierung auf ausgewählte Problembereiche der Nachhaltigen Entwicklung auf. Sie zeichnen sich vielmehr dadurch aus, dass sie durch die Unterstützung der Wirkung weiterer Strategien und Förderansätze in indirekter Weise breite Bereiche des Drei-Säulen-Konzepts der Nachhaltigkeit ansprechen können. So kann z. B. im Rahmen einer Strategie zur Entwicklung sozialer Strukturen ein Informationsnetzwerk zu modernen Kraftwerkstechnologien geschaffen werden. Davon können wiederum positive Rückwirkungen auf den Erfolg anderer Strategien, wie z. B. Strategien zur Effizienzsteigerung oder Strategien im Rahmen der Globalisierung, ausgehen, wodurch ein indirekter Beitrag zur Erreichung der sehr unterschiedlichen Nachhaltigkeitsziele dieser Strategien geleistet werden kann.

Unterstützung der technologischen Weiterentwicklung: Strategien aus diesem Bereich haben drei wesentliche Zielrichtungen. Zunächst ist die Verbesserung von vorhandenen Technologien und Verfahren mit dem Ziel, Ressourcen einzusparen, zu nennen. Diese Anstrengungen können sich auf eine Verbesserung der Effizienz im Anlagenbetrieb aber auch bei der Anlagenherstellung beziehen. So ist es beispielsweise möglich, durch eine geänderte Konstruktion oder den Einsatz anderer Werkstoffe den Rohstoff- und Energieverbrauch beim Anlagenbau zu verringern. Zweite Zielrichtung ist die Entwicklung neuer Energieumwandlungstechnologien. Hier sollte vor dem Hintergrund beschränkter fossiler Ressourcen wie auch der Emissionsproblematik vor allem die Entwicklung von Verfahren zur Nutzung regenerativer Energieträger vorangetrieben werden. Der Bereich der erneuerbaren Energien, die weder heute noch in näherer Zukunft konkurrenzfähig sein werden, sollte im Rahmen dieser Strategien eine Sonderrolle einnehmen, da diese Optionen erst in einem langfristigen Zeithorizont die Nachhaltige Entwicklung fördern werden. Im Zuge einer eher kurzfristigen Entwicklung ist auch die Verbesserung der Technologien zur Nutzung fossiler Energieträger voranzutreiben. Der dritte Bereich umfasst die Bereitstellung von Steuerungs- und Informationstechnologien zur besseren Nutzung von (vorhandenen) Energieumwandlungstechnologien.

Entwicklung sozialer Strukturen und Prozesse: Ziel dieser Strategie ist die Beseitigung von bestehenden Hemmnissen auf sozialer und gesellschaftlicher Ebene bei der Umsetzung einer Nachhaltigen Energieversorgung. Wesentliches Element dieser Strategien ist die Schaffung von Strukturen und Netzwerken, die eine verbesserte Interaktion aller im Zuge einer Entwicklung eines nachhaltigen Energiesystems betroffenen Akteure ermöglicht. Aufbauend auf dieser Grundlage können weitere Nachhaltigkeitsstrategien effizienter umgesetzt werden. Mögliche Aktivitäten in diesem Strategiebereich können z. B. die Realisierung von Modellen zur Überwindung der Investor-Nutzer Problematik im Bereich der energetischen Sanierung von Wohngebäuden oder den Aufbau von Informationsnetzwerken zur Nachhaltigen Entwicklung umfassen.

Bereitstellung von Sachkapital: Von einer gezielten Bereitstellung von Sachkapital, z. B. in Form von Demonstrationsanlagen oder Forschungseinrichtungen, kann die Entwicklung in verschiedenen für eine Nachhaltige Entwicklung des Energiesystems relevanten Bereichen (z. B. technologische Weiterentwicklung) unterstützt werden. Dadurch kann die Zielerreichung anderer Nachhaltigkeitsstrategien positiv beeinflusst werden.

2.2.4 Strategien im Rahmen der Globalisierung

Durch die Umsetzung von Strategien zur Nachhaltigen Entwicklung können auch Faktoren, die vor dem Hintergrund der zunehmenden Globalisierung von Bedeutung sind, beeinflusst werden. So können sich z. B. durch die Förderung regenerativer Energieträger neben negativen Auswirkungen auf die internationale Wettbewerbsfähigkeit auch Verletzungen internationaler Abkommen ergeben. Um die Nachhaltigkeitsziele mit den übrigen zu berücksichtigenden Rahmenbedingungen besser in Einklang zu bringen, besteht die Möglichkeit, Aspekte der Nachhaltigen Entwicklung verstärkt in den Prozess der Globalisierung einzubringen. Dabei ist es beabsichtigt, über die Ausgestaltung von Globalisierungsstrategien die Zielerreichung einzelner Nachhaltigkeitsindikatoren positiv zu beeinflussen. Ziel dieser Anstrengungen ist es, auf internationaler Ebene derartige Rahmenbedingungen zu schaffen, dass eine möglichst weitgehende Erreichung der Nachhaltigkeitsziele auf nationaler Ebene nicht mit international orientierten Interessen kollidiert. Dies bedeutet, dass die primäre Strategiezielsetzung die verbesserte Umsetzung von Nachhaltigkeitsstrategien ist. Die Globalisierungsstrategien können daher als Unterstützung für andere Nachhaltigkeitsstrategien interpretiert werden.

Dieser Zielgedanke kann beispielsweise durch eine gezielte Politik- und Erfahrungsdiffusion erreicht werden, wodurch letztlich die auf nationaler Ebene verfolgten Nachhaltigkeitsstrategien verstärkten Eingang in internationale Entscheidungsfindungs- und Abstimmungsprozesse erlangen. Dadurch wird die Umsetzung von national geprägten Nachhaltigkeitszielen vor dem Hintergrund der Globalisierung erleichtert.

Der Gruppe der Strategien im Rahmen der Globalisierung können auch Kompensationsansätze zugerechnet werden. Zielsetzung hierbei ist es, vor dem Hintergrund der zunehmenden Globalisierung die Erfüllung von nationalen Nachhaltigkeitszielen durch Aktivitäten in anderen Regionen zu realisieren und dadurch eine Verringerung der Kosten zu erreichen. Ein aktuell diskutiertes Beispiel hierfür sind die flexiblen Instrumente des Kyoto-Protokolls Joint-Implementation (JI) und Clean-Development-Mechanism (CDM).

2.2.5 Nachhaltigkeitsstrategien im Verkehrsbereich

Dem Verkehrssektor ist ein maßgeblicher Anteil des bundesdeutschen Energiekonsums und damit auch ein entsprechender Teil der gesamten Schadstoff- und Treibhausgasemissionen zuzurechnen. Daraus folgt, dass die Entwicklung in diesem Sektor die Zielerreichung bei einzelnen Nachhaltigkeitsindikatoren deutlich beeinflussen kann. Im Rahmen einer Nachhaltigen Zukunftsentwicklung sollten daher Anstrengungen im Bereich der Energieversorgung und des Verkehrs einander gleichgestellt werden. Im folgenden sollen Strategien zur Nachhaltigkeit im Verkehrssektor lediglich kurz angeführt werden.

Strategien zur Effizienzsteigerung: In diesen Bereich sind vor allem Anstrengungen, die eine Verbesserung oder Veränderung der Fahrzeugtechnik zum Ziel haben, einzuordnen. Hierzu gehören neben der direkten Technologieförderung auch preis- und ordnungspolitische sowie informatorische Maßnahmen. So kann beispielsweise durch die Vorgabe eines Emissionsgrenzwertes oder eines hohen Mineralölsteuersatzes eine effizienzsteigernde technologische Weiterentwicklung initiiert werden.

Strategien zur Verkehrseinsparung: Da zahlreiche Verkehrsaktivitäten beispielsweise durch eine verbesserte Planung oder durch eine Verhaltensänderung (etwa im Freizeitbereich) vermieden werden könnten, kann durch geeignete Strategien in diesem Bereich ein umfangreicher Beitrag zur Energieeinsparung und Ressourcenschonung geleistet werden. Als Handlungsalternativen bieten sich hier Maßnahmen der Preis- und Ordnungspolitik sowie eine Optimierung der Logistik für den Güterverkehrsbereich an.

Strategien zum Technologie- und Verkehrsmittelwechsel: Im Personen- wie auch im Güterverkehr spielt der Straßenverkehr die Hauptrolle. Durch eine Veränderung des „Modal Split"[26] mit dem Ziel den Anteil öffentlicher Verkehrsmittel im Personenverkehr und den Anteil der Bahn im Güterverkehr zu erhöhen, könnte ein wesentlicher Beitrag zur Nachhaltigen Entwicklung im Verkehrsbereich geleistet werden. Hierzu kann beispielsweise durch Ausbau und Modernisierung der Verkehrsnetze für den öffentlichen Verkehr beigetragen werden.
Weiterhin ist im Zusammenhang mit der Nachhaltigen Entwicklung auch eine Veränderung der in den Verkehrsmitteln eingesetzten Technologien, wie z. B. der Antriebsaggregate, zu berücksichtigen. Besonders erfolgversprechend erscheint hier der Einsatz von Brennstoffzellen in Straßenfahrzeugen.
Strategien zum Technologie- und Verkehrsmittelwechsel können sich einerseits auf die gezielte Unterstützung technologischer Weiterentwicklungen und auf die Entwicklung der Verkehrsinfrastruktur beziehen. Andererseits besteht aber auch ein Ansatzpunkt darin, durch Informationsmaßnahmen oder preis- und ordnungspolitische Vorgaben die Wahl des Verkehrsmittels oder der eingesetzten Technologien zu beeinflussen.

[26] Aufteilung des Verkehrsaufkommens auf einzelne Verkehrsmittel.

Innovations- und Substitutionsstrategien: Im Rahmen von Informationsmaßnahmen sowie einer ausgeprägten Öffentlichkeitsarbeit besteht die Möglichkeit, innovative Entwicklungen im Bereich der eingesetzten Technologien wie auch bei der Verkehrssteuerung und beim Konsumentenverhalten voranzutreiben. Hieraus kann sich eine breite Palette von Wirkungen beispielsweise in den Bereichen der Effizienzsteigerung, der Verhaltensänderung oder des „Modal Split" ergeben. Dies bedeutet, dass Strategien aus dem Bereich Innovation und Substitution unterstützend beziehungsweise ergänzend zu anderen Aktivitäten zur Förderung einer Nachhaltigen Entwicklung im Verkehrsbereich eingesetzt werden können.

2.2.6 Zur Kombination von Nachhaltigkeitsstrategien

Bei der Analyse einzelner Nachhaltigkeitsstrategien ist zu beachten, dass diese nicht isoliert voneinander bewertet und umgesetzt werden dürfen, sondern dass die mannigfaltigen Interdependenzen zwischen den einzelnen Nachhaltigkeitsstrategien zu berücksichtigen sind. Zur Illustration dieser Problematik werden ausgewählte Interdependenzen im Folgenden exemplarisch aufgezeigt.

Das erste Beispiel bezieht sich auf Stromeinsparmaßnahmen. Zu deren Bewertung sind die eingesparten Ausgaben für den Elektrizitätsbezug, die eingesparten Mengen an Elektrizität, die vermiedenen Emissionen beispielsweise von klimarelevanten Spurengasen oder Säurebildner sowie die Ausgaben zur Installation und Betrieb der Maßnahmen zu erheben. Anhand eines Vergleiches dieser Größen für die verschiedenen Optionen zur Stromeinsparung, gegebenenfalls ergänzt um eine Life-Cycle-Assessement-Analyse, ist eine Nachhaltigkeitsstrategie für diesen Bereich zu entwickeln. D.h. Stromeinsparmaßnahmen sind gegeneinander zu gewichten und unter Zielvorgaben für eine Nachhaltigkeitsstrategie sind umweltpolitische Instrumente zu implementieren. Es bestehen dabei aber eine Reihe an Interdependenzen zum Elektrizitätserzeugungssektor (bzw. dem Energiegewinnungssektor allgemein):
Rechnen sich Einsparmaßnahmen auf der Energienachfrageseite bei gegebenen Strompreisen, so sind bestimmte Kraftwerksneubauten nicht mehr notwendig bzw. bestehende Kraftwerke können früher stillgelegt werden. Dies kann zur Folge haben, dass die Energieangebotsseite die verbleibende Stromnachfrage zu geringeren Preisen befriedigen kann als ursprünglich antizipiert wurde. Würden nun die Berechnungen für die nachfrageseitigen Optionen mit den neuen Strompreisen durchgeführt, so würden sich einige dieser Maßnahmen nicht mehr rechnen.

Wird parallel zur Strategie der Stromeinsparung eine Strategie zur Effizienzsteigerung bei Kraftwerken, zur Technologiesubstitution oder zur verstärkten Nutzung regenerativer Energieträger zur Stromerzeugung verfolgt, so ändern sich hierdurch die Strompreise wie auch die

Emissionen pro kWh Elektrizität, die dann gegebenenfalls deutlich absinken. Dies kann zur Folge haben, dass Stromeinsparmaßnahmen, die sich emissionsseitig über die spezifische Größe der eingesparten Emissionen pro eingesparter kWh Elektrizität bewerten lassen, nur noch in einem wesentlich geringen Umfang sinnvoll umzusetzen sind[27].

Als weiteres Beispiel für Interdependenzen sei der gemeinsame Einsatz von Technologien in verschiedenen Bereichen der Energieversorgung genannt. So kann der Brennstoffzelle im Rahmen einer Nachhaltigen Energieversorgung als innovative dezentrale Technologie mit zu anderen konventionellen Kraftwerken vergleichsweise sehr niedrigen CO_2, NO_x und SO_2-Emissionen, sehr hohen elektrischen Wirkungsgraden bzw. hohen Stromkennzahlen, gutem Teillastverhalten und hohem Temperaturniveau der Abwärme künftig eine wichtige Rolle als Kraft-Wärme-Kopplungstechnologie zukommen. Jedoch ist sie zur Zeit noch nicht wirtschaftlich zu betreiben. Die Wirtschaftlichkeit wird aber auch darüber beeinflusst, ob sich die Brennstoffzelle im Rahmen einer nachhaltigen Verkehrspolitik als Antriebstechnik durchsetzt, weil hierdurch eine Reduzierung der Entwicklungskosten und Größendegressionseffekte bei der Herstellung eintreten[28].

2.3 Zusammenfassung

Die Ableitung von Politikempfehlungen für die Implementierung einer nachhaltigen Entwicklung in konkreten Wirtschaftsbereichen (Handlungsfeldern) ist ein mehrstufiger Prozess, der mit der Auswahl eines auf ethisch-begründeten Nachhaltigkeitskonzepts und dessen Übertragung auf Aktionsfelder wie der Energieversorgung beginnt und über eine sukzessive Konkretisierung zur Festlegung von quantitativen Zielwerten und umweltpolitischen Instrumenten in einzelnen Problemfeldern führt. Eine Diskussion um Zielwerte der Nachhaltigkeit, wie z.B. eine Reduzierung der CO_2-Emissionen um einen bestimmten Prozentsatz, ohne die Berücksichtigung des Gesamtkontextes würde deutlich zu kurz greifen. Eine strukturierte Vorgehensweise, wie sie mit den beschriebenen acht Ebenen skizziert wurde, schafft hierbei die notwendige Transparenz.

Auf den einzelnen hierarchisch-gegliederten Ebenen ist eine Entscheidung über Aspekte bzw. Gestaltungsoptionen zu treffen. Der Auswahlprozess zwischen den verschiedenen Aspekten basiert im erheblichen Umfang auf dem Wertsystem des Entscheidungsträgers. Eine wissenschaftlich fundierte Methodik zur Selektion der Aspekte existiert in der Regel nicht. Allerdings kann die Transparenz und Nachvollziehbarkeit erhöht werden, wenn die Gestaltungsmöglichkeiten auf den einzelnen Stufen des Planungsprozesses vollständig angegeben werden sowie die

---

[27] Die Relevanz derartiger Effekte ist u.a. in [Rentz et al. 1997] quantifiziert worden.

[28] Siehe [Örtel et al. 2000] und [Berthold et al. 1999].

Auswahl begründet wird. Dabei bestimmt die Wahl der Aspekte die Entscheidungsfreiheit auf den nachfolgenden Ebenen.

Zur Gestaltung einer Nachhaltigen Energieversorgung stehen verschiedene Strategien zur Verfügung. Bei der Auswahl von Nachhaltigkeitsstrategien ist zu beachten, dass diese sich beeinflussen können und synergistische bzw. konträre Effekte erzielbar sind.

2.4 Quellen

[Berthold et al. 1999] Berthold, O. ; Bünger,U.; Niebauer, P.; Schindler, K.; Schurig, V.; Weindorf, W.: *Analyse von Einsatzmöglichkeiten und Rahmenbedingungen von Brennstoffzellen in Haushalten und im Kleinverbrauch in Deutschland und Berlin*, Gutachten der LBST (Ludwig-Bölkow-Systemtechnik GmbH) im Auftrag des TAB, Berlin: LBST, 1999.

[BMU 1997] Bundesministerium für Umwelt, Naturschutz und Reaktorsicherheit: *Zeit zu Handeln – 5 Jahre nach Rio: Die Aktivitäten der gesellschaftlichen Gruppen für eine nachhaltige Entwicklung in Deutschland*, Bonn: BMU, 1997.

[Eichelbrönner et al. 1997] Eichelbrönner, M.; Henssen, H.: *Kriterien für die Bewertung zukünftiger Energiesysteme*, in: Brauch, Hans Günter (Hrsg.): Energiepolitik, Springer, Berlin, 1997, S. 461-470.

[Endres et al. 1998] Endres, A.; Radke, V.: *Zur theoretischen Struktur von Indikatoren einer nachhaltigen Entwicklung*, in: Zeitschrift für Wirtschafts- und Sozialwissenschaften (ZWS), Vol. 118 (1998), S. 295-313.

[Energy Charter o.J.] Energy Charter Secretariat, Brussels: *The Energy Charter Treaty and related documents*. Dokumentation ist online verfügbar unter www.encharter.org.

[Enquête-Kommission 1998] Enquête-Kommission „Schutz des Menschen und der Umwelt“: *Konzept Nachhaltigkeit – Vom Leitbild zur Umsetzung (Abschlußbericht)*. Bonn: Deutscher Bundestag, 1998.

[Enzensberger et al. 2001] Enzensberger, N.; Wietschel, W.; Rentz, O.: *Konkretisierung des Leitbilds einer nachhaltigen Entwicklung für den Energieversorgungssektor*, in: Zeitschrift für Energiewirtschaft, 22 (2001) 2, 2001. S. 125-136.

[Forum 2000] Forum für Zukunftsenergien: *Leitlinien zur Energieversorgung – Ergebnisse des Energiedialogs 2000*, Paper, 2000, im Internet verfügbar unter http://www.bmwi.de.

[Hillerbrand 1998] Hillerbrand, M. G.: *Schlüsselkriterien für eine nachhaltige Energieversorgung*, in: Energiewirtschaftliche Tagesfragen, Bd. 48 (1998), Heft 8, S. 492-495.

[Hofmann et al. 2000] Hofmann, V. H.; Radke, V.: *Indikatoren einer nachhaltigen Entwicklung: Eine kritische Würdigung des Ansatzes der „Londoner Schule"*, in: Zeitschrift für Umweltpolitik und Umweltrecht, 2/2000, S. 145-163.

[Klemmer 1998] Klemmer, P.: *Mit mehr Markt zu mehr Nachhaltigkeit. Die Rolle der Marktwirtschaft im Drei-Säulen-Konzept*, in: Ökologisches Wirtschaften, Heft 6 (1998), S. 16-17.

[Nill et al. 2001] Nill, M.; Marheinike, T.; Krewitt, W.; Voß, A.: *Grundlagen zur Beurteilung der Nachhaltigkeit von Energiesystemen in Baden-Württemberg*, Beitrag zum BWPlus-Diskussionskreis „Luftreinhaltung und Nachhaltigkeitsstrategien", Karlsruhe, 2001.

[OECD 1998] Organisation for Economic Co-operation and Development: *Towards Sustainable Development: Environmental Indicators*, Paris, 1998.

[Örtel et al. 2000] Örtel, D. ; Fleischer, T. : *Brennstoffzellen-Technologie*, TAB-Arbeitsbericht Nr. 67, Berlin: TAB, 2000.

[Prognos 2000] Prognos AG (Hrsg.): *Energiereport III*. Stuttgart: Schäffer-Poeschel, 2000.

[Rentz et al. 1997] Rentz, O.; Wietschel, M.; Schöttle, H.; Fichtner, W.: *Least-Cost Planning/-Integrated Resource Planning - Ein Instrument zur umweltorientierten Unternehmensführung in der Energiewirtschaft;* Landsberg: ecomed, 1997.

[Rentz et. al 2001] Rentz, O.; Wietschel, M.; Enzensberger, N.; Dreher: *Vergleichender Überblick über energiepolitische Instrumente und Maßnahmen im Hinblick auf ihre Relevanz für die Realisierung einer nachhaltigen Energieversorgung*, Endbericht eines Forschungsvorhabens im Auftrag des Büros für Technikfolgen-Abschätzung beim Deutschen Bundestag, Karlsruhe: Institut für Industriebetriebslehre und Industrielle Produktion, 2001.

[Schubert 1998] Schubert, R.: *Indikatoren für Nachhaltigkeit*, in: Schweiz. Zeitschrift für Volkswirtschaft und Statistik, Vol. 134 (1998), Heft 3, S. 391-414.

[Solow 1974] Solow, R.: *Intergenerational Equity and Exhaustible Resources*, in: Review of Economic Studies, Symposium on the Economics of Exhaustible Resources, 1974, S. 29-45.

[UNESC 2000] United Nations Economic and Social Council: *Energy and sustainable development: key issues*, Report of the Secretary-General. E/CN.17/ESD/2000/3.

[UNESC 2001] United Nations Economic and Social Council: *Energy and sustainable development: options and strategies for action on key issues*, Report of the Secretary-General. E/CN.17/ESD/2001/2.

[Voß 2000] Voß, A.: *Nachhaltige Energieversorgung – Konkretisierung eines Leitbilds*, in: Energie und nachhaltige Entwicklung – Beiträge zur Zukunft der Energieversorgung. Düsseldorf: VDI, 2000.

[WCED 1987] World Commission on Environment and Development: *Our Common Future* (Brundtland-Bericht), Oxford: University Press, 1987.

[Wietschel et al. 2002] Wietschel, M; Enzensberger, N.; Rentz, O.: *Zur Gestaltung einer nachhaltigen Energieversorgung*, in: Zeitschrift für Umweltpolitik & Umweltrecht (ZfU), 1/02, 2002, S. 105-124.

3 Klassifizierung umweltpolitischer Instrumente und Bewertungskriterien

N. ENZENSBERGER, M. WIETSCHEL

3.1 Allgemeine Instrumentenklassifikation

In der umweltökonomischen Literatur findet sich eine große Zahl an Instrumenten und Maßnahmen, die eine Umsetzung des Leitbilds einer Nachhaltigen Energieversorgung unterstützen können[29]. Unterscheiden lassen sich diese Instrumente anhand ihrer theoretischen Struktur und ihrer Wirkmechanismen, den konkreten Strategien, die sie unterstützen können oder danach, an welchem Punkt im Energiesystem sie ansetzen. Für ein besseres Verständnis der Unterschiede zwischen verschiedenen Instrumententypen soll im Folgenden eine Klassifikation vorgestellt werden, die es gestattet, Instrumente anhand ihrer grundsätzlichen strukturellen Merkmale einzuordnen (siehe Abbildung 2).

3.1.1 Hoheitliche Instrumente

Hoheitliche Instrumente gehen von staatlichen Stellen aus, die Kraft ihres Amtes beziehungsweise als gesetzgebende Gewalt Einfluss auf die Struktur und die Abläufe in einem konkreten Wirtschaftsbereich, hier der Energieversorgung, nehmen. Anhand der Art der Einflussnahme durch den Staat können hoheitliche Instrumente in ordnungsrechtliche (Zwang), ökonomische (Beeinflussung der Marktmechanismen) suasorische (Überzeugung/Unterstützung) sowie organisatorisch-strukturelle bzw. regulatorische Instrumente (Förderung bestimmter Marktstrukturen) unterteilt werden.

[29] Siehe zu den folgenden Ausführungen auch [Rentz et. al 2002].

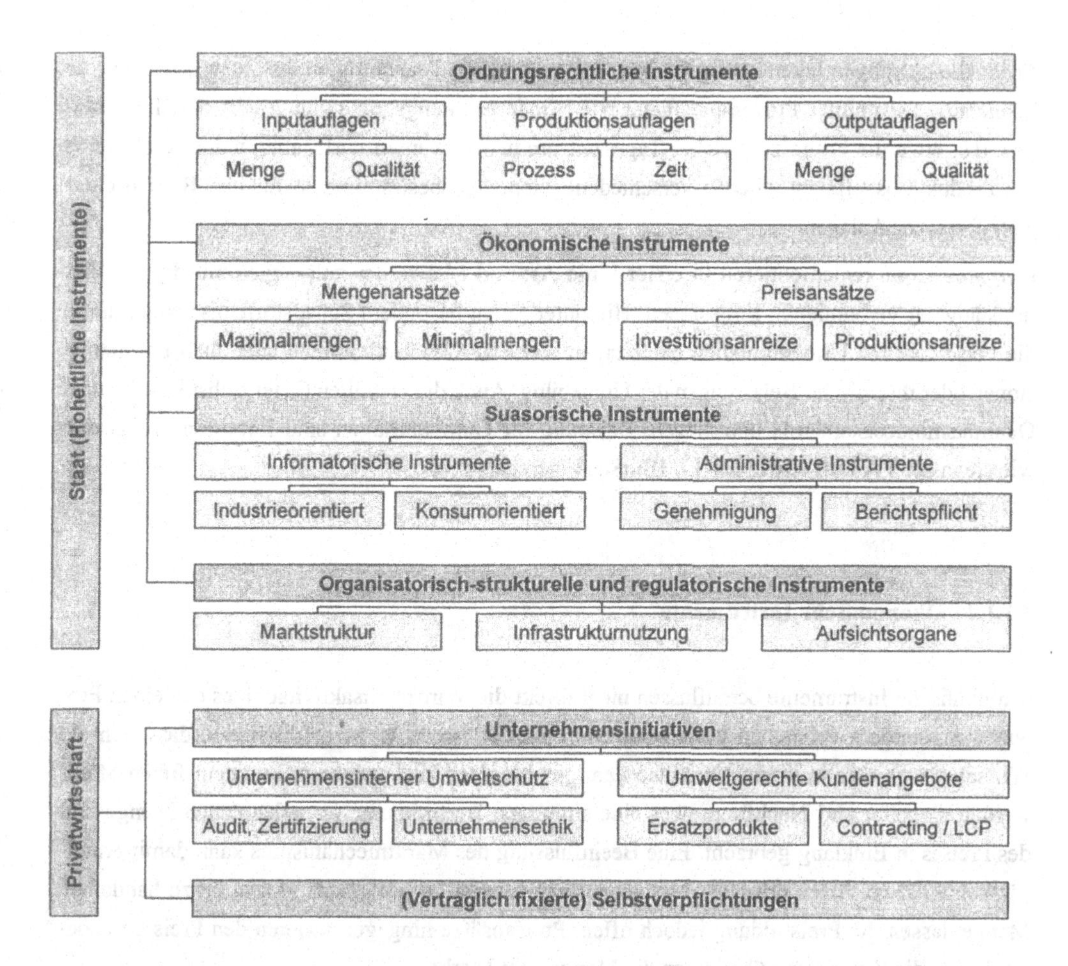

Abbildung 2: Klassifikation (umwelt-)politischer Instrumente

3.1.1.1 Ordnungsrechtliche Instrumente

In der Bundesrepublik Deutschland und der Europäischen Union liegt der Schwerpunkt der Umweltgesetzgebung bisher primär auf dem Ordnungsrecht. Ordnungsrechtliche Instrumente basieren auf Ge- und Verboten, d.h. Auflagen, die den Wirtschaftssubjekten bezüglich der Ausübung ihrer Wirtschaftstätigkeit gemacht werden. Hierbei lassen sich Inputauflagen, Produktionsauflagen und Outputauflagen unterscheiden.

Inputauflagen beschränken die Menge und Qualität der für eine Nutzung im Produktionsprozess zugelassenen Eingangsstoffe. Beispiele aus dem Energiebereich sind gesetzlich fixierte Kraft- und Brennstoffqualitätsstandards.

Produktionsauflagen legen häufig die Nutzung bestimmter Technologien fest, bzw. schreiben die Erreichung bestimmter Prozessparameter wie Mindestwirkungsgrade vor. Auch zeitliche Auflagen, d.h. etwa die Frage zu welcher Tageszeit produziert werden darf, fallen unter den Bereich der Produktionsauflagen, ebenso verschiedene Sicherheitsbestimmungen für den Betrieb energietechnischer Anlagen.

Outputauflagen reglementieren in erster Linie Art und Menge der zulässigen, mit der Produktionstätigkeit verbundenen Emissionen. Hierunter fallen besonders Schadstoffemissionen, die in die verschiedenen Umweltmedien eingetragen werden, Abfallaufkommen aber auch Lärmemissionen oder thermische Belastungen der Umgebung. Auch die erstellten Güter selbst können u.U. Qualitätsmindeststandards unterliegen. Beispiele für Outputauflagen sind Emissionsgrenzwerte wie sie in der TA Luft sowie der 17. BImSchV geregelt sind.

3.1.1.2 Ökonomische Instrumente

Ökonomische Instrumente beeinflussen nicht direkt die Wirtschaftsaktivität eines einzelnen Produzenten, sondern versuchen bestehende Marktmechanismen so zu modifizieren, dass sich die Wirtschaftssubjekte in ihrem Verhalten dem gewünschten Ziel anpassen. In einem freien Markt werden Angebot und Nachfrage über eine simultane Bestimmung der gehandelten Menge und des Preises in Einklang gebracht. Eine Beeinflussung des Marktmechanismus kann damit grundsätzlich auf zwei Arten erfolgen. Mengenansätze fixieren in geeigneter Weise die zu handelnde Menge, lassen die Preisbildung jedoch offen, Preisansätze hingegen fixieren den Preis bzw. beeinflussen die Kosten und überlassen die Menge dem Markt.

Mengenansätze gliedern sich in Minimalmengen- und Maximalmengenansätze. Beispiele für Minimalmengen sind staatlich fixierte Mindestquoten für die Nutzung regenerativer Energieträger in der Stromerzeugung oder eine Mindestquote für Kraft-Wärme-Kopplungsanlagen (KWK). Hier geht es darum, bestimmten Technologien, deren Nutzung zwar einen Umweltvorteil erwarten lässt, die jedoch aus verschiedenen Gründen nicht zur Nutzung kommen, einen in seinem Volumen fixierten, geschützten Markt zu schaffen. Maximalmengenansätze hingegen werden genutzt, um die freie Nutzung von Umweltgütern zu beschränken, sofern hier eine Übernutzung und damit ein Güterverlust zu befürchten ist. Beispiele hierfür sind Quotenmodelle für CO_2, SO_2 oder andere (Luft-)Schadstoffe. Um eine höhere Flexibilität für die verpflichteten Wirtschaftssubjekte zu erreichen, können Mengenansätze um eine Handelsoption für die zu erfüllenden Produktionsverpflichtungen bzw. Umweltnutzungsrechte ergänzt werden.

Preisansätze lassen sich grob in Investitionsanreize und Produktionsanreize unterteilen. Investitionsanreize wie Zuschüsse, eine beschleunigte Abschreibungsmöglichkeit oder zinsvergünstigte

Darlehen mindern die Gesamtinvestition und die zu deckenden Kapitalkosten bzw. ermöglichen die Nutzung vorteilhafter Steuereffekte. Der Umwelteffekt solcher Maßnahmen ist jedoch zunächst unklar, da zwar implizit davon ausgegangen wird, dass die geförderte Anlage später auch tatsächlich zur Produktion genutzt wird, die Förderung aber zunächst davon losgelöst erfolgt. Produktionsanreize setzen daher direkt an der Produktion an. Eine variable, d.h. mengenabhängige Vergütung zu fixierten Premiumpreisen honoriert eine politische angestrebte Wirtschaftsaktivität mit den damit auch real erzielten Umwelteffekten. Typische Beispiele im Energiebereich sind Einspeisevergütungen wie das Stromeinspeisegesetz bzw. das Erneuerbare-Energien-Gesetz. Die Höhe von Preisen für Umweltgüter lässt sich (theoretisch) über Internalisierungsstrategien von externen Effekten ableiten[30].

Auch Abgaben- und Steuerregelungen wie Brennstoff-, Strom-, Energie- oder CO_2-Steuer fallen unter die Gruppe der Preisansätze, da sie über eine Beeinflussung der relativen Brennstoffpreise bzw. der Produktionskosten im weiteren Sinn die Energiebereitstellungskosten unterschiedlicher Technologien modifizieren. Zu betonen ist, dass auch der Abbau von Vergünstigungen mit negativer ökologischer Wirkung – wie zum Beispiel der Unterstützung der heimischen Steinkohle oder des inländischen Flugverkehrs – zu diesen Maßnahmen gehören kann.

3.1.1.3 Suasorische Instrumente

Suasorische Instrumente umfassen alle Maßnahmen, mit denen der Staat versucht, auf die Wirtschaftsaktivität der Wirtschaftssubjekte Einfluss zu nehmen, ohne dabei jedoch einen direkten Zwang auszuüben (Ordnungsrecht) oder aber direkt in die Marktmechanismen einzugreifen (ökonomische Instrumente). Hierbei ist zunächst zwischen informatorischen und administrativen Instrumenten zu unterscheiden.

Informatorische Instrumente leisten Überzeugungs- oder Aufklärungsarbeit. Sie können sich dabei sowohl an die betroffenen Unternehmen richten als auch an die Endkonsumenten. Ziel im Falle der Industrieadressaten ist es, alternative Handlungsoptionen aufzuzeigen, den Stand der Technik zu vermitteln, interessierte Investoren zu beraten und Informationen, die eine Machbarkeitsuntersuchung im konkreten Unternehmen unterstützen können, bereitzustellen. Eine gezielte Konsumenteninformation dient der Schärfung des Problembewusstseins und damit einer

[30] Externe Kosten sind im weitesten Sinne monetarisierbare negative Effekte, denen Individuen oder Gruppen ausgesetzt sind, ohne dass sie in den wirtschaftlichen Kalkülen der Produzenten und -konsumenten und hier insbesondere in der Preisbildung enthalten sind. In der traditionellen (paretianischen) Umweltökonomie werden zwei unterschiedlichen Konzepten zur Internalisierung externer Effekte diskutiert: Verhandlungslösungen auf Basis der Verteilung von Eigentumsrechten und Erhebung einer Steuer.

Veränderung des Konsumverhaltens bzw. der Präferenzen bei der Kaufentscheidung. Einen Zwangscharakter können diese Instrumente in sofern besitzen, als dass Unternehmen u.U. verpflichtet werden, bestimmte Eigenschaften ihrer Produkte kenntlich zu machen (Labels, Zusammensetzung, Herkunftsbezeichnungen, Energieverbrauchsdaten).

Administrative Maßnahmen dienen dazu, bestehende (administrative) Hürden, die ein gewünschtes Verhalten der Wirtschaftssubjekte gegenwärtig noch behindern, zu beseitigen. Hürden können sich im Wesentlichen in den beiden Bereichen Genehmigungsverfahren und Berichtspflichten im Anlagenbetrieb ergeben. Beispiele für mögliche administrative Maßnahmen im Bereich der Anlagengenehmigung sind klare Zuständigkeitsregelungen zwischen den verschiedenen Behörden, verbesserte Qualifikation bzw. personelle Verstärkung der Sachbearbeiter, eine Standardisierung des Verfahrens oder die Herausgabe übersichtlicher und vollständiger Leitfäden für interessierte Investoren. Auch im Bereich des Anlagenbetriebs können über eine Straffung des zu beachtenden Regelwerks Verbesserungen erzielt werden. Ferner können Modifikationen im Gültigkeitsbereich einzelner Gesetze und Regelungen bestimmte Technologien bzw. Projekte unterstützen. Als Beispiel zu nennen ist hier der Übergang des Gültigkeitsbereichs der TA Luft zur 17. BImSchV in Abhängigkeit der Größenklasse eines Projekts.

3.1.1.4 Organisatorisch-strukturelle und regulatorische Instrumente

Diese Gruppe von Instrumenten umfasst alle Maßnahmen, die eine strukturelle Gestaltung des relevanten Marktplatzes bzw. des Zugriffsrechts auf eine bestehende Infrastruktur beinhalten. Hier lassen sich im Bereich der Energieversorgung im Wesentlichen zwei Bereiche unterscheiden.

Mit der *Wahl einer Marktform*, wie z.B. einem Pool-Modell oder dem Modell eines verhandelten Netzzugangs im Elektrizitätsbereich (vgl. bspw. [Klopfer et al. 1993]), kann in starkem Maße die Intensität und Art des Wettbewerbs im Energiemarkt bestimmt werden. Da sich die verschiedenen Gruppen von Marktteilnehmern hinsichtlich der jeweils genutzten Technologien und Energieträger unterscheiden, kann eine Wettbewerbsverzerrung zugunsten einer Gruppe nicht zu unterschätzende Umwelteffekte mit sich bringen.

Institutionalisierte Marktplätze wie eine Strombörse oder ein Internet-basiertes Übertragungskapazitätsvergabesystem schaffen eine verbesserte Transparenz und verhindern Wettbewerbsverzerrungen aufgrund unterschiedlicher Informationsstände der Marktteilnehmer.

Infrastrukturnutzungsrechte wie diskriminierungsfreie Netzzugangsregelungen besitzen im Falle natürlicher Monopole, wie sie bei den Transporteinrichtungen leitungsgebundener Güter in der Energiewirtschaft gegeben sind, große Bedeutung. Der Zugang zu Übertragungsnetzen sowie die

Kostenumlage erforderlicher Systemdienstleistungen bestimmt in einem technisch interdependenten System stark die relative Wirtschaftlichkeit zwischen Technologien (Technologien auf Basis fluktuierender oder nach Bedarf bereitgestellter Energieträger), Nutzungsarten bestehender Kraftwerke (Erzeugungs- oder Reservekapazität) sowie Projektgrößen und Standorten (zentrale Großkraftwerke oder dezentrale Strukturen).

Zu allen diesen Punkten ist zudem zu prüfen, inwiefern es unabhängiger Kontrollorgane bedarf, um die Funktionstüchtigkeit der Märkte sowie die Wahrung gesetzlich verankerter Regeln zu überwachen.

3.1.2 Maßnahmen und Instrumente der Privatwirtschaft

Umweltschutzmaßnahmen müssen nicht notwendigerweise durch staatliche Instrumente initiiert werden. Auch die Wirtschaftssubjekte selbst können in Eigeninitiative verschiedene Maßnahmen ergreifen. Zu unterscheiden sind hier die eigentlichen Unternehmensinitiativen auf der einen Seite und auf der anderen Seite Selbstverpflichtungen der Industrie, die in offizieller Absprache mit dem Staat eingegangen werden, meist um im Gegenzug staatliche Maßnahmen abzuwenden. Allgemein lässt sich feststellen, dass Maßnahmen der Privatwirtschaft im Sinne einer Nachhaltigen Energieversorgung in der Regel auf den Umweltschutz fokussieren.

3.1.2.1 Unternehmensinitiativen

Bei Unternehmensinitiativen sind nach innen gerichtete Maßnahmen des unternehmensinternen Umweltschutzes und nach außen gerichtete, umweltgerechte Kundenangebote zu unterscheiden.

Unternehmensinterne Maßnahmen lassen sich ferner in solche gliedern, die eine staatliche Anerkennung der Bemühungen beinhalten wie Öko-Audits oder Zertifizierungen und solche, die rein auf unternehmensethischen Motiven basieren, ohne dass sie von offizieller Seite erfasst und mit u.U. absatzförderlichen Zertifizierungen honoriert werden. Obwohl unternehmensethisch basierte Maßnahmen einen beträchtlichen Beitrag zum Umweltschutz leisten können, sind sie in den meisten Fällen nur schwer als Instrument zu bezeichnen, da kaum Möglichkeiten bestehen, diesen Prozess in irgendeiner Weise extern zu steuern.

Umweltgerechte Kundenangebote umfassen im Wesentlichen zwei Grundtypen. Zum einen können Unternehmen umweltfreundliche Substitute bzw. besonders umweltverträglich hergestellte Produkte anbieten. Im Energiebereich wären hier an erster Stelle die sogenannten ‚Grünen

Angebote' zu nennen, die von Industrieseite häufig als eine marktkonforme Alternative zu staatlichen Fördermaßnahmen für die Nutzung regenerativer Energieträger genannt werden. Der Staat kann hier eine unterstützende Rolle übernehmen, indem er beispielsweise entsprechende Gütesiegel bereitstellt. Neben neuen Produkten können jedoch auch besondere Dienstleistungen am Markt angeboten werden, die den Umweltschutz beim Kunden unterstützen. Beispiele hierfür sind Einsparcontracting-Projekte als einzelwirtschaftliche Umsetzung von Least-Cost-Planning Analysen. Bei allen diesen Kundenangeboten ist jedoch kritisch zu prüfen, ob es sich hier tatsächlich um privatwirtschaftlich initiierte umweltpolitische Instrumente handelt, oder vielmehr um eine normale unternehmerische Tätigkeit auf einem neuen Markt (segment).

3.1.2.2 Selbstverpflichtungen

Unter freiwilligen Selbstverpflichtungen[31] versteht man rechtlich verbindliche oder unverbindliche Zusagen (von Teilen) der Wirtschaft bzw. einzelner Unternehmen, Maßnahmen zum Umweltschutz durchzuführen oder umweltbelastende Aktivitäten zu unterlassen oder zu reduzieren, um bestimmte Umweltziele zu erreichen. Hier kommt das der deutschen Umweltpolitik zugrundeliegende Kooperationsprinzip zum Tragen. Selbstverpflichtungen werden wie oben bereits erwähnt von der Privatwirtschaft oftmals eingegangen, um drohende staatliche Regelungen abzuwenden. Der Vorteil aus Sicht der Unternehmen besteht zunächst darin, dass die Selbstverpflichtung in erster Linie das zu erreichende Ziel beinhaltet, die Unternehmen jedoch hinsichtlich der Umsetzungsstrategie volle Gestaltungsfreiheit behalten. Die konkrete Ausgestaltung des in der Selbstverpflichtung vorgesehenen Marktmechanismus kann dann jedes der unter den hoheitlichen Instrumenten aufgeführten Beispiele kopieren. Allgemeine Aussagen zur Struktur von Selbstverpflichtungen sind damit nicht möglich.

3.2 Kriterien für eine Instrumentenbeurteilung

Im vorigen Kapitel wurden unterschiedliche umweltpolitische Instrumente dargestellt, die zur Gestaltung einer Nachhaltigen Energieversorgung beitragen können. Zwischen den verschiedenen Instrumenten bestehen jedoch zum Teil wesentliche Unterschiede in der Art und Weise,

[31] Selbstverpflichtungen der Wirtschaft im Umweltschutz existieren in Deutschland seit den siebziger Jahren. Inzwischen gibt es bereits über 80 solcher Selbstverpflichtungen; sie sind hauptsächlich branchenbezogen, darüber hinaus wurden einige wenige branchenübergreifende Vereinbarungen getroffen (vgl. [BDI 1996]).

wie sie auf die Aktivitäten der unterschiedlichen Wirtschaftssubjekte Einfluss nehmen. Für eine vergleichende Bewertung umwelt- und energiepolitischer Instrumente werden Kriterien benötigt, die eine strukturierte Darstellung der unterschiedlichen Effekte dieser Instrumente gestatten. Die eigentliche Bewertung erfolgt, indem für jedes Instrument die Erfüllung der ausgewählten Kriterien überprüft und bewertet wird. Über eine Gewichtung der unterschiedlichen Kriterien lässt sich dann ein Gesamturteil ableiten. Eine objektive Kriteriengewichtung ist aus wissenschaftlicher Sicht jedoch nur schwer realisierbar. Es existieren zwar methodische Vorgehensweisen zur Gewichtung unterschiedlicher Zielsetzungen (Nutzwertanalyse u.ä.), diese Methoden setzen allerdings die Existenz definierter Zielprioritäten sowie bekannter Nutzenfunktionen voraus. Der Nutzen eines Instruments, d.h. die Wertschätzung einzelner Merkmale, ist jedoch eine subjektive Größe, die von den jeweiligen Bedürfnissen eines Individuums bestimmt wird. Eine Kriteriengewichtung wird daher immer subjektiven Einflüssen unterliegen.

Aus diesem Grund soll hier auf eine zusammenfassende Bewertung umweltpolitischer Instrumente verzichtet werden. Zur Unterstützung des Bewertungsprozesses wird vielmehr ein Kriterienkatalog entwickelt, der zunächst möglichst wertneutral die Gegenüberstellung unterschiedlicher umweltpolitischer Instrumente gestatten soll.

3.2.1 Anforderungen an ein Kriterienraster

Um einen möglichst objektiven Vergleich unterschiedlicher Instrumente zu ermöglichen, sollte ein Kriterienkatalog im Wesentlichen drei Maßstäben genügen[32]:

Vollständigkeit: Es ist die Gesamtheit der für eine spätere Bewertung relevanten Kriterien abzudecken. Die Vollständigkeit ist eine wesentliche Voraussetzung für eine wertneutrale Gegenüberstellung, da das Ausklammern einzelner Kriterien bereits eine erste Ergebnisbeeinflussung darstellt. Da es jedoch unrealistisch wäre, einem einmal erarbeiteten Kriterienkatalog einen absoluten Vollständigkeitsanspruch zuzugestehen, muss dieser Begriff relativiert werden. Eine gründliche Literaturrecherche und eine kritische Prüfung etwaiger Besonderheiten der gegebenen umweltpolitischen Zielsetzung vorausgesetzt[33], „(...) kann solange von der Vollständigkeit der Kriterienliste [ausgegangen werden], bis ein neues Kriterium im Rahmen der wissenschaftlichen

[32] Vgl. [Knüppel 1989, S. 75].

[33] Umweltpolitische Instrumente lassen sich nicht allgemein, sondern „nur vor dem Hintergrund konkret definierter und operationalisierbarer Umweltqualitätsziele" bewerten [Rennings et al. 1997, S. 78]. Dies ist bei der Auswahl der für eine Bewertung heranzuziehenden Kriterien zu berücksichtigen. Auch der Anspruch der Vollständigkeit kann damit – wenn überhaupt – nur für konkrete Zielsetzungen aufrecht gehalten werden.

Diskussion heraus gearbeitet worden ist"[34]. Aus dem Vergleich existierender Ansätze wird jedoch schnell ersichtlich, dass Kriterien oftmals unterschiedlich benannt, unterschiedlich weit gefasst und zum Teil auch unterschiedlichen „Oberkriterien" zugeordnet werden.

Zur Gewährleistung einer größtmöglichen Vollständigkeit werden daher die jeweiligen Definitionen der unterschiedlichen Autoren verglichen und um Ergebnisse aus Expertengesprächen sowie eigene Ausarbeitungen ergänzt. Die gewählten Bezeichnungen orientieren sich an einer guten Verständlichkeit. Verweise auf in der Literatur anzutreffende Alternativbezeichnungen sind als Fußnoten an der jeweiligen Stelle im Text angegeben.

Gültigkeit: Die einzelnen Kriterien müssen grundsätzlich zur Bewertung sowohl der ordnungsrechtlichen und ökonomischen als auch der freiwilligen umweltpolitischen Instrumente geeignet sein. Aufgrund der unterschiedlichen Charakteristika dieser Instrumentenklassen ist daher auf eine geeignete Abgrenzung und eine exakte Definition der Kriterien zu achten. Die Gültigkeit eines Kriteriums setzt voraus, dass eine Charakterisierung unterschiedlicher Instrumente auch unterschiedliche Ausprägungen erwarten lässt. Liefert ein Kriterium für alle Instrumente identische Ausprägungen, kann es aus der Betrachtung ausgeschlossen werden[35].

Umweltpolitische Instrumente dienen einem konkreten Ziel, sie haben keinen Selbstzweck. Ein Vergleich umweltpolitischer Instrumente kann somit auch nur hinsichtlich einer gegebenen Zielsetzung erfolgen. Dementsprechend gibt es auch für die Vergleichskriterien keine allgemeine Gültigkeit, sondern nur eine Gültigkeit bezüglich der konkreten Zielsetzung.

Unabhängigkeit: Die Kriterien müssen von einander unabhängig sein, bzw. wenn dies nicht der Fall ist, gemäß ihrer logisch-hierarchischen Struktur anderen Kriterien subsummiert werden. Die Überprüfung der Unabhängigkeit hilft, Redundanzen zu eliminieren[36], die hierarchische Struktur der Kriterien zu verifizieren und Oberkriterien korrekt voneinander abzugrenzen.

Zum Anspruch der Unabhängigkeit ist relativierend anzumerken, dass diese aufgrund der Komplexität der Zusammenhänge nicht immer zwischen allen Kriterien zu gewährleisten ist, ohne die

---

[34] [Knüppel 1989, S. 75].

[35] Prinzipiell sind Kriterien denkbar, die von allen Instrumenten unbedingt zu erfüllen sind, z.B. ein Mindestmaß an Sozialverträglichkeit. Gegen eine Eliminierung dieser Kriterien könnte damit einzuwenden sein, dass dadurch die Gewährleistung dieser Forderungen gefährdet wird. Hierzu ist anzumerken, dass solche „K.O.-Kriterien" eine wichtige Rolle bei der Auswahl der zu vergleichenden Instrumente spielen; in eine vergleichende Bewertung sollten nur Instrumente aufgenommen werden, die alle zwingend vorauszusetzenden Kriterien erfüllen. Ist diese Vorauswahl jedoch einmal getroffen, können diese Kriterien im sich anschließenden Vergleich vernachlässigt werden.

[36] Redundanzen können – unabhängig davon, dass sie der Betrachtung keine neuen Aspekte verleihen – über einen psychologischen Effekt das Ergebnis beeinflussen: Besitzt ein Begriff besonders viele (redundante!) Unterpunkte, so suggeriert er eine unverhältnismäßig große Bedeutung, was sich wiederum auf die Gewichtung der Kriterien auswirken kann.

Übersichtlichkeit eines Kriterienrasters zu gefährden. Einzelne Abhängigkeiten werden für das entwickelte Raster daher in Kauf genommen, an gegebener Stelle wird jedoch darauf hingewiesen. Das in diesem Kapitel vorgestellte Kriterienraster ist das Resultat zahlreicher Expertengespräche. Dennoch bleibt in einzelnen Fällen die Zuordnung der Kriterien bis zu einem gewissen Grad Ermessenssache. Besonders gilt dies für die Entscheidung, ob es sinnvoller ist, zwei oder mehr Kriterien zu einem Kriterium zusammenzufassen, oder besser einzeln aufzuführen. Für eine detaillierte Gliederung spricht die höhere Genauigkeit, für eine stärker aggregierte Darstellung die bessere Übersichtlichkeit.

3.2.2 Bewertungskriterien für Instrumente der Nachhaltigkeit im Überblick

Die im folgenden diskutierten Kriterien zum Vergleich bzw. zur Bewertung umweltpolitischer Instrumente sind in fünf Oberkriterien zusammengefasst. Jedes Oberkriterium enthält mehrere Einzelkriterien, die in Form einer Checkliste wiederum mehrere Unterpunkte beinhalten können. Mittels dieser Hierarchisierung soll die Übersichtlichkeit der Darstellung verbessert werden. Tabelle 2 gibt einen Überblick über die im Folgenden detaillierten Kriterien.

3.2.3 Kriterien der Zielerreichung hinsichtlich des Strategieziels[37]

Hinsichtlich der von einem Instrument zu erwartenden Zielerreichung sind zwei Aspekte zu unterscheiden: zum einen die Zielerreichung hinsichtlich derjenigen Strategie zu deren Umsetzung das Instrument primär eingesetzt wird, zum anderen aber auch hinsichtlich des gesamten Zielsystems einer Nachhaltigen Energieversorgung. Legt man die in Kapitel 2 beschriebene hierarchische Vorgehensweise zur Ableitung von Politikempfehlungen für die Umsetzung einer Nachhaltigen Energieversorgung zugrunde, dienen Instrumente der Implementierung ausgewählter Strategien. In Kapitel 2 wurde zudem darauf hingewiesen, dass in der Politikdiskussion strikt zwischen einer Strategie- und der Instrumentendiskussion unterschieden werden muss. Mit dem Kriterium der Zielerreichung hinsichtlich des Strategieziels ist daher zunächst zu prüfen, ob ein bestimmtes Instrument zur Implementierung einer gewählten Strategie geeignet ist. In einem

[37] Alternativbezeichungen: Ökologische Inzidenz [Siebert 1978, S. 94], ökologische Wirksamkeit ([Holzinger 1987, S. 98] und [Wicke 1994, S. 438]), ökologischer Wirkungsgrad [Sprenger 1984, S. 52], ökologische Treffsicherheit [Endres 1994, S. 152]. Gelegentlich ist auch der Begriff ökologische Effizienz anzutreffen.

zweiten Schritt sind dann Beeinflussungen auch anderer Nachhaltigkeitsziele, die von der zugrundeliegenden Strategie abhängen, zu prüfen.

Tabelle 2: Kriterienraster zum Vergleich von Instrumenten einer Nachhaltigen Energieversorgung

Oberkriterium	Kriterium	Kriterieninhalte
Zielerreichung (primäres Strategieziel)	Grad der Zielerreichung	Genauigkeit und Höhe der zu erwartenden Zielerreichung
		Einfluss instrumentenexogener Variablen
	Geschwindigkeit der Zielerreichung	Instrumentenspezifische Implementierungsdauer
		Wirkverzögerung (Time-Lag ab Implementierung)
Zielerreichung (weitere, nachrangige Nachhaltigkeitsziele)	Sektorspezifisches Problemfeld 1	Indikator-Zielwert 1.1
		Indikator-Zielwert 1.2
	Sektorspezifisches Problemfeld 2	Indikator-Zielwert 2.1
		Indikator-Zielwert 2.2
	...	...
Effizienz	Statische Effizienz	Rationalitätsprinzip / Pareto-Effizienz
	Dynamische Effizienz	Induktion technischen Fortschritts (Sachkapital!)
	Transaktionskosten	Belastungen des öffentlichen Sektors
		Belastungen des privaten Sektors
Systemkonformität	Marktkonformität	Nationale Wettbewerbsneutralität
		Internationale Wettbewerbsneutralität
	Rechtskonformität	Nationales Recht
		Kompatibilität mit EU-Recht
Implementierungsanforderungen	Administrative Anforderungen	Informations- und Planungsanforderungen
		Administrative Kapazitäten
	Regulierungsanforderungen	Erforderlicher Regulierungsgrad und Sanktionsmechanismen
		Kontroll- und Regulierungsinstanzen
	Flexibilität	Regionale / sektorale Spezifikationsmöglichkeiten
		Dynamische Anpassungsmöglichkeiten
		Kombinationsmöglichkeiten mit anderen Instrumenten

3.2.3.1 Grad der Zielerreichung

Hinter jeder Strategie stehen gemäß dem Vorgehensschema aus Kapitel 2 bestimmte quantitative Zielvorgaben, die es über einen Instrumenteneinsatz zu erreichen gilt.

Erwarteter Grad der Zielerreichung: Umweltpolitische Instrumente unterscheiden sich zum einen darin, welcher absolute Beitrag zur Zielerreichung über den jeweiligen Politikansatz erreicht werden kann. Des weiteren ist aber auch zu prüfen, wie genau die Erreichung des vorgegebenen Zielwertes bereits im Vorfeld abgeschätzt werden kann. Der Aspekt der Prognostizierbarkeit der Entwicklung ist neben der absoluten, erwarteten Höhe des Gestaltungseffekts von großer Bedeutung für die Effektivität umweltpolitischer Maßnahmen.

Einfluss instrumentenexogener Variablen[38]: Dieses Kriterium erfasst, inwiefern Änderungen in den makroökonomischen oder sozialen Rahmenbedingungen den Grad der Zielerreichung beeinflussen. Quantitativ lässt sich der Einfluss solcher Variablen nur mittels aufwendiger, modellgestützter Verfahren ermitteln. Für einige Instrumente sind jedoch qualitative Aussagen unter Berücksichtigung ihrer jeweiligen Funktionsmechanismen möglich.

3.2.3.2 Geschwindigkeit der Zielerreichung

Besonders in Fällen, in denen die effektive Vermeidung akuter, irreversibler Umweltschäden im Vordergrund steht, gewinnt die Geschwindigkeit der Zielerreichung durch den Einsatz umweltpolitischer Instrumente große Bedeutung[39]. Von Interesse ist die Geschwindigkeit der Zielerreichung aber auch dann, wenn es z.B. darum geht, schnelle Erfolge sicherzustellen oder bestimmte termingebundene Zielvorgaben internationaler Abkommen zu erreichen. Die Geschwindigkeit der Zielerreichung selbst hängt von zwei Faktoren ab: der instrumentenspezifischen Implementierungsdauer und der Wirkverzögerung des Instruments.

Implementierungsdauer: Die instrumentenspezifische Implementierungsdauer umfasst die Phasen der administrativ-organisatorischen Einführung des jeweiligen Instruments. Manche Instrumente erfordern bestimmte Marktstrukturen (z.B. Poolmarkt für grünen Strom, Zertifikathandel u.ä.). Die Schaffung solcher Strukturen benötigt eine gewisse Zeit, die die Zielerreichung durch das Instrument verzögert. Die instrumentenspezifische Implementierungsdauer wird stark von

---

[38] Rennings stellt mit seinem Kriterium der ökonomischen Invarianz hier besonders auf ökonomische Variablen ab. Vgl. [Rennings et al. 1997, S. 23].

[39] Vgl. [Knüppel 1989, S. 80]. Vgl. auch [Wicke 1994, S. 438] und [Rennings et al. 1997, S. 23].

der „Reife" eines Instruments, d.h. den vorliegenden Praxiserfahrungen und den administrativen Fähigkeiten der mit der Umsetzung betrauten Institutionen, bestimmt.

Wirkverzögerung: Zwischen umweltpolitischen Instrumenten bestehen Unterschiede in der zeitlichen Verzögerung, mit der nach deren Implementierung die gewünschte umweltpolitische Wirkung eintritt[40]. Besonders bei Instrumenten, die auf indirekten Wirkmechanismen beruhen (Preisansätze über Steuern/Abgaben), ist mit einer u.U. beträchtlichen Wirkverzögerung in den Anpassungsprozessen der Wirtschaftssubjekte zu rechnen. Darüber hinaus kann auch strategisches Verhalten der Wirtschaftssubjekte zu Wirkverzögerungen führen[41].

3.2.4 Kriterien der Zielerreichung hinsichtlich weiterer Partialziele einer Nachhaltigen Energieversorgung

Mit dem Einsatz energie- und umweltpolitischer Instrumente werden Marktabläufe und Marktteilnehmer in der Art beeinflusst, dass die durch die Strategiewahl determinierten, angestrebten technisch-organisatorische Veränderungsprozessen im Versorgungssystem initiiert und unterstützt werden. Da Instrumente jedoch primär der Unterstützung einer bestimmten Strategie dienen, ist nicht auszuschließen, dass mit der unterstützenden Wirkung hinsichtlich der primär betrachteten Strategie auch Beeinflussungen der System- und Marktstrukturen verbunden sind, die die Umsetzung anderer Strategien behindern bzw. allgemein verschiedene andere Nachhaltigkeitsindikatoren negativ beeinflussen.

Für die Diskussion kann das in Kapitel 2 vorgestellte Indikatoren- bzw. Zielwertesystem verwendet werden. Für jedes Problemfeld innerhalb der fünf Problembereiche Umweltschutz, Ressourcenschonung, Gesellschaft, Wirtschaftlichkeit und Versorgungssicherheit ist über den Einfluss auf die Indikatoren- bzw. Zielwertesystem damit zu prüfen, ob diese von der Einführung des betrachteten Instruments betroffen sind und inwiefern hier Zielkonflikte oder –komplementaritäten zu erwarten sind.

[40] Vgl. [Sprenger 1984, S. 55].

3.2.5 Effizienzkriterien

Neben der Wirksamkeit eines umweltpolitischen Instruments kommt auch den ökonomischen Konsequenzen eines möglichen Instrumenteneinsatzes Bedeutung zu. An dieser Stelle sollen Effizienzgrößen wie die statische und dynamische Effizienz sowie die Transaktionskosten der Instrumente betrachtet werden.

3.2.5.1 Statische Effizienz

Auch in der Umweltpolitik sollte das Rationalitätsprinzip in einer seiner beiden Ausprägungen erfüllt sein: d.h. die Realisierung eines festgelegten Zieles bei minimalen Kosten (Minimumprinzip) oder die maximale Verbesserung des Zielfunktionswertes bei bestimmten Kosten (Maximumprinzip)[42]. Hierbei ist stets das gesamte relevante System zu betrachten. Gefordert wird, dass die Zielerreichung bei minimalen Systemkosten erfolgt. Wesentliches Merkmal der gesamtwirtschaftlichen Effizienz ist die Angleichung der Grenzkosten der bei den Wirtschaftssubjekten induzierten Maßnahmen. Dies bewirkt, dass die größten Verbesserungsanstrengungen im Sinne der verfolgten umweltpolitischen Zielsetzung dort erfolgen, „wo die hierfür günstigsten Kostenvoraussetzungen bestehen“[43]. Ziel ist damit eine optimale Ressourcenallokation.

3.2.5.2 Dynamische Effizienz[44]

Die dynamische Effizienz umweltpolitischer Instrumente besteht in deren Fähigkeit, umwelttechnischen Fortschritt zu induzieren. Ziel ist es, die statische Effizienz eines umweltpolitischen Instruments im Zeitablauf unter Nutzung neuer technischer Möglichkeiten kontinuierlich zu verbessern. Die Anreizwirkung auf Unternehmen wird in der Regel stark davon abhängen, in-

---

[41] In vielen Fällen muss davon ausgegangen werden, dass sich strategisch verhaltende Wirtschaftssubjekte „nur dann normgerecht verhalten, wenn die Kosten der Normbefolgung geringer sind als die mit der jeweiligen Entdeckungswahrscheinlichkeit gewichtete Sanktion bei Normverstoß“, [Michaelis 1996, S. 40].

[42] Vgl. [Wicke 1994, S. 440] und [Knüppel 1989, S. 82].

[43] [Michaelis 1996, S. 44].

[44] Vgl. [Rennings et al. 1997, S. 27]. Alternativbezeichnung: dynamische Anreizwirkung, vgl. [Endres 1994, S. 131ff].

wiefern sich diese von einer technischen Weiterentwicklung einen finanziellen Vorteil versprechen können[45].

3.2.5.3 Transaktionskosten

In allen Phasen eines Instrumenteneinsatzes entstehen Transaktionskosten, die entweder vom Staat oder von den betroffenen Wirtschaftssubjekten zu tragen sind.

Belastungen des öffentlichen Sektors: Für den öffentlichen Sektor ist zu prüfen, welcher öffentliche Haushalt durch die Einführung des betrachteten Instruments belastet wird und welche Art von Belastungen zu erwarten sind. Die Belastungen können dabei von den Kommunen, den Ländern oder vom Bund getragen werden. Bei den Belastungen selbst ist zwischen einmaligen Ausgaben und laufenden Kosten zu unterscheiden. Von Interesse ist zudem die Frage, in welcher Phase der Instrumenteneinführung die Kosten entstehen: Planung/ Vorbereitung, Implementierung oder Kontrolle/Verwaltung[46].

Belastungen des privaten Sektors: Auch für den privaten Sektor ist zu spezifizieren, welche Wirtschaftssubjekte von Transaktionskosten betroffen sind: Energieversorgungsunternehmen (EVU), unabhängige/regenerative Strom-/Wärmeerzeuger, Netzbetreiber und Energieverteiler, Endkunden oder dritte Personen / Wirtschaftssubjekte. In der Energieversorgung hängt diese Frage stark davon ab, ob z.B. die EVU in der Lage sind, ihre Mehrkosten aus dem Instrumenteneinsatz über die Strompreise an ihre Kunden weiterzugeben[47]. Auch hier lassen sich die anfallenden Kosten in einmalige und laufende Kosten unterteilen, sowie den oben genannten Phasen des Instrumenteneinsatzes zuordnen.

3.2.6 Kriterien der Systemkonformität

3.2.6.1 Marktkonformität

Umweltpolitische Instrumente sind in das System einer freien, sozialen Marktwirtschaft zu integrieren. Hierzu ist eine hohe Kompatibilität der Instrumente mit marktwirtschaftlichen Strukturen und Prinzipien unerlässlich. Im Rahmen einer Beurteilung umweltpolitischer Instrumente ist

---

[45] Vgl. [Friedrich 1993, S. 115].

[46] Vgl. [Knüppel 1989, S. 86ff].

[47] Vgl. [Holzinger 1987, S. 103].

damit zu prüfen, ob bei deren Einsatz eine größtmögliche Wettbewerbsneutralität zwischen den verschiedenen Marktteilnehmern gewährleistet bleibt. Wettbewerbsverzerrungen können sowohl auf der Mittelbeschaffungsseite (z.B. Kostenumlage einer KWK- oder REG-Strom-Vergütung) als auch auf der –verwendungsseite (Zugang zu Fördergeldern etc.) auftreten.

Internationale Wettbewerbsneutralität: Maßnahmen, die im nationalen Alleingang durchgeführt werden, können die internationale Wettbewerbsfähigkeit einzelner Wirtschaftssubjekte stark beeinträchtigen. Hier müssen die Instrumente so ausgestaltet werden, dass sie sich nicht zum Nachteil der inländischen Unternehmen auswirken. Zu beachten sind im Falle der Energieversorgung insbesondere Fragen des Stromhandels in einem liberalisierten europäischen Strommarkt.

Nationale Wettbewerbsneutralität: Die existierenden Anlagenparks der EVU unterscheiden sich hinsichtlich ihrer Altersstruktur und Stromerzeugungstechnologien. Auch regionale Gegebenheiten wie die Verfügbarkeit regenerativer Energieträger sind stark unterschiedlich. Daher können Instrumente, die diese Unterschiede nicht berücksichtigen, bzw. keinen Ausgleich zwischen den betroffenen Wirtschaftssubjekten schaffen, leicht zu Wettbewerbsverzerrungen führen. Die nationale Wettbewerbsneutralität ist in zweierlei Hinsicht zu überprüfen: horizontal zwischen den verschiedenen Wirtschaftssubjekten innerhalb einer relativ homogenen Gruppe (z.B. die Verteilung regenerativer Ressourcen im interregionalen Vergleich bei Verbundunternehmen) und vertikal entlang der Wertschöpfungskette (Verteilung finanzieller Mehrbelastungen zwischen den verschiedenen Gruppen von Wirtschaftssubjekten wie Verbundunternehmen, Stadtwerke, Stromhändler oder Endkunden).

3.2.6.2 Rechtskonformität

Neben der Marktkonformität stellt die Rechtskonformität einen zweiten wesentlichen Bestandteil der Systemkonformität eines zu prüfenden Instruments dar. Die Bedeutung einer detaillierten juristischen Prüfung bereits im Vorfeld einer Instrumenteneinführung wird am Beispiel der jahrelangen Auseinandersetzungen um das Stromeinspeisegesetz und der damit verbundenen Unsicherheit bei den betroffenen Investorengruppen deutlich.

EU-Kompatibilität / internationale Abkommen: In Anbetracht der fortschreitenden gesamteuropäischen Integration – nicht zuletzt auch im Bereich der Umweltpolitik – sollte eine Kompatibilität der nationalen Programme mit der gesamteuropäischen Umweltpolitik gewährleistet sein[48]. Weiterhin ist zu prüfen, ob das betrachtete Instrument auch die Erreichung von Zielen, die sich aus der Unterzeichnung internationaler Abkommen ergeben (Kyoto-Protokoll, Agenda 21), unterstützt.

Nationales Recht: Umwelt- und energiepolitische Instrumente sollen sich auch in den bestehenden rechtlichen Rahmen der Bundesrepublik Deutschland eingliedern lassen. Solange jedoch nicht das Grundgesetz durch ein bestimmtes Instrument betroffen wird, ist hier im Konfliktfall u.U. auch eine Modifikation der bestehenden Bestimmungen denkbar. Im internationalen Kontext ist eine solche Modifikation aufgrund des damit verbundenen, erheblichen Aufwands und der großen Unsicherheiten allerdings kaum wahrscheinlich.

Die meisten umweltpolitischen Instrumente führen zu Einschränkungen in den Wirtschaftsaktivitäten der betroffenen Wirtschaftssubjekte. Auch wenn dieser Effekt eventuell in Kauf genommen wird, um ein politisch als wichtiger erachtetes Ziel zu erreichen, sollte für die betroffenen Unternehmen ein Mindestmaß an Planungs- und Rechtssicherheit geschaffen werden. Besonders für Investitionen in neue Energieerzeugungsanlagen stellt eine hohe Planungssicherheit eine Grundvoraussetzung dar, da es sich hierbei um sehr langfristige und besonders kapitalintensive Investitionen handelt. Besteht bei den Wirtschaftssubjekten die Befürchtung, dass ein investitionsförderndes Instrument bereits kurze Zeit nach dessen Einführung wieder modifiziert oder annulliert werden könnte, wird dies zu einer strategisch bedingten Wartehaltung führen. Aus dem Ziel einer hohen Planungssicherheit für die Wirtschaftssubjekte ergibt sich zudem die Forderung nach einem Vorrang der Ordnungs- vor der Prozesspolitik in der Umwelt- und Energiepolitik. D.h. es sollte das Ziel sein, mittels geeigneter Instrumente einen verlässlichen Rahmen zu gestalten, anstatt regelmäßig neu in die Wirtschaftsprozesse der Unternehmen einzugreifen[49].

3.2.7 Implementierungsanforderungen

3.2.7.1 Administrative Anforderungen

Informations- und Planungsanforderungen: Für die problemadäquate Ausgestaltung und Implementierung eines umweltpolitischen Instruments besteht in der Regel ein Informationsbedarf

[48] So steht z.B. das deutsche Stromeinspeisegesetz in der Kritik der Europäischen Kommission, da es nach Ansicht der Kommission einem freien Handel im Wege steht und einen freien Wettbewerb zwischen regenerativen Erzeugern behindert. Vgl. [EC o.J., S. 15].

[49] Vgl. [Rennings et al. 1997, S. 24].

bzgl. verfügbarer Ressourcen, Kostenstrukturen und technischer Möglichkeiten. Es ist zu prüfen, ob die benötigten Daten und Informationen zur Verfügung stehen, bzw. ob und wie sie mit vertretbarem Aufwand erhoben werden können[50].

Administrative Kapazitäten: Dieses Kriterium umfasst zum einen die bisherigen Erfahrungen bzw. die Vertrautheit[51] der mit der Umsetzung betrauten Behörden mit den jeweiligen Instrumenten, zum anderen allgemein deren administrative Effizienz und die in der Vergangenheit demonstrierte administrative Lernfähigkeit (administrative Lernkurven).

3.2.7.2 Regulierungsanforderungen

Je nachdem wie stark ein umweltpolitisches Instrument in die Wirtschaftsaktivitäten der Akteure eingreift, besteht ein unterschiedlich großer Regulierungsbedarf.

Erforderlicher Regulierungsgrad: Besonders ökonomische Instrumente beruhen in der Regel auf indirekten Steuerungsmechanismen. Durch die Verteuerung und Verknappung von Umweltgütern sollen Wirtschaftssubjekte für ein bestimmtes Verhalten motiviert werden. In diesen Fällen ist kritisch zu prüfen, ob einzelne Wirtschaftssubjekte durch gezieltes, strategisches Verhalten entgegen dem induzierten Verhaltensmuster Wettbewerbsvorteile auf Kosten anderer Wirtschaftssubjekte erringen können. Ein oft diskutiertes Beispiel in diesem Zusammenhang ist das gezielte Ansammeln (Horten) von Umweltzertifikaten[52]. Um solche unerwünschten Effekte zu vermeiden, kann auch bei ökonomischen bzw. zum Teil auch bei freiwilligen Instrumenten ein gewisses Maß an Regulierung erforderlich sein[53].

Sanktionen: Besonders bei Instrumenten, die bei den betroffenen Wirtschaftssubjekten zu kostenintensiven Anpassungsprozessen führen, ist die Existenz, Art und Höhe möglicher Sanktionen eng mit dem Grad der Zielerreichung verknüpft, da ein strategisch handelndes Wirtschaftssubjekt beispielsweise die Erfüllung einer KWK- oder REG-Quote über den Nachweis entsprechender Zertifikate bzw. die Zahlung von Abgaben von der Höhe der drohenden Sanktionen abhängig machen wird. Im Falle freiwilliger Instrumente der Industrie sind monetäre Sanktionen gegen einzelne Unternehmen in den meisten Fällen nicht durchsetzbar. Doch auch hier können die Unternehmen, die sich freiwillig einer Selbstverpflichtung stellen, das Fehlverhalten einzelner

---

[50] Vgl. [Holzinger 1987, S. 105] und [Sprenger (1984), S. 61].

[51] Vgl. [Holzinger 1987, S. 105].

[52] Vgl. [Endres 1994, S. 145 – 151].

[53] Während Regulierungsbestrebungen in der Regel vom Staat ausgehen, können im Falle freiwilliger Instrumente diese Aufgaben auch von Industrieverbänden übernommen werden.

anderer Unternehmen über entsprechende Maßnahmen des jeweiligen Industrieverbands bzw. über gezielte Mitteilungen in den Medien sanktionieren.

Kontroll- und Regulierungsinstanzen: Wird in den ersten Schritten ein Regulierungs- und Kontroll- (bzw. Sanktions-)bedarf festgestellt, ist zu prüfen, welche Instanzen die Einhaltung bzw. Umsetzung der beschlossenen Maßnahme überwachen können und sollten. Wesentliche Merkmale einer Kontroll- und Regulierungsinstanz sind Unabhängigkeit (d.h. keine Kapital- oder sonstige Verflechtungen mit relevanten Wirtschaftseinheiten), Autorität (Rechtsbefugnis) und Fachkompetenz.

3.2.7.3 Flexibilität

Wirtschaftssysteme entwickeln sich kontinuierlich weiter. Umweltpolitische Instrumente sollten daher die notwendige Flexibilität aufweisen, um Veränderungen entsprechend berücksichtigen zu können.

Spezifikationsmöglichkeiten: Die Möglichkeiten eines Instruments, spezifische regionale (Verteilung regenerativer Potenziale) oder sektorale Besonderheiten (bestehende Netzstrukturen) zu berücksichtigen, sind ein wesentliches Kriterium für dessen Flexibilität in der Anwendung.

Dynamische Anpassungsfähigkeit: Die konkrete Ausgestaltung eines umweltpolitischen Instrumentes orientiert sich an den zum Zeitpunkt der Planung bzw. Implementierung des Instrumentes gegebenen Rahmenbedingungen. Technologische und ökonomische Bedingungen unterliegen jedoch zeitlichen Änderungen. Es ist daher zu prüfen, inwiefern ein umweltpolitisches Instrument flexibel an neue Rahmenbedingungen angepasst werden kann. Veränderte Rahmenbedingungen können im Extremfall auch dazu führen, dass der Einsatz eines Instrumentes bei erneuter Betrachtung als überflüssig oder sogar störend bewertet wird. Die dynamische Anpassungsfähigkeit kann daher auch Aspekte der Reversibilität eines Instrumenteneinsatzes beinhalten.

Kombinationsmöglichkeiten: Die meisten umweltpolitischen Instrumente stellen eine gezielte Beeinflussung der Aktivitäten der Wirtschaftssubjekte dar. Da die verschiedenen Instrumente zum Teil auf unterschiedlichen Mechanismen beruhen, sind bei einem parallelen Einsatz zweier oder mehrerer Instrumente etwaige Wechselwirkungen zwischen diesen Instrumenten zu beachten. Es ist zu untersuchen, welche Instrumente sich in ihrer Wirkung gegenseitig behindern, d.h. abschwächen, und welche sich als flankierende Maßnahmen für das jeweils betrachtete Instrument eignen.

3.3 Zusammenfassung

Die große Zahl existierender umweltpolitischer Instrumente lässt sich anhand des für die Politikgestaltung verantwortlichen Akteurs in die zwei Kategorien hoheitliche Instrumente (Staat) und privatwirtschaftliche Instrumente (Unternehmen) unterteilen. Hoheitliche Instrumente lassen sich auf Basis ihrer prinzipiellen Wirkmechanismen weiter den vier Klassen ordnungsrechtliche Instrumente, ökonomische Instrumente, suasorische Instrumente und organisatorisch-strukturelle Instrumente zuordnen.

Für den Vergleich und eine Beurteilung der verschiedenen Instrumente bedarf es eines geeigneten Kriterienrasters, das im Wesentlichen den drei Anforderungen Vollständigkeit, Gültigkeit und Unabhängigkeit genügen muss. Wichtige Kriterien für einen Instrumentenvergleich sind die Zielerreichung durch ein Instrument, seine Effizienz, die Systemkonformität und die Implementierungsanforderungen. Beim Kriterium der Zielerreichung ist zwischen der Zielerreichung hinsichtlich des Strategieziels und jener hinsichtlich des Oberziels einer nachhaltigen Entwicklung zu unterscheiden.

Die hier aufgeführten, fünf „Oberkriterien" umfassen jeweils verschiedene Einzelkriterien, die verschiedene Aspekte des Beurteilungskriteriums abdecken. So umfasst beispielsweise das Effizienzkriterium die drei Aspekte statische Effizienz (optimale Ressourcenallokation), dynamische Effizienz (Anreizwirkung für Verbesserungsprozesse) und Transaktionskosten. Die Zuordnung von Einzelkriterien zu den genannten Oberkriterien dient der Strukturierung des Kriterienrasters und damit einer verbesserten Transparenz der Instrumentendiskussion. Das entwickelte Kriterienraster ist Grundlage der in Kapitel 4 am Beispiel der Förderung regenerativer Stromerzeugung vorgenommenen Instrumentendiskussion.

3.4 Quellen

[BDI 1996] Bundesverband der Deutschen Industrie: *Freiwillige Vereinbarungen und Selbstverpflichtungen der Industrie im Bereich des Umweltschutzes*, Köln: BDI, 1996.

[EC o.J.] European Commission (Hrsg.): *Electricity from renewable energy sources and the internal electricity market*. Working Paper of the European Commission. European Commission.

[Endres 1994] Endres, Alfred: *Umweltökonomie: eine Einführung*. Darmstadt: Wiss. Buchges., 1994.

[Friedrich 1993] Friedrich, R.: *Umweltpolitische Maßnahmen zur Luftreinhaltung: Kosten-Nutzen-Analyse*. Berlin: Springer, 1993.

[Holzinger 1987] Holzinger, Katharina: *Umweltpolitische Instrumente aus Sicht der staatlichen Bürokratie: Versuch einer Anwendung der „Ökonom. Theorie der Bürokratie"*. München: Ifo-Institut für Wirtschaftsforschung, 1987.

[Klopfer et al. 1993] Klopfer, Th, Schulz, W.: *Märkte für Strom - Internationale Erfahrungen und Übertragbarkeit auf Deutschland*, München: Oldenbourg, 1993.

[Knüppel 1989] Knüppel, H.: *Umweltpolitische Instrumente: Analyse der Bewertungskriterien und Aspekte einer Bewertung*, 1. Auflage. Baden-Baden: Nomos, 1989.

[Michaelis 1996] Michaelis, P.: *Ökonomische Instrumente in der Umweltpolitik: eine anwendungsorientierte Einführung*. Heidelberg: Physica-Verlag, 1996.

[Rennings 1997] Rennings, K.; Brockmann, K. L.; Koschel, H.; Bergmann, H.; Kühn, I.: *Nachhaltigkeit, Ordnungspolitik und freiwillige Selbstverpflichtung*. Heidelberg: Physica-Verlag, 1997.

[Siebert 1978] Siebert, H.: *Ökonomische Theorie der Umwelt*. Tübingen: Mohr, 1978.

[Sprenger 1984] Sprenger, R.-U.: *Kriterien zur Beurteilung umweltpolitischer Instrumente aus Sicht der wissenschaftlichen Politikberatung*. In: Schneider, G.; Sprenger, R.-U. (Hrsg.): Mehr Umweltschutz für weniger Geld. Ifo Studien zur Umweltökonomie, Bd. 4. München: Ifo-Institut für Wirtschaftsforschung, 1984.

[Wicke 1993] Wicke, L.: *Umweltökonomie: eine praxisorientierte Einführung*, 4., überarb.,erw. und aktualisierte Aufl., München: Vahlen, 1993.

4 Diskussion regenerativer Energieträger zur Stromerzeugung unter Nachhaltigkeitskriterien

M. DREHER

4.1 Einleitung

Vor dem Leitbild einer Nachhaltigen Entwicklung stellt die Nutzung von regenerativen Energieträgern in der Stromerzeugung eine vielversprechende Option dar. Allerdings besteht die Problematik, dass die Nutzung regenerativer Energieträger vor allem im Bereich der Stromproduktion oftmals nicht konkurrenzfähig ist. Aus diesem Grund wird in der nationalen wie auch internationalen Energie- und Umweltpolitik häufig die Strategie der „Förderung regenerativer Energieträger in der Stromerzeugung“ verfolgt, mit dem vorrangigen Ziel eine Reduktion der CO_2-Emissionen zu erreichen. In der Bundesrepublik Deutschland wurde in diesem Rahmen z. B. das Erneuerbare-Energien-Gesetz (EEG) implementiert. Da die Zielsetzung dieser Strategie überwiegend auf die Minderung von CO_2-Emissionen ausgelegt ist, stellt sich vor dem Hintergrund der Zielsetzung einer Nachhaltigen Entwicklung die Frage, inwieweit diese Strategie und die in diesem Rahmen umgesetzten umweltpolitischen Fördermaßnahmen zu Nachhaltigkeitszielen tatsächlich beitragen können.

Um diese Fragestellung beantworten zu können, wird in diesem Kapitel die Strategie „Förderung regenerativer Energieträger in der Stromerzeugung“ sowie die zur Umsetzung dieser Strategie eingesetzten beziehungsweise diskutierten Fördermaßnahmen Erneuerbare-Energien-Gesetz (EEG), Quotenregelung für Grünen Strom sowie Grüne Angebote charakterisiert und bewertet. Hierzu werden zunächst die betrachteten Fördermaßnahmen vorgestellt. Die anschließende Strategie- und Maßnahmenbewertung wird dann auf Basis des in Kapitel 2 entwickelten Indikatorensystems bzw. des in Kapitel 3 vorgestellten Kriterienrasters vorgenommen. Der an vielen Stellen notwendigen Trennung zwischen Instrumentendiskussion und der Bewertung der zugrundeliegenden Strategie als solche wird durch einen zweigeteilten Ansatz Rechnung getragen. Die Strategiediskussion stützt sich primär auf das in Kapitel 2 entwickelte Indikatorensystem, um so den Beitrag der Strategie „Förderung regenerativer Energieträger in der Stromerzeugung“ an der Implementierung einer Nachhaltigen Energieversorgung zu überprüfen. Die Instrumentendiskussion stützt sich hingegen auf das in Kapitel 3 vorgestellte Kriterienraster zum Vergleich umweltpolitischer Instrumente[54].

4.2 Untersuchungsgegenstand

Die Strategie „Förderung regenerativer Energieträger in der Stromerzeugung“ nimmt, wie bereits erwähnt, im Rahmen umwelt- und energiepolitischer Aktivitäten in der Bundesrepublik Deutschland wie auch in anderen Ländern derzeit eine maßgebliche Rolle ein. Allerdings stehen in diesem Zusammenhang häufig nur einzelne Aspekte einer Nachhaltigen Entwicklung, wie z. B. Emissionsminderung, im Zentrum der Diskussion. Da diese Betrachtungsweise vor dem Hintergrund des Drei-Säulen-Konzepts der Nachhaltigkeit häufig zu kurz greift, soll diese Strategie im Folgenden unter allen Gesichtspunkten der Nachhaltigkeit bewertet werden. Unter den zahlreichen Instrumenten und Maßnahmen, welche zur Realisierung der Strategieziele eingesetzt werden können, werden exemplarisch das in der Bundesrepublik Deutschland implementierte Erneuerbare-Energien-Gesetz (EEG), eine Quotenregelung sowie Grüne Angebote näher untersucht. Diese Maßnahmen werden zur Analyse ausgewählt, weil damit auf Grundlage der Untersuchungsergebnisse die aktuell am Häufigsten diskutierten und favorisierten Förderansätze direkt miteinander verglichen werden können. Zur eindeutigen Definition des Untersuchungsgegenstandes werden die Maßnahmen EEG und Quote im Folgenden näher erläutert beziehungsweise spezifiziert. Eine sehr detaillierte Erläuterung zu Grünen Angebote findet sich in Kapitel 5, so dass auf diese Maßnahme an dieser Stelle nicht weiter eingegangen wird.

Das Erneuerbare-Energien-Gesetz (EEG) ist als Nachfolgeregelung des Stromeinspeisungsgesetz seit 1. April 2000 in Kraft. Im Rahmen des EEG werden Mindestpreise für den in geförderten regenerativen Kraftwerken erzeugten Grünen Strom über einen Zeitraum von 20 Jahren garantiert. Gleichzeitig werden die Netzbetreiber zur Abnahme des Grünen Stroms verpflichtet, so dass insgesamt durch das EEG eine langfristig gesicherte Grundlage für den Betrieb regenerativer Stromerzeugungsanlagen gegeben ist. Ziel dieser langfristig ausgerichteten Preis- und Abnahmegarantie ist die Erhöhung des Anteils regenerativer Stromerzeugungsanlagen an der gesamten Stromerzeugung der Bundesrepublik Deutschland.

---

[54] Die Kopplung zum Indikatorensystem, d.h. zur Strategiebewertung, wurde dort über die Zusatzkriterien im Feld „Zielerreichung hinsichtlich weiterer, nachrangiger Nachhaltigkeitsziele“ vorgesehen. Diese Vorgehensweise ist sinnvoll, wenn Instrumente, die – genau betrachtet, unterschiedlichen Strategien zuzuordnen sind – verglichen werden sollen. Da in diesem Beitrag jedoch nur Instrumente einer einzigen Strategie betrachtet werden, kann auch in der Diskussion klar zwischen Strategie- und Instrumentenbeurteilung getrennt werden.

Zur Ausgestaltung einer Quotenregelung für die Förderung regenerativer Energieträger in der Stromproduktion in Deutschland existieren zahlreiche Vorschläge (siehe z. B. [Rentz et al. 2001b], [Klann 2000], [Drillisch 1999a], [Drillisch et al. 2000] und die dort angegebenen Quellen). Diese weisen deutliche Parallelen auf und unterscheiden sich überwiegend in Details sowie im Detaillierungsgrad der Ausarbeitung. Im Rahmen der folgenden Instrumentenbeurteilung wird die in Tabelle 3 skizzierte Regelung näher betrachtet, welche eine Synthese der verschiedenen wissenschaftlich diskutierten Entwürfe repräsentiert. Die in der dargestellten Maßnahme vorgesehenen Einschränkungen und Sonderregelungen bei den geförderten regenerativen Energieträgern basieren im Wesentlichen auf den Ergebnissen der in [Rentz et al. 2001b] durchgeführten Energiesystemanalysen zu den Auswirkungen einer Mengenvorgabe für grünen Strom (vgl. Ausführung in Kapitel 6).

Tabelle 3: Vorschlag für die Ausgestaltung einer Quotenregelung

Charakteristika	**Ausprägung**	**Quellen, z. B. ...**
Quotenadressat	Stromhändler, welche an Endkunden verkaufen	[Rentz et al. 2001b, S. 39][55]
Bemessungsgrundlage	An Endkunden verkaufte Strommenge	
Regenerative Energieträger/ Erzeugungsanlagen	**Zugelassen** sind Stromerzeugungsanlagen auf Basis folgender Energieträger: Solarstrahlung; feste, flüssige, gasförmige Biobrennstoffe; Windkraft; Wasserkraft; geothermische Energie. **Nicht zugelassen** sind folgende Anlagentypen: Deponie- und Klärgasanlagen; Laufwasserkraftwerke > 5 MW; Müllverbrennungsanlagen.	[Rentz et al. 2001b, S. 5, 234ff.]

[55] [Drillisch 1999b, S. 272] empfiehlt eine Verpflichtung der Endverbraucher mit der Möglichkeit die Erfüllung an Versorgungsunternehmen abzutreten, was dann einer Verpflichtung der Stromhändler gleichkommt.

	Sonderregelungen: *Windkraft-Offshore*: Die Ausrichtung der Quotenvorgaben soll so erfolgen, dass die zukünftig zu erwartende zunehmende Verfügbarkeit von Offshore-Standorten für Windkraftanlagen nicht zu „stranded Investments" bei anderen geförderten Anlagentypen führt. Aus Gründen der Effizienz der Maßnahme ist in diesem Zusammenhang eine Beschränkung der Nutzung der Offshore-Potentiale durch die Quotenregelung nicht zielführend. *Biomassezufeuerung*: Bei **neuen** Steinkohlekraftwerken mit Biomassezufeuerung ist ein Nachweis erforderlich, dass durch den aus dem indirekt geförderten Steinkohleanteil erzeugten Strom keine bezüglich der CO_2- (sowie gegebenenfalls der Schadstoff-) Emissionen vorteilhafteren fossilen Kraftwerksanlagen verdrängt werden. Bei einer Zufeuerung in einem bestehenden, wirtschaftlich zu betreibenden Kohlekraftwerk ist dies nicht erforderlich, weil dann durch die Biomassezufeuerung ausschließlich Steinkohle verdrängt wird.	[Rentz et al. 2001b, S. 235 ff.]
Zeitliche Entwicklung der Quotenvorgabe	Zur Gewährleistung einer längerfristigen Planungssicherheit wird eine Quote, die innerhalb eines Zeitraumes von 10 Jahren zu erreichen ist, (gesetzlich) festgelegt. Ergänzend erfolgt eine Feinsteuerung der Zielerreichung über jährliche Quoten, die kurzfristig mit Blick auf das 10-Jahres-Ziel festgelegt werden. In regelmäßigen zeitlichen Abständen (alle 5 Jahre) erfolgt eine Überprüfung der Zielerreichung mit Blick auf das längerfristige Ziel. In diesem Rahmen erfolgt die Entwicklung und Definition weiterer langfristiger 10-Jahres-Ziele, so dass im Abstand von 5 Jahren Quoten definiert werden, die im Zeitraum von 10 Jahren erreicht werden sollen.	[Klann 2000]
Quotenhöhe	Erstes Ziel für 2010: Anteil für grünen Strom von 10,3 % ohne Großwasserkraft.	[EC 2000], [EC 1997]

Quotenerfüllung	Erwerb von Nachweisen in Form handelbarer grüner Zertifikate durch den Quotenverpflichteten. Eine Eigenerzeugung der Zertifikate durch den Verpflichteten kommt bei einer Händlerverpflichtung nicht in Frage, da aufgrund des vertikalen Unbundlings Händler nicht gleichzeitig Erzeuger sein dürfen. Bei einer weniger strengen Auslegung der Forderung zur Unternehmensentflechtung ist auch eine Eigenerzeugung denkbar.	[Rentz et al. 2001b, S. 39], [Drillisch 1999b, S. 272]
Nachweis	Über den Besitz von Zertifikaten	
Nachweiszeitraum	Jährlich, entsprechend der Ziele der Feinsteuerung.	
Flexibilitätsregelungen	Banking (3 Jahre ohne Verzinsung)	[Klann 2000]
Sanktionsmechanismus	Bezug zum Zertifikatspreis, z. B. 150 %	[Klann 2000]
Übergangsregelungen	**Zertifikatehandel:** Solange auf EU-Ebene keine gemeinsame Grundlage zur Zertifikatebilanzierung existiert, ist der Import nur für die Kombination aus Strom und Zertifikat sinnvoll. **Stromabnahme:** Solange Handelshemmnisse bestehen, ist zur Gewährung der Chancengleichheit eine Abnahmegarantie vor allem für Kleinanlagen (5-10 MW) sinnvoll. Mit Verringerung der Hemmnisse und der Etablierung von Zwischenhändlern die den Marktzugang ermöglichen ist eine (teilweise) Abschaffung der Abnahmegarantie vorzunehmen. Bei vollständig (diskriminierungs-) freiem Netzzugang ist die Selbstvermarktung des erzeugten Stroms vorzusehen.	[Rentz et al. 2001b, S. 40]

4.3 Vorgehen bei der Beurteilung mit Hilfe des Kriterienrasters

Die in den Kapiteln 2 und 3 dargestellte Aufteilung des gesamten Bewertungsansatzes in einen strategiebezogenen und einen maßnahmenbezogenen Teil wird im Weiteren bei der Anwendung des gesamten Bewertungsansatzes grundsätzlich beibehalten. Im ersten Teil der Bewertung werden die durch die gewählte Strategie bestimmten Kriterien betrachtet. Dabei handelt es sich um die Indikatoren für die verschiedenen nachrangigen Ziele einer Nachhaltigen Entwicklung (siehe Kapitel 3.2.2). Einzige Ausnahme hierbei bilden die Indikatoren, welche für das primäre Ziel der gewählten Strategie relevant sind (z. B. Anteil regenerativer Energieträger im Fall der Strategie zur Förderung erneuerbarer Energien in der Stromerzeugung). Der Zielerreichungsgrad dieser Indikatoren wird direkt durch die zur Umsetzung der Strategie eingesetzten Maßnahmen beeinflusst. Daher ist eine Beurteilung ausschließlich vor dem Hintergrund der Strategie nicht sinnvoll, sondern muss im Zusammenhang mit den eingesetzten Maßnahmen erfolgen. Für die im vorliegenden Fall gewählte Strategie der Förderung regenerativer Energieträger in der Stromerzeugung wird der Grad der Zielerreichung für die in der folgenden Aufstellung angegebenen Problemfelder und zugehörigen Indikatoren (siehe Kapitel 2.1.3.) direkt durch die Strategie bestimmt. Die Bewertung erfolgt in Kapitel 4.4 und orientiert sich an der Struktur des in Kapitel 2.1.3 dargestellten Problemfelder- und Indikatorensystems.

- Versorgungsstandard (Langfristige Fähigkeit zur Nachfragedeckung, Bedarfsgerechte Energiebereitstellung, Versorgungssicherheit, Versorgungsqualität)
- Ressourcen (Abbau nicht-regenerativer Energieträger, Abbau nicht-energetischer Rohstoffe)
- Umweltschutz (Artenschutz, Landschaftsschutz, Flächenverbrauch, Eutrophierung, Versauerung, Photooxidantienbildung, Klimaschutz, Abfall)
- Gesellschaft/Politik (Soziale Gerechtigkeit, (Gesundheits-)Risiken, Beeinträchtigung der Lebens- / Wohnqualität)
- Wirtschaftlichkeit (Energiebereitstellungskosten, Wirtschaftsfaktoren)

Im anschließenden zweiten Teil erfolgt die Bewertung der maßnahmenbestimmten Kriterien. Diese umfassen die übrigen Kriterien des eingesetzten Rasters wie z. B. Effizienz, Systemkonformität und Implementierungsanforderungen. Hinzu kommt noch der das primäre Strategieziel beschreibende Nachhaltigkeitsindikator „Nutzung regenerativer Energieträger". Die Ausprägungen für diese Kriterien müssen in Abhängigkeit der gewählten Maßnahmen Erneuerbare-Energien-Gesetz (EEG), Quotenregelung sowie Grüne Angebote bestimmt werden (siehe Kapitel 4.5).

4.4 Strategiebestimmte Kriterien bei der Förderung regenerativer Energieträger

4.4.1 Versorgungsstandard

4.4.1.1 Langfristige Fähigkeit zur Nachfragedeckung

Bei der Beurteilung der langfristigen Fähigkeit zur Nachfragedeckung unter den Rahmenbedingungen einer Förderung regenerativer Energieträger in der Stromerzeugung sind verschiedene Aspekte zu berücksichtigen. Aus Potenzialanalysen ergibt sich, dass auf Basis der vorhandenen technischen Endenergiepotenziale regenerativer Energieträger zwischen 267 und 330 TWh Elektrizität pro Jahr erzeugt werden könnte [Kaltschmitt 1999, S. 56]. Bezogen auf die im Jahr 1999 in Deutschland erzeugte Strommenge[56] ergibt sich daraus ein maximaler Anteil regenerativer Stromerzeugung von 63 %. Vor dem Hintergrund eines zu erwartenden Nachfrageanstiegs[57] wird sich dieser Anteil zukünftig noch verringern. Unter dem Aspekt einer vollständigen Umstrukturierung des Energiesystems auf die ausschließliche Nutzung regenerativer Energieträger würde diese Situation bedeuten, dass die Befriedigung der Nachfrage durch die Nutzung regenerativer Energieträger nicht gesichert ist. Allerdings hat die gewählte Strategie nur die Förderung regenerativer Energieträger und nicht die ausschließliche Energiebereitstellung aus erneuerbaren Quellen zum Ziel. Daher kann davon ausgegangen werden, dass im Zusammenhang mit der hier betrachteten Zukunftsstrategie die beschränkte Verfügbarkeit regenerativer Energieträger die Fähigkeit zur langfristigen Nachfragedeckung nicht beeinträchtigt.

Weiterhin ist dabei zu berücksichtigen, dass ein umfangreicher Einsatz regenerativer Energieträger in der Stromerzeugung zu steigenden Stromgestehungskosten und damit auch zu höheren Strompreisen führen wird. Dies kann bei entsprechenden Preiselastizitäten auch zu einem Nachfragerückgang führen. Damit kann sich der Anteil, den regenerative Energieträger am gesamten Energiekonsum abdecken (können), erhöhen. Dies verbessert indirekt auch die Fähigkeit zur Befriedigung der gesamten Nachfrage durch regenerative Energieträger in einem langfristigen Zeitrahmen.

Darüber hinaus sind gerade vor dem Hintergrund der Langfristigkeit auch Faktoren wie z. B. technologische Weiterentwicklungen bei regenerativen Stromerzeugungstechnologien oder die

[56] Im Jahr 1999 wurden in Deutschland ca. 519 TWh Strom erzeugt [VDEW 2001].

[57] Siehe z. B. [Prognos 2000, S. 370].

breite Umsetzung von Energiesparmaßnahmen zu berücksichtigen. Diese Faktoren tragen ebenfalls zu einer erhöhten Fähigkeit der Nachfragedeckung durch erneuerbare Energieträger bei.

Als weiterer Faktor ist in die Bewertung der Umstand einzubeziehen, dass mit einem Einsatz regenerativer Energiequellen auch eine Verdrängung fossiler Energieträger einher geht. Aufgrund der dadurch verringerten Nachfrage nach fossilen Energien ergibt sich eine Verlängerung der Reichweite dieser Ressourcen, wodurch letztlich die langfristige Fähigkeit zur Nachfragedeckung verbessert wird (siehe auch Kapitel 4.4.2.1).

Insgesamt kann damit die Schlussfolgerung gezogen werden, dass durch die Strategie der Förderung regenerativer Energieträger in der Stromerzeugung die langfristige Fähigkeit zur Nachfragedeckung nicht beeinträchtigt wird.

4.4.1.2 Bedarfsgerechte Energiebereitstellung

Die bedarfsgerechte Strombereitstellung aus erneuerbaren Energieträgern erfordert eine Produktion in den regenerativen Stromerzeugungsanlagen entsprechend der Lastkurve der Nachfrager. Allerdings können aus Sicht der Energiesystemanalyse zahlreiche Stromerzeugungstechnologien auf Basis regenerativer Energieträger als typische Anlagen zur Produktion von Grundlaststrom charakterisiert werden (z. B. Laufwasserkraft, Biomasseheizkraftwerke, Windkraftanlagen oder Photovoltaikanlagen). Lediglich durch biogasbetriebene BHKW beziehungsweise Gasturbinen oder durch mit grünem Strom betriebene Pumpspeicherkraftwerke besteht die Möglichkeit, Strom aus regenerativen Quellen gezielt zu Spitzenlastzeiten zu erzeugen. Die Einsatzmöglichkeiten dieser Optionen sind allerdings beschränkt, da die Biogaspotenziale sowie die Möglichkeiten zur Gasspeicherung begrenzt sind[58] und die existierenden Pumpspeicherkraftwerke nicht ausreichen, um die gesamten Lastschwankungen abzudecken[59]. Der Einsatz neuer Speichertechnologien, wie z. B. die Speicherung von Wasserstoff, welcher aus Grünem Strom produziert wurde, ist derzeit noch mit sehr hohen Kosten verbunden und wird daher in der näheren Zukunft keine weite Verbreitung finden. Eine weitere Möglichkeit zum Ausgleich von Nachfrageschwankungen bietet der internationale Stromhandel. Da die Preise auf dem Spot- wie auch auf dem Terminmarkt teilweise beträchtlichen Schwankungen unterworfen sein können, ist ein Ausgleich von Angebot und Nachfrage ausschließlich über den Strommarkt mit erheblichen finan-

[58] Siehe [Rentz et al. 2001b, S. 175] und die dort angegebenen Quellen.

[59] Siehe z. B. [VDEW 2000, S. 21] zum gegenwärtigen Anteil der Pumpspeicherkraftwerke.

ziellen Risiken verbunden[60]. Diese Rahmenbedingungen machen es erforderlich, dass für die Erzeugung zu Spitzenlastzeiten fossile Anlagen, wie z. B. Gasturbinenkraftwerke, auch weiterhin zur Verfügung stehen.

Mit zunehmendem Anteil regenerativer Energieträger an der Stromerzeugung nimmt allerdings die Problematik der zur Nachfrage zeitgleichen Erzeugung von grünem Strom zu, weil dann aufgrund des hohen Anteils erneuerbarer Energieträger unter Umständen nicht mehr ausreichend fossile Anlagen zum Ausgleich der Nachfrageschwankungen zur Verfügung stehen. Diese Situation erfordert dann eine stärkere Orientierung der Produktion von grünem Strom am zeitlichen Verlauf der Stromnachfrage (siehe dazu auch [Rentz et al. 2001b, S. 208 ff.]).

Als Fazit ergibt sich, dass im Zuge der Förderung regenerativer Energieträger der Bereitstellung von regenerativ erzeugtem Strom zu Spitzenlastzeiten vor allem dann verstärkt Beachtung geschenkt werden muss, wenn die Erreichung hoher Anteile grünen Stroms beabsichtigt ist. Aufgrund der typischen Grundlasteigenschaften der Mehrzahl der regenerativen Stromerzeugungstechnologien können durch eine umfangreiche Förderung dieser Technologien Probleme bei der bedarfsgerechten Strombereitstellung entstehen.

4.4.1.3 Versorgungssicherheit der Stromversorgung

Das in der Bundesrepublik Deutschland bestehende Übertragungs- und Verteilnetz ist durch eine verbrauchsnahe, dezentrale Erzeugung der Elektrizität geprägt. Diese Entwicklung hat in der Vergangenheit zu abnehmenden mittleren Transportentfernungen geführt [Brumshagen 2000, S. 1086]. Weiterhin ist ein flächendeckender Anschluss der Nachfrager an das Verbundnetz gewährleistet[61]. Einerseits wird durch eine gezielte Förderung regenerativer Energieträger die Dezentralisierung der Stromerzeugung weiter zunehmen, weil regenerative Stromerzeugungsanlagen typischerweise kleinere Blockgrößen als konventionelle Kraftwerke aufweisen und räumlich weiter verteilt errichtet werden. Andererseits sind die Potenziale erneuerbarer Energieträger regional nicht gleichmäßig verteilt, so dass sich durchaus Schwerpunkte für die Erzeugung bilden können. Ein Beispiel hierfür ist die Nutzung der Windkraft in den nördlichen Bundesländern. Hinzu kommt, dass regenerative Erzeugungsanlagen auch in bisher nicht vernetzten Gebieten errichtet werden, z. B. im Fall der Offshore-Windkraft. Dies führt zu einer weiteren Ausdehnung des Leitungsnetzes und kann erhöhte mittlere Transportentfernungen zur Folge haben. Aus tech-

[60] So besteht z. B. auch die Möglichkeit, dass aufgrund strategischen Verhaltens einiger Akteure die Marktpreise auf ein hohes Niveau ansteigen können.

[61] Aufgrund der Anschluss- und Versorgungspflicht.

nischen Gesichtspunkten bedeutet dies, dass mit der Förderung regenerativer Energieträger auch ein weiterer Ausbau der Netzinfrastruktur einhergehen muss, um den gestiegenen Anforderungen an die Stromverteilung gerecht zu werden. Eine Beeinträchtigung der Versorgungssicherheit ist im Falle eines adäquaten Netzausbaus, der mit zusätzlichen Investitionen verbunden sein wird, nicht zu erwarten.

Im Zusammenhang mit der Sicherheit der Stromversorgung ist allerdings zu berücksichtigen, dass das fluktuierende Angebot bei den aktuell bereits stark genutzten Energieträgern Windkraft und Solarstrahlung auch zu Schwankungen bei der Stromerzeugung führt. Um Versorgungsengpässe aufgrund der Fluktuationen zu vermeiden, müssen bei einer intensiven Förderung dieser Energieträger erhöhte Back-Up Kapazitäten vorgehalten werden. Im Fall der in Deutschland heute bereits umfangreich genutzten Windkraft betrifft dies im Wesentlichen den Bereich der Minutenreserve [Dany et al. 2000].

Durch die Förderung regenerativer Energieträger entstehende Probleme bezüglich der Sicherheit der Stromversorgung erscheinen unter technischen Gesichtspunkten durch eine Ausweitung des Netzes sowie durch die Installation zusätzlicher Back-Up Kraftwerke lösbar. Allerdings sind diese Lösungsansätze mit umfangreichen zusätzlichen Investitionen verbunden. Im Zuge einer ausgedehnten Förderung, die auch in großem Umfang zusätzliche Infrastruktur- und Back-Up Investitionen erfordert, sind daher auch entsprechende Preisanstiege bei Elektrizität zu erwarten.

4.4.1.4 Versorgungsqualität der Stromversorgung

Die Integration von Stromerzeugungsanlagen auf Basis regenerativer Energieträger bereitet unter Gesichtspunkten der Versorgungsqualität vor allem dann Probleme, wenn die Stromproduktion der regenerativen Erzeugungsanlagen durch kurzfristige Fluktuationen geprägt ist, wie dies z. B. bei Windkraftkonvertern der Fall ist. Der Ausgleich dieser auch kurzfristig auftretenden Schwankungen erfordert einen erhöhten Regelaufwand beim betroffenen Netzbetreiber. Falls dieser zusätzliche Aufwand aufgrund mangelnder Kapazitäten oder zu hoher Kosten nicht aufgebracht werden kann, drohen deutliche Qualitätseinbußen durch Spannungs- oder Frequenzschwankungen.

Unter den Rahmenbedingungen des Stromeinspeisungsgesetzes/EEG wurden bis zum Jahr 2000 überwiegend in den norddeutschen Küstenregionen Windkraftanlagen mit einer Leistung von über 4000 MW installiert [BWE 2000a]. Die Regelung der daraus resultierenden Lastschwankungen ist auch für große Versorgungsunternehmen wie z. B. die E.ON Energie nicht unproblematisch, so dass hier Kooperationen zwischen verschiedenen Unternehmen erforderlich sind, um den notwendigen Regelaufwand erbringen zu können [Jopp 2000].

Aus dieser Situation geht hervor, dass eine umfangreiche Förderung der fluktuierenden regenerativen Energieträger zu einer deutlichen Beeinträchtigung der Versorgungsqualität führen kann. Zur Vermeidung dieser Qualitätseinbußen sind neben zusätzlichen Investitionen in Back-Up Kapazitäten (siehe Kapitel 4.4.1.3) auch weitgehende Koordinationen der Netzbetreiber und Erzeugungsunternehmen erforderlich, um die Qualität der Stromversorgung zu gewährleisten. Es ist zu erwarten, dass im Falle einer Intensivierung der Förderung fluktuierender regenerativer Energieträger die zur Qualitätssicherung erforderlichen Anstrengungen deutlich ansteigen werden, was auch mit zusätzlichen Kosten verbunden sein kann.

4.4.1.5 Versorgungssicherheit bei Energielieferungen

Durch die Nutzung regenerativer Energieträger in der Stromerzeugung werden in gleichem Maße fossile Energieträger verdrängt. Vor dem Hintergrund, dass die in Deutschland eingesetzten fossilen Energieträger überwiegend importiert sind, geht damit auch eine Verringerung der Abhängigkeit von den Förderländern einher. Diese Entwicklung ist unter dem Gesichtspunkt der Versorgungssicherheit positiv zu bewerten, da es sich vor allem bei den Herkunftsländern für Erdöl aber auch bei den zukünftig wichtigen Erdgasexportregionen um politisch instabile Krisenregionen handeln kann[62].

Bei der Nutzung regenerativer Energieträger ist allerdings zu berücksichtigen, dass die in Deutschland vorhandenen Potenziale begrenzt sind und, wie in Kapitel 4.4.1.1 bereits erläutert, nicht ausreichen, um die gesamte Primärenergieträgernachfrage zu decken. Dies bedeutet, dass bei höheren Förderzielen für erneuerbare Energien ein Import regenerativ erzeugten Stroms eine unter ökonomischen Aspekten sinnvolle Option darstellen kann[63]. In diesem Fall entwickelt sich eine neue Importabhängigkeit von den potentiellen Lieferländern für grünen Strom. Allerdings wird es sich hierbei aufgrund der erforderlichen technischen Voraussetzungen bezüglich des Stromnetzes wie auch der notwendigen Qualitäts- und Produktionsnachweise für den grünen Strom vorrangig um EU-Länder beziehungsweise EU-Beitrittskandidaten handeln. Aufgrund der im europäischen Rahmen bestehenden engen Verflechtungen und guten Beziehungen zu diesen Ländern sind die möglichen Importabhängigkeiten nicht als negativ einzustufen.

---

[62] In [Prognos 2000, S. 195] wird neben Russland und Nordafrika auch Turkmenistan als für Deutschland und Europa potentiell bedeutender Erdgaslieferant genannt.

[63] Der Import regenerativer Energieträger ist lediglich bei biogenen Brennstoffen denkbar und stellt vor dem Hintergrund der in [Rentz et al. 2001b, S. 234] dargestellten Probleme bei der Stromerzeugung aus Biobrennstoffen eine eher nachrangige Alternative dar.

Damit kann festgehalten werden, dass durch die Förderung regenerativer Energieträger eine Verringerung der Importabhängigkeiten bei fossilen Energieträgern erreicht werden kann. Mögliche Abhängigkeiten, die durch die Nutzung regenerativer Energieträger in anderen europäischen Ländern entstehen, sind vor dem Hintergrund der europäischen Integration als unproblematisch einzustufen.

4.4.2 Ressourcen

4.4.2.1 Abbau nicht-regenerativer Energieträger

Die Nutzung regenerativer Energieträger in der Stromproduktion hat aufgrund der damit einhergehenden Verdrängung fossiler Kraftwerksanlagen eine Verringerung der Nachfrage nach fossilen Energieträgern im Vergleich zum Referenzfall ohne Förderung zur Folge. Dies trägt im Rahmen eines langfristigen Effekts zu einer Verlängerung der Reichweiten fossiler Energieträger bei. Im kurzfristigen Zeithorizont kann seitens der Förderländer/-unternehmen über vorübergehende Stilllegungen und Restrukturierungen auf einen Nachfragerückgang reagiert werden[64]. Weiterhin ist in diesem Zusammenhang auch die Verringerung der Explorationstätigkeiten und der Neuerschließungen von Lagerstätten als längerfristig wirksame Reaktionsmöglichkeit zu nennen. Diese Entwicklungen können zur Verlängerung der Reichweite fossiler Energieträger beitragen. Es ist aber fragwürdig, ob sich entsprechende Reaktionen bereits aus der Förderung erneuerbarer Energien in Deutschland als nur einem der zahlreichen Nachfrager fossiler Energieträger ergeben.

Allerdings wäre auch denkbar, dass der durch einen Nachfragerückgang entstehende Preisdruck zu sinkenden Weltmarktpreisen bei fossilen Energieträgern und im Gegenzug zu einer Ausdehnung der Nachfrage in anderen Ländern/Regionen führt. In diesem Fall würde die Förderung regenerativer Energieträger keinen nennenswerten Beitrag zur Verlängerung der Reichweite leisten.

Weiterhin kann eine verringerte Nachfrage auch zur Entwicklung und zum Einsatz effizienterer Abbau- und Förderverfahren beitragen, um somit aus Sicht der Förderländer durch geringere Verkaufspreise Marktanteile von den regenerativen Energieträgern zurückzugewinnen.

Als Fazit zeigt sich, dass durch eine Förderung regenerativer Energieträger in der Bundesrepublik Deutschland theoretisch eine Veränderung des Abbauverhaltens bei fossilen Energieträgern zu erreichen sein wird. Die Auswirkungen bezüglich einer Verlängerung der Reichweite sind in

[64] Siehe z. B. [Gruß 2000] für die Situation auf dem Steinkohleweltmarkt.

einem globalen Zusammenhang zu sehen und hängen auch wesentlich vom Verhalten der übrigen Nachfrager auf dem Weltenergiemarkt ab. Eine allgemeingültige Aussage zu den zu erwartenden Auswirkungen erscheint daher nicht möglich.

4.4.2.2 Abbau nicht-energetischer Rohstoffe

Im Zusammenhang mit der Energieerzeugung wird der Abbau nicht-energetischer Rohstoffe vor allem durch den Materialverbrauch zur Errichtung der Energieumwandlungsanlagen bestimmt. Ein Vergleich der Materialintensität der verschiedenen Kraftwerksanlagen erlaubt eine Abschätzung des mit der Nutzung der jeweiligen Energieträger verbundenen Bedarfs an nicht-energetischen Rohstoffen. Im Rahmen der vorliegenden Abschätzung wird der Rohstoffbedarf für den Anlagenbau anhand der wichtigsten Kategorien Steine/Erden/Zement sowie Stahlmix beurteilt[65].

Tabelle 4: Bedarf an nicht-energetischen Rohstoffen sowie Flächenbedarf verschiedener Kraftwerkstechnologien (Quelle: GEMIS-Datenbank [Fritsche et al. 1999])

Technologie	Steine/Erden/Zement [t/MW]	Stahlmix [t/MW]	Fläche [m²/MW]
Braunkohlekraftwerk	310	67	250
Steinkohlekraftwerk	310 - 440	67 - 160	80 – 285
GuD-Kraftwerk (Erdgas)	75	25	50
Kernkraftwerk	220 - 700	6 - 100	109 - 144
Gas BHKW	50	10	Keine Angabe
Windkraftanlagen	500 – 750	100 - 125[66]	2000
Laufwasser groß	9600	400	200
Laufwasser klein	200	110	1000
Photovoltaik	55 – 75	100 – 150	1500 – 5000

Anmerkung: Biomasseheizkraftwerk und Biomassezufeuerungsanlagen sind aufgrund vergleichbarer Technologie ähnlich zu Steinkohlekraftwerken einzustufen.

---

[65] Auf die Recyclingmöglichkeiten ausgedienter Anlagen wird in Kapitel 4.4.3.6 gesondert eingegangen.

[66] Nach [BWE 2001] beläuft sich bei modernen 2 MW Anlagen der Stahlbedarf für Mast, Gondel und Rotor auf ca. 150 t/MW. Hierbei ist das Fundament noch nicht berücksichtigt.

Da anhand des Vergleichs die Förderung regenerativer Energieträger in der Stromerzeugung beurteilt werden soll, ist es sinnvoll die zukünftig primär genutzten fossilen Kraftwerksoptionen den regenerativen Alternativen gegenüberzustellen. In Anlehnung an die Ergebnisse einer Energiesystemanalyse in [Rentz et al. 2001b] sind vor dem Hintergrund des Kernenergieausstiegs vor allem Steinkohle- und GuD-Kraftwerke als fossile Referenzoptionen zu betrachten. Dabei zeichnen sich vor allem GuD-Anlagen durch ihren vergleichsweise geringen Rohstoffbedarf aus.

Bei der Kategorie Steine/Erden/Zement weisen aus dem Bereich der regenerativen Erzeugungsanlagen lediglich Photovoltaikanlagen sowie Gas-BHKW[67] Werte im Bereich von GuD-Kraftwerken auf. Der Bedarf an Steine/Erden/Zement der übrigen betrachteten regenerativen Alternativen liegt mit Ausnahme der Kleinwasserkraft über den bis zu 440 t/MW reichenden Werten von Steinkohlekraftwerken.
Beim Stahlbedarf reichen bei Steinkohlkraftwerken die Werte von 67 bis zu 160 t/MW bei GuD-Anlagen betragen sie 25 t/MW. Der Materialbedarf regenerativer Stromerzeugungstechnologien liegt in allen Fällen bei über 100 t/MW, so dass auch hier festzustellen ist, dass fossile Optionen tendenziell einen geringeren Stahlbedarf aufweisen. Als weitere Materialien, mit deren Erzeugung ebenfalls ein Abbau nicht-energetischer Rohstoffe verbunden ist, werden bei Windkraftanlagen für die Herstellung der Rotorblätter GFK-Werkstoffe[68] in größerem Umfang verwendet. Die Rotorblattmasse beträgt bei handelsüblichen Modellen mit einer Leistung ab 600 kW zwischen 2 und 12 t je Rotorblatt[69]. In [Fritsche et al. 1999] werden Werte zwischen 10 und 20 t/MW genannt. Bei Photovoltaikanlagen wird in Abhängigkeit von der Solarzellentechnologie neben Kunststoffen auch Glas in größeren Mengen eingesetzt. Die Werte in der Literatur belaufen sich auf 55 – 75 t/MW [Fritsche et al. 1999][70].

Als wesentliches Ergebnis dieses Vergleichs zwischen fossilen und regenerativen Kraftwerksoptionen lässt sich festhalten, dass mit Blick auf den Bedarf an nicht-energetischen Rohstoffen Anlagen auf Basis erneuerbarer Energieträger tendenziell schlechter zu bewerten sind als fossile Alternativen. Als nachteilig zu bewertender Aspekt kommt noch hinzu, dass vor allem bei den aktuell sehr zahlreich installierten Windkraftanlagen in größerem Umfang Kunststoffe sowie bei Photovoltaikanlagen Glas als zusätzliche Materialfraktionen eingesetzt werden, womit ebenfalls ein Rohstoffabbau verbunden ist.

---

[67] Gas-BHKW können gleichermaßen mit Biogas wie auch mit Erdgas betrieben werden. Daher können solche Anlagen sowohl regenerativen wie auch fossilen Kraftwerken zugeordnet werden.

[68] GFK: Glasfaserverstärkte Kunststoffe.

[69] Siehe dazu Aufstellungen in [BWE 2001].

[70] In [Phylipsen et al. 1995, S. 27] werden Werte für den Glasbedarf von 8,44 kg/m² Modulfläche genannt.

4.4.3 Umweltschutz

4.4.3.1 Artenschutz

Bei den für den Artenschutz relevanten Auswirkungen einer Förderung regenerativer Energieträger ist eine Unterscheidung zwischen verschiedenen Typen regenerativer Stromerzeugungsanlagen sinnvoll. Anlagen zur thermischen Verwertung regenerativer Energieträger, wie z. B. Biomasseheizkraftwerke oder Anlagen zur Biomassezufeuerung, besitzen sehr große Ähnlichkeiten beziehungsweise sind weitgehend identisch zu fossilen Kraftwerksanlagen. Aus diesem Grund sind mit Blick auf die Errichtung solcher Anlagen die Auswirkungen auf die Artenvielfalt analog zum Fall des Baus eines vergleichbaren fossilen Kraftwerks einzustufen. Allerdings ist zu berücksichtigen, dass je nach Herkunft des verwendeten Biobrennstoffes Auswirkungen auf Flora und Fauna entstehen können. Ein Beispiel hierfür ist die Errichtung von ausgedehnten Monokulturen zur Gewinnung von Energiepflanzen auf bisher landwirtschaftlich ungenutztem Gelände. Erfolgt der Anbau allerdings auf Flächen, die bisher bereits intensiv landwirtschaftlich genutzt wurden[71], oder falls ausschließlich biologische Reststoffe beziehungsweise Abfälle (z. B. Baumschnitt) zur Energieerzeugung verwendet werden, sind keine Verschlechterungen bei der Biodiversität zu befürchten. Weiterhin besteht die Möglichkeit einen Mischanbau zu realisieren, was ebenfalls zur Erhaltung der Artenvielfalt beiträgt[72]. Damit kann insgesamt die Nutzung biogener Festbrennstoffe als unproblematisch für die Artenvielfalt eingestuft werden.

Als problembehaftet kann im Zusammenhang mit dem Artenschutz vor allem die Förderung von Technologien angesehen werden, die typischerweise in Form von großflächig verteilten Anlagen installiert werden. Hierzu gehören z. B. Photovoltaikanlagen auf Freiflächen. Die von solchen Anlagen ausgehende flächendeckende Bodenbeschattung kann sich nachteilig auf die vorhandene Flora und Fauna auswirken.

Im Fall von Windkraftanlagen sind die Auswirkungen auf die Pflanzenwelt als gering einzustufen, weil die Anlagen häufig auf landwirtschaftlich genutzten Flächen mit ohnehin geringer Pflanzenvielfalt errichtet werden [Raptis et al. 1997, S. 233 f.]. Zudem ist die Vegetation in direkter Nachbarschaft der Anlage nur kurzzeitig während der Installation, Wartung und Deinstallation zusätzlichen Belastungen ausgesetzt. Weiterhin ist zu berücksichtigen, dass eine Anlageninstallation in Schutzgebieten üblicherweise nicht möglich ist. Nach derzeitigem Wissensstand ist vor allem die Avifauna durch Windkraftanlagen betroffen. Dabei kann davon ausgegangen werden, dass von Kollisionen zwischen Vögeln und Windkraftanlagen keine Auswirkungen

---

[71] Vor dem Hintergrund der landwirtschaftlichen Überproduktion sowie bestehender Stilllegungsflächen erscheint eine Nutzung landwirtschaftlicher Flächen zur Produktion von Energiepflanzen möglich.

[72] Siehe dazu auch [Deimling et al. 1999].

auf die Artenvielfalt ausgehen [Akkermann 1999, S. 34]. Allerdings sind negative Reaktionen verschiedener Vogelarten beim Brutverhalten nicht auszuschließen [Kaatz 1999, S. 55]. Darüber hinaus werden häufig Störungen von rastenden, äsenden oder vorbeifliegenden Vögeln durch Windkraftanlagen beschrieben [Kaatz 1999, S. 56 ff.]. Von diesen Reaktionen können negative Auswirkungen auf die Artenvielfalt ausgehen.

Die Nutzung der Wasserkraft kann vor allem durch die Aufstauung von Fließgewässern sowie durch die Unterbrechung von Flussläufen durch Wehre die Biodiversität der Gewässer beeinflussen. Hier stellt der Einbau von sogenannten „Fischtreppen" eine Lösungsmöglichkeit dar. Trotzdem ergeben sich durch die Rückwirkungen auf Flussauen und Überschwemmungsgebiete weitere bezüglich der Artenvielfalt negative Folgen einer Wasserkraftnutzung.

Zusätzlich ist zu berücksichtigen, dass durch die Verringerung des Abbaus fossiler Energieträger und durch die Vermeidung der Erschließung neuer Abbaustätten von einer Förderung regenerativer Energieträger auch indirekte positive Effekte für den Artenschutz in den betroffenen Regionen ausgehen können.

4.4.3.2 Landschaftsschutz

Regenerative Stromerzeugungsanlagen weisen einen tendenziell höheren Flächenbedarf auf als fossile Kraftwerke. Damit ist aufgrund der flächigen Ausbreitung auch eine erhöhte Sichtbarkeit der Anlagen und damit eine optische Beeinträchtigung der Landschaft verbunden. Diese Auswirkungen werden bei Windkraftkonvertern aufgrund der bis zu 100 m reichenden Nabenhöhen und der Anordnung in Windparks noch verstärkt.

Mit der Nutzung der Wasserkraft können aufgrund der erforderlichen weitgehenden Eingriffe bei der Errichtung der Anlagen die Belange des Landschaftsschutzes negativ beeinflusst werden. Als Folgen können in diesem Zusammenhang die mögliche Trockenlegung von Überschwemmungsgebieten und Flussauen sowie die optische Beeinträchtigung durch das Dammbauwerk angeführt werden.

Der Anbau von Energiepflanzen auf Plantagen kann sich dann nachteilig auf den Landschaftsschutz auswirken, wenn dafür neue Nutzflächen erschlossen werden müssen. Für den Fall dass der Anbau auf bisher bereits landwirtschaftlich genutzten Flächen geschieht, sind keine nachteiligen Folgen zu erwarten.

Aufgrund der in Kapitel 4.4.2.1 beschriebenen möglichen Verdrängung fossiler Energieträger durch eine Förderung regenerativer Stromerzeugungsanlagen besteht weiterhin die Möglichkeit den Landschaftsschutz in den Abbauregionen fossiler Brennstoffe zu verbessern.

Damit lässt sich festhalten, dass den negativen Beeinflussungen des Landschaftsschutzes, hervorgerufen vor allem durch die Installation von Wasserkraftanlagen und dem vergleichsweise hohen Flächenbedarf von Windkraft- und Solaranlagen auch positive Effekte in den Abbauregionen fossiler Brennstoffe gegenüber stehen.

4.4.3.3 Flächenverbrauch

Ein Vergleich der in Tabelle 4 angegebenen Werte zum Flächenbedarf regenerativer Stromerzeugungsanlagen lässt deutlich werden, dass auf Grundlage einer reinen Flächenbilanzierung regenerative Anlagen einen höheren Flächenverbrauch aufweisen als fossile Kraftwerke. Allerdings ist dieser Vergleich mit dem für regenerative Stromerzeugungsanlagen negativen Ergebnis aufgrund der folgenden Aspekte zu relativieren:

- Bei fossilen Kraftwerksanlagen findet eine weitgehende Flächenversiegelung statt, während bei regenerativen Anlagen, wie z. B. Windkraftkonvertern, nur ein sehr kleiner Teil der beanspruchten Fläche tatsächlich auch überbaut ist.
- Im Fall von Windkraftanlagen ist eine weitere z. B. landwirtschaftliche Flächennutzung möglich, so dass eine ausschließliche Zurechnung der Fläche auf die energetische Nutzung nicht unbedingt gerechtfertigt erscheint.
- Für den Fall, dass Photovoltaikanlagen auf Dachflächen montiert werden, besteht zwar ein hoher Flächenbedarf, es ist aber keine Inanspruchnahme und Versiegelung zusätzlicher Freiflächen erforderlich.
- Im Gegensatz zu fossilen Energieträgern besteht bei Windkraft und Solarstrahlung keine Flächeninanspruchnahme durch den Energieträgerabbau, so dass sich hier eine Einsparung durch die Förderung regenerativer Energieträger ergibt. Mit dem Anbau biogener Brennstoffe auf bisherigen landwirtschaftlichen Nutzflächen ist ebenfalls kein zusätzlicher Flächenverbrauch verbunden. Lediglich durch den Stauraum bei Wasserkraftwerken kann ein zusätzlicher Flächenbedarf entstehen.

Als Fazit kann festgehalten werden, dass trotz eines höheren spezifischen Flächenbedarfs regenerativer Stromerzeugungsanlagen mit der Förderung dieser Technologien nicht unbedingt negative Folgen bezüglich des Flächenverbrauchs einhergehen müssen.

4.4.3.4 Schadstoff- und Partikelemissionen

Emissionen können während des Anlagenbetriebs wie auch im Zuge des mit dem Herstellungsprozess der Anlage verbundenen Energieverbrauchs auftreten. Zur Beurteilung der gesamten mit der Produktion und dem Betrieb einer Anlage verbundenen Emissionen können auf Grundlage des kumulierten Energieaufwandes (KEA) die kumulierten Emissionen bezogen auf den Produktionsoutput des Kraftwerks bestimmt werden73. Anhand der in Tabelle 5 dargestellten kumulierten Emissionen für die Produktion von 1 MWh Elektrizität wird deutlich, dass mit der Förderung der regenerativen Energieträger Wind, Wasser und Solarstrahlung eine deutliche Emissionsreduktion im Vergleich zu fossilen Alternativen erreicht werden kann. Es ist allerdings zu berücksichtigen, dass GuD-Anlagen bei SO2- und Partikel-Emissionen sehr geringe Werte aufweisen. Die in Tabelle 5 angegebenen Emissionen für holzbefeuerte Kraftwerke liegen deutlich über den Werten anderer Alternativen, weil bei diesen Anlagen noch keine Optionen zur Rauchgasreinigung berücksichtigt sind. Aus diesem Grund ist eine weitere detaillierte Betrachtung der Möglichkeiten zur thermischen Nutzung von Biomasse erforderlich.

Die wichtigsten Optionen zur Biomassenutzung sind Heizkraftwerke für biogene Festbrennstoffe sowie Biogasanlagen. Die Nutzung flüssiger Biobrennstoffe in der Stromerzeugung wird auch zukünftig nur eine sehr untergeordnete Rolle einnehmen [Rentz et al. 2001b, S. 171]. Die Gründe hierfür liegen im Fall von Rapsöl oder Raps-Methyl-Ester (RME) in den zahlreichen konkurrierenden Einsatzmöglichkeiten für Raps beziehungsweise Rapsprodukte wie z. B. als Futtermittel, biologisch abbaubares Schmier- und Hydrauliköl sowie als Treibstoff im Verkehrsbereich[74]. Im Fall von Alkoholen, die aus der Vergärung und Destillation von Getreide gewonnen werden können, ist zu berücksichtigen, dass eine Nutzung dieser Option auch die Schaffung einer umfangreichen Infrastruktur zur Erzeugung erfordert. Die damit verbundenen erheblichen Investitionen führen dazu, dass diese Option von anderen Alternativen dominiert wird.

---

[73] Zu methodischen Grundlagen des KEA siehe z. B. Bericht zum Forschungsvorhaben „Erarbeitung von Basisdaten zum Energieaufwand und der Umweltbelastung von energieintensiven Produkten und Dienstleistungen für Ökobilanzen und Öko-Audits" (Umweltbundesamt FKZ 296 94 123) und http://www.oeko.de/service/kea.

[74] Siehe dazu auch [Flaig et al. 1995, S. 11 f.].

Tabelle 5: Ausgewählte kumulierte Emissionen der Erzeugung von 1 MWh Elektrizität für verschiedene Kraftwerkstypen (nach GEMIS 4.0)

Kraftwerkstyp	**SO_2 [g/MWh]**	**NO_x [g/MWh]**	**Staub [g/MWh]**
Braunkohlekraftwerk	420 – 850	680 – 855	92 – 108
Steinkohlekraftwerk	661 – 1238	535 – 803	18 – 160
GuD-Kraftwerk (Erdgas)	16	584 – 639	9 – 10
Kernkraftwerk	108	121	23
Windkraftanlagen	11 – 13	39 – 51	9 – 11
Laufwasser groß	10	70	12
klein	1,4	3	1
Photovoltaik	72 – 123	146 – 251	15 – 24
Holzkraftwerk	919 – 2078	1123 – 3486	140 – 7791

Bei der Nutzung biogener Festbrennstoffe werden säurebildende Gase wie z. B. SO_2 freigesetzt. In diesem Zusammenhang ist zusätzlich noch das speziell bei Stroh und Chinaschilf bestehende Problem der HCl-Emissionen zu erwähnen [Buchberger 1998]. Im Vergleich zur Erdgasnutzung ist bei der Biomasseverbrennung eine Emissionszunahme dieser Stoffe zu verzeichnen. Wird eine Steinkohlenutzung als Referenz herangezogen, so kann eine Minderung erzielt werden [Deimling et al. 1999][75].

Im Falle der Stickstoffemissionen sind mit der Biomassenutzung Mehremissionen aus der Verbrennung, der erforderlichen Düngemittelproduktion und der Freisetzung aus gedüngten Ackerböden verbunden. Hier bestehen jedoch Minderungsmöglichkeiten z. B. durch den Einsatz moderner Kraftwerkstechnologien sowie durch einen geringeren Düngereinsatz [Deimling et al. 1999].

Darüber hinaus ist bei der Bewertung der Schadstoffemissionen besonderes Augenmerk auf die Option der Biomassezufeuerung in Steinkohlekraftwerken zu richten. In diesem Fall ist die Biomasseförderung auch mit einer indirekten Förderung der Steinkohleverstromung verbunden. Dies kann dazu führen, dass durch die fossile Stromproduktion in den Zufeuerungsanlagen erdgasbefeuerte Kraftwerke vom Markt verdrängt werden (vgl. Ausführungen in Kapitel 6).

Weiterhin ist zu berücksichtigen, dass Partikelemissionen bei Biomassekraftwerken höher liegen als bei Steinkohle- oder Gaskraftwerken. Daher ist mit der Förderung von Biobrennstoffen auch in diesem Bereich eine Verschlechterung im Vergleich zum Referenzfall zu erwarten [Rentz et al. 2001a, S. 179 ff.].

Bei der Produktion von Biogas durch die Vergärung organischer Reststoffe wie z. B. Gülle oder Bioabfälle enthält das Biogas in geringen Mengen H_2S [Oechsner et al. 1998], woraus bei der Verbrennung SO_2 entsteht. Zur Vermeidung dieser Emissionen ist darauf zu achten, dass Biogasanlagen mit funktionierenden Entschwefelungsmaßnahmen ausgerüstet sind. Da dies auch zu einer Verlängerung der Lebensdauer des Gasmotors beiträgt, ist damit zu rechnen, dass die Durchsetzung dieser Maßnahme auch von den Anlagenbetreibern problemlos mitgetragen wird.

Aus diesen Ergebnissen folgt, dass eine Nutzung von Biomasseanlagen mit zusätzlichen Schadstoff- und Partikelemissionen verbunden sein kann. Im Rahmen einer Förderung regenerativer Energieträger sollte daher diesem Umstand durch eine gesonderte Behandlung biogener Brennstoffe Rechnung getragen werden. Es ist allerdings auch darauf hinzuweisen, dass vor allem die aktuell sehr umfangreich genutzten Optionen Windkraft, Wasserkraft und Solarstrahlung beim Anlagenbetrieb als emissionsfrei zu betrachten sind. Vor diesem Hintergrund erscheint die Folgerung gerechtfertigt, dass bei einer sinnvollen Ausgestaltung der Förderregelung durch die Nutzung regenerativer Energieträger Emissionsminderungen bei der Stromerzeugung erreicht werden können.

4.4.3.5 Klimaschutz

Regenerative Energieträger können bezüglich der CO_2-Emissionen als emissionsfrei beziehungsweise –neutral bezeichnet werden. Die beim Einsatz von Biobrennstoffen entstehenden CO_2-Emissionen werden beim Pflanzenwachstum wieder gebunden, was im Zuge eines CO_2-Kreislaufs zu einer neutralen Emissionsbilanz führt. Beim Betrieb von Stromerzeugungsanlagen auf Basis anderer regenerativer Energieträger entstehen keine betriebsbedingten CO_2-Emissionen.

Erfolgt eine Betrachtung der CO_2-Emissionen vor dem Hintergrund der kumulierten Emissionen, so ergibt sich die Tabelle 6 dargestellte Situation. Es wird deutlich, dass regenerative Stromerzeugungstechnologien deutlich geringere kumulierte CO_2-Emissionen aufweisen als fossile Alternativen. Lediglich Kernkraftwerke erreichen Werte, die im Bereich von Wind- und Wasserkraftanlagen liegen. Weiterhin wird deutlich, dass Photovoltaik vor allem aufgrund des hohen Energiebedarfs zur Produktion der Photovoltaik-Module mit bis zu 152 kg/MWh wesentlich

[75] Unter der Voraussetzung der Installation von Rauchgasreinigungsanlagen bei den Biomassekraftwerken.

höhere kumulierte CO_2-Emissionen aufweist als die übrigen betrachteten regenerativen Technologien.

Bezüglich weiterer klimawirksamer Stoffe wie z. B. Methan oder Lachgas sind wiederum Biobrennstoffe von Bedeutung. Allerdings führt ein Vergleich zu fossilen Brennstoffen zu dem Ergebnis, dass zu „einer Deckung der gleichen Versorgungsaufgabe [...] eine Reduktion der direkt klimawirksamen Spurengase auf rund 10 % oder noch darunter möglich (ist)" [Deimling et al. 1999].

Tabelle 6: Kumulierte CO_2-Emissionen der Erzeugung von 1 MWh Elektrizität für verschiedene Kraftwerkstypen (nach GEMIS 4.0)

Kraftwerkstyp	**CO_2 [kg/MWh]**
Braunkohlekraftwerk	900 – 1020
Steinkohlekraftwerk	817 – 881
GuD-Kraftwerk (Erdgas)	360 – 395
Kernkraftwerk	27 – 34
Windkraftanlagen	17 – 23
Laufwasser groß klein	32 1,3
Photovoltaik	92 – 152

Aus diesen Betrachtungen ergibt sich die Schlussfolgerung, dass durch die Förderung regenerativer Energieträger die Emission klimarelevanter Stoffe trotz der Problematik bei Biobrennstoffen und Photovoltaik deutlich reduziert werden kann. Allerdings ist zu berücksichtigen, dass aufgrund der vergleichsweise hohen kumulierten CO_2-Emissionen von Photovoltaikanlagen eine starke Förderung dieser Option die positiven Beiträge anderer regenerativer Technologien zum Klimaschutz teilweise kompensieren kann. Im Zusammenhang mit den angesprochenen Sonderregelungen für Biomasse sowie mit einer zurückhaltenden Behandlung der Photovoltaik im Rahmen einer Förderregelung kann festgehalten werden, dass die Förderung regenerativer Energieträger in der Stromerzeugung umfangreich zum Klimaschutz beitragen kann.

4.4.3.6 Abfall

Die Abfallentstehung und -beseitigung ist im Zusammenhang mit der Nutzung regenerativer Energieträger in zweierlei Hinsicht von Bedeutung. Zunächst sind Abfälle, die während des Anlagenbetriebs entstehen, zu berücksichtigen. Im Bereich regenerativer Energieträger betrifft dies den Ascheanfall bei der Verbrennung fester Biomasse. Als besonders problematisch ist hier die Anreicherung von Schwermetallen in der Asche zu sehen. Für den Fall, dass unbehandelte/naturbelassene Biomasse verbrannt wird, kann die entstehende Asche als Düngemittel in der Land- und Forstwirtschaft eingesetzt werden. Andernfalls ist eine Deponierung oder die Verwendung als Bergversatz möglich, was allerdings mit zusätzlichen Entsorgungskosten verbunden ist (siehe z. B. [Rentz et al. 2001a, S. 125 ff.]). Die anfallende Aschemenge beträgt zwischen 0,7 und 14 % der Masse des eingesetzten Brennstoffs (siehe z. B. [Rentz et al. 2001a, S. 125 ff.]).

Des weiteren sind die bei der Deinstallation der Anlagen entstehenden Abfälle zu betrachten. Bei Anlagen zur thermischen Verwertung von Biomasse sind im Vergleich zu fossilen Kraftwerken aufgrund identischer beziehungsweise ähnlicher Technologien keine Unterschiede bei den Abfallarten zu erwarten. Allerdings können größere Mengen anfallen, da reine Biomassekraftwerke aufgrund der Brennstoffeigenschaften größer dimensioniert werden müssen als vergleichbare fossile Kraftwerke.

Als besonders problematisch bezüglich der Abfallentsorgung sind vor allem Windkraftanlagen sowie bestimmte Typen von Photovoltaikmodulen einzustufen. Bei Windkraftkonvertern sind die aus GFK gefertigten Rotorblätter üblicherweise auf einer Deponie zu entsorgen. Die Kosten können sich dabei auf bis zu 1000 DM/t belaufen. Eine Verbrennung oder ein Recycling ist derzeit nur in sehr begrenztem Umfang möglich [Krohn 1997], [Kehrbaum 1998]. Vor dem Hintergrund immer größer dimensionierter Anlagen mit einer Masse eines Rotorblatts von bis zu 12 t[76] und knapper werdenden Deponiekapazitäten ist der zukünftigen Entsorgung dieser Bauteile besonderes Augenmerk zu schenken.

Bei Photovoltaikmodulen sind die Entsorgungsmöglichkeiten stark durch den Typ der eingesetzten Solarzellen bestimmt. A-Si Module können, da sie zu einem Großteil aus Glas bestehen im Rahmen eines Glasrecyclings zur Herstellung von farbigem Verpackungsglas verwendet werden [Alsema 1996, S. 34]. Wesentlich problematischer sind aufgrund ihres Schwermetall-, Kupfer- und Silbergehalts andere Modultypen. Diese sind häufig als Sondermüll einzustufen und müssen entsprechend entsorgt werden [Alsema 1996, S. 34].

---

[76] Z. B. Vestas V80/2MW; siehe [BWE 2001, S. 56].

Die übrigen bei der Entsorgung von regenerativen Stromerzeugungsanlagen anfallenden Reststoffe wie Metalle oder Fundamente und Gebäude können im Rahmen bestehender Recyclingoptionen problemlos verwertet werden.

Grundsätzlich ist bei diesem Vergleich zu beachten, dass ein Recycling beziehungsweise eine Deponierung der eingesetzten Rohstoffen je nach Verwendung unterschiedlich möglich ist beziehungsweise zu verschiedenen Kosten führt. Dieser Aspekt ist vor allem vor dem Hintergrund einer Vermeidung neuer Kernkraftwerke von besonderer Bedeutung, da deren Komponenten in Abhängigkeit des Kontaminierungsgrades recycelt werden können oder als radioaktiver Abfall behandelt werden müssen. Die Vermeidung dieser bezüglich des Abfallaufkommens kritischen Option kann aber vor dem Hintergrund der bestehenden Vereinbarungen zum Kernenergieausstieg nur sehr eingeschränkt einer Förderstrategie für regenerative Energieträger zugerechnet werden.

Bezüglich des Abfallaufkommens kann durch die Förderung regenerativer Energieträger ein zusätzlicher Bedarf zur Deponierung von Kunststoffabfällen, Asche und Sondermüll entstehen. Solange für die anfallenden Abfallfraktionen keine geeigneten Recyclingoptionen bestehen, ist die Förderung regenerativer Energieträger unter dem Aspekt der Abfallvermeidung als negativ zu bewerten.

4.4.4 Gesellschaft und Politik

4.4.4.1 Soziale Gerechtigkeit

Die Stromgestehungskosten aus Anlagen auf Basis regenerativer Energieträger liegen mit Ausnahme von Deponie- und Klärgas- sowie einigen Großwasserkraftanlagen über denen konkurrierender fossiler Kraftwerke. Daher ist eine Erhöhung des Anteils regenerativer Stromerzeugungsanlagen im Rahmen einer Förderung mit einem Anstieg der durchschnittlichen Stromgestehungskosten und damit auch der Strompreise gegenüber dem Referenzfall ohne Förderung verbunden[77]. Aufgrund dieser Entwicklung ist bei gleichbleibender Nachfrage ein Anstieg der Ausgaben zur Befriedigung der Energiedienstleistungsnachfrage zu erwarten. Dies bedeutet, dass der Anteil der Ausgaben für die Befriedigung der Energiedienstleistungsnachfrage am verfügbaren Einkommen ansteigen wird. Hieraus können sich vor allem für Bevölkerungsgruppen mit geringem Einkommen zusätzliche Belastungen ergeben.

[77] Siehe dazu auch [Rentz et al. 2001b, S. 207 f.].

Zur Kompensation dieses Anstiegs der Ausgaben können im Rahmen von Ersatzinvestitionen effizientere Anlagen und Geräte zur Befriedigung der Energiedienstleistungsnachfrage eingesetzt werden. Da es sinnvoll ist die vorhandenen Geräte erst nach Ende ihrer Lebensdauer zu ersetzen und weil besonders effiziente Geräte üblicherweise höhere Investitionen aufweisen als durchschnittliche, können im Allgemeinen durch einen Technologiewechsel die zusätzlichen Belastungen nicht vollständig vermieden werden. Weiterhin ist aufgrund geringer Preiselastizitäten auch nicht zu erwarten, dass die Konsumenten mit einer nennenswerten Verringerung der Energiedienstleistungsnachfrage auf die durch den verstärkten Einsatz regenerativer Energieträger angestiegenen Strompreise reagieren werden[78].

Zusammenfassend kann festgestellt werden, dass die mit der Förderung regenerativer Energieträger verbundenen Preisanstiege nicht vollständig kompensiert werden (können). Die daraus resultierenden finanziellen Mehrbelastungen zur Befriedigung der Energiedienstleistungsnachfrage sind vor allem für Bevölkerungsgruppen mit geringem Einkommen spürbar.

4.4.4.2 Gesundheits- und andere Risiken

Risiken durch Versagen regenerativer Stromerzeugungsanlagen sind im Allgemeinen räumlich sehr eng auf den Anlagenstandort begrenzt, so dass keine weitreichenden Gesundheits- oder Sachschäden zu erwarten sind. Risiken aufgrund von Schadstoffemissionen während des Anlagenbetriebs sind nur bei Kraftwerken zur Biomassenutzung aufgrund beispielsweise von NO_x-, SO_2- oder HCl-Emissionen möglich.

Problematisch erscheinen vor allem die von den Schwermetallgehalten ausgehenden Risiken bei der Entsorgung von Asche aus der Verbrennung behandelter Biomasse sowie von deinstallierten Photovoltaikmodulen (siehe Kapitel 4.4.3.6).

4.4.4.3 Beeinträchtigung der Lebens- und Wohnqualität

Hinsichtlich der Beeinträchtigung der Lebens- und Wohnqualität ist bei Photovoltaikanlagen vor allem die optische Beeinträchtigung zu nennen, die von einer Anlageninstallation auf Freiflächen ausgeht. Im Falle einer Installation auf Gebäuden können sie dann störend wirken, wenn sie deren äußeres Erscheinungsbild negativ beeinflussen. Allerdings ist zu berücksichtigen, dass die

[78] Siehe hierzu z. B. [Rentz et al. 1999].

Anlagen auch in gestalterische Elemente integriert werden können. Da eine Installation auf denkmalgeschützten Gebäuden untersagt ist, kann eine Beeinträchtigung historischer Stadtbilder weitgehend ausgeschlossen werden.

Bei Windkraftanlagen wird - ähnlich wie bei Photovoltaikanlagen - als Kritikpunkt angeführt, dass aufgrund der hohen Türme und der großflächigen Ausdehnung von Windparks eine erhebliche optische Beeinträchtigung des Landschaftsbildes ausgehen kann[79]. Mit Blick auf die Wohnqualität sind bei der Installation von Windkraftanlagen die von den drehenden Rotorblättern ausgehenden Lichtreflexe sowie der Schattenwurf des Rotors zu nennen. Das Auftreten der Lichtreflexe wird heutzutage durch die Verwendung matter Farben weitgehend vermieden. Die Problematik des Schattens kann nicht umgangen werden, ist aber im Rahmen des Planungs- und Genehmigungsverfahrens für Windkraftanlagen zu berücksichtigen. Aufgrund dieser Situation ist davon auszugehen, dass die direkten optischen Beeinträchtigungen bei zukünftig zu installierenden Anlagen weitgehend vermieden werden. Bezüglich der von Windkraftanlagen ausgehenden Lärmemissionen in Form von Infraschall ist anzumerken, dass hier mit der TA Lärm bereits Vorschriften bestehen, die durch die Vorgabe von Grenzwerten eine unzumutbare Beeinträchtigung der Lebens- und Wohnqualität unterbinden.

Weitere optische Beeinträchtigungen durch regenerative Kraftwerke sind nicht zu erwarten, da sich die Anlagengebäude der bisher nicht genannten Optionen kaum von denen fossiler Alternativen unterscheiden.

Bei Biomassekraftwerken können vom Brennstofflager Geruchsemissionen ausgehen, die z. B. von Zersetzungsprozessen bei der gelagerten Biomasse ausgehen. Zur Vermeidung können Biofilteranlagen installiert werden [Deimling et al. 1999]. Weiterhin kann bei solchen Anlagen eine aufgrund des hohen Wassergehalts des Biobrennstoffs deutlich sichtbare Abgasfahne mit einem hohen Wasserdampfgehalt entstehen. Die Installation einer Kondensationsanlage ist allerdings mit sehr hohen Investitionen verbunden.

Im Zusammenhang zu den bisher genannten Aspekten ist anzumerken, dass zahlreiche der Faktoren sehr stark der subjektiven Wahrnehmung jedes einzelnen Betroffenen unterliegen und daher eine objektive Bewertung des Einflusses einer Anlage nur sehr schwer möglich ist. Weiterhin bestehen technische Möglichkeiten zur Minderung beziehungsweise Vermeidung negativer Auswirkungen auf die Lebens- und Wohnqualität. Damit kann insgesamt festgehalten werden, dass im Rahmen einer Förderung regenerativer Energieträger kaum nennenswerte Beeinträchtigungen der Lebens- und Wohnqualität zu erwarten sind.

---

[79] Zur Bewertung dieses Aspektes vor dem Hintergrund des Tourismus in Schleswig-Holstein siehe [NIT 2000].

4.4.5 Wirtschaftlichkeit

4.4.5.1 Energiebereitstellungskosten

Im Rahmen einer Förderung regenerativer Energieträger in der Stromerzeugung ist ein Anstieg der durchschnittlichen Stromgestehungskosten und damit auch der Strompreise zu erwarten (siehe Kapitel 4.4.4.1 und [Rentz et al. 2001b, S. 207 ff]). Die Grenzkosten der regenerativen Stromerzeugung und somit der Umfang der zu erwartenden Steigerung der Strombereitstellungskosten werden zum einen vom im Rahmen der Förderung beabsichtigten Mengenziel für Grünen Strom sowie von der Potentialverfügbarkeit regenerativer Energieträger – hier vor allem Offshore-Standorte für Windkraftanlagen – bestimmt[80].

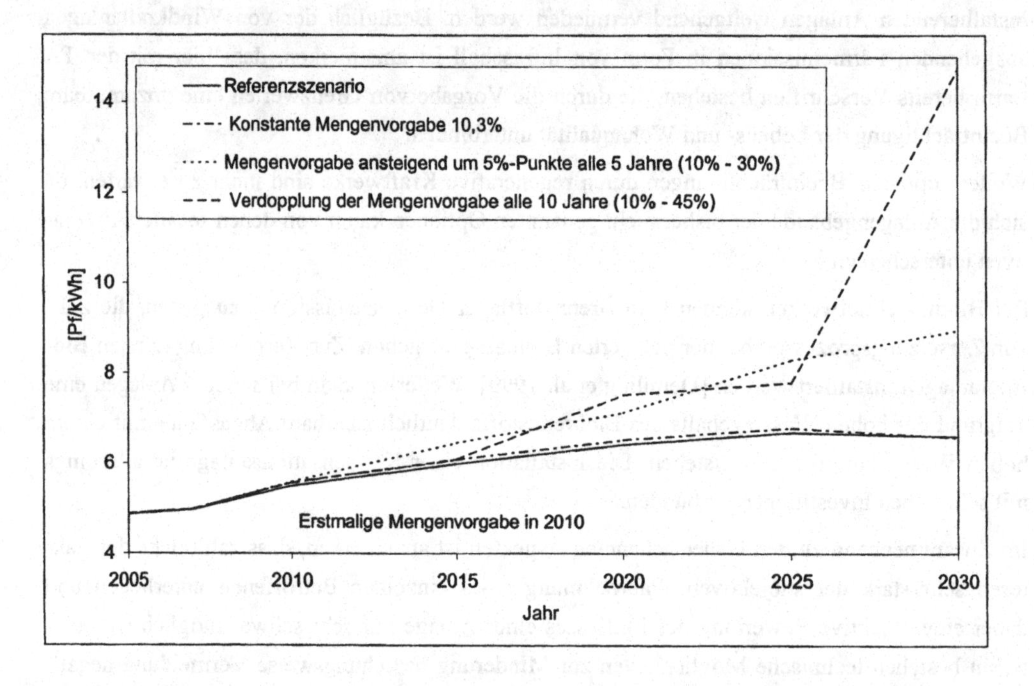

Abbildung 3: Entwicklung der durchschnittlichen Stromerzeugungskosten im Falle einer Mengenvorgabe für Grünen Strom (siehe auch [Rentz et al. 2001b, S. 207 f.] und die dort getroffenen Rahmenannahmen)

[80] Siehe [Rentz et al. 2001b].

Für einen Referenzfall, der eine Beibehaltung der bisherigen Förderpraxis in Form des EEG vorsieht, ist ein Anstieg der durchschnittlichen Stromgestehungskosten aller eingesetzten regenerativen und konventionellen Stromerzeugungsanlagen ausgehend von etwa 4 Pf/kWh im Jahr 2000 auf rund 6,5 Pf/kWh in 2030 zu erwarten. Analysen in [Rentz et al. 2001b] zeigen, dass erst bei Mengenvorgaben für Grünen Strom im Rahmen einer Förderung regenerativer Energieträger in Höhe von über 10 % nennenswerte Anstiege der mittleren Erzeugungskosten zu erwarten sind. Dies bedeutet, dass eine Förderung, welche sich an den bisher formulierten Zielen der EU orientiert[81], die Energiebereitstellungskosten nicht negativ beeinflussen wird.

4.4.5.2 Wirtschaftsfaktoren

Die Förderung regenerativer Energieträger in der Stromerzeugung kann sehr weitreichende Auswirkungen auf verschiedene Wirtschaftsfaktoren haben. Im Folgenden fokussiert sich die Betrachtung auf die Bereiche der Gesamtkosten der Energieversorgung, des Stromaustauschsaldos sowie der Beschäftigungseffekte.

Im Rahmen einer Förderung erneuerbarer Energieträger werden die Gesamtkosten der Energieversorgung in zweierlei Hinsicht beeinflusst. Einerseits liegen die spezifischen Investitionen für regenerative Stromerzeugungsanlagen über denen fossiler Kraftwerke. Hinzu kommen die bereits in den Kapiteln 4.4.1.3 und 4.4.1.4 angesprochenen zusätzlichen Investitionen für Infrastruktur und Back-Up Anlagen, die zu einer Steigerung der Gesamtkosten führen. Andererseits entfallen beim Betreib regenerativer Anlagen mit Ausnahme von Biomasseanlagen die Brennstoffkosten, was sich kostensenkend auswirkt. Weiterhin ist zu berücksichtigen, dass bei den derzeit sehr stark genutzten Alternativen Windkraft, Wasserkraft und Solarstrahlung nur in sehr geringem Umfang fixe und variable Ausgaben beim Anlagenbetrieb entstehen. Trotz dieser Rahmenbedingungen zeigen Einzelbetrachtungen regenerativer Stromerzeugungstechnologien - auch unter Berücksichtigung zukünftiger Weiterentwicklungen - sowie Energiesystemanalysen, dass die erforderlichen Gesamtausgaben zur Befriedigung der Energienachfrage im Fall einer ausgeprägten Nutzung regenerativer Energieträger über den zu erwartenden Werten im Referenzfall der Nutzung fossiler Anlagen liegen[82].

Im Fall einer Einbeziehung internationaler Produktionsstandorte für Grünen Strom in das Förderinstrument kann der Stromaustauschsaldo von der Förderung beeinflusst werden. Aufgrund

---

[81] Siehe z. B. [EC 2000].

[82] In dieser Situation liegt unter anderem auch die Notwendigkeit einer Förderung regenerativer Energieträger begründet.

der Potenzialsituation sowie des Umfangs des Stromverbrauchs in der Bundesrepublik Deutschland ist damit zu rechnen, dass ein Import von Grünem Strom beziehungsweise von Zertifikaten in Abhängigkeit der Potenzialverfügbarkeit im In- und Ausland an Bedeutung gewinnen kann. Analysen in [Rentz et al. 2001b, S. 222 ff.] zeigen, dass bei einer unterstellten restriktiven Potenzialnutzung in den übrigen europäischen Ländern ein Import von Grünem Strom/Zertifikaten ab einem Mengenziel von 15 % für Grünen Strom an Bedeutung gewinnt. Für den Fall weitgehender Nutzungsmöglichkeiten vor allem für bestehende Offshore-Windkraftpotenziale kann sich eine Verschiebung dieser Grenze ergeben. Der Umfang hängt allerdings davon ab in wie fern sich die Ausbaugeschwindigkeit der verfügbaren Potenziale im In- und Ausland sowie der Nachfrageanstieg die Waage halten[83]. In Abhängigkeit vom Umfang des Imports ergeben sich auch Rückwirkungen auf die bundesdeutsche Handelsbilanz.

Bei der Beurteilung der zu erwartenden Beschäftigungseffekte regenerativer Energien ist zunächst die Frage nach den durch die erneuerbaren Energieträger verdrängten Energien zu beantworten. Für den Fall, dass durch die Förderung regenerativer Stromerzeugung die Verstromung von importierten Energieträgern verdrängt wird, ist ein positiver Beschäftigungseffekt zu erwarten. Im Fall einer Verdrängung heimischer Energien (z. B. deutsche Steinkohle) sind auch negative Auswirkungen zu befürchten [Forum 1998, S. 149]. Weiterhin kann davon ausgegangen werden, dass **während** der Phase des Ausbaus regenerativer Stromerzeugungsanlagen ein positiver Beschäftigungssaldo zu erwarten ist[84].

Bei der Bewertung der Auswirkungen einer Förderung regenerativer Energieträger ist nach [Forum 1998, S. 103 ff.] im Zusammenhang mit den Beschäftigungseffekten auch zu berücksichtigen, dass es in der Energieversorgung in den kommenden Jahrzehnten auch international zu einem grundlegenden Strukturwandel mit zunehmender Bedeutung erneuerbarer Energien kommen wird. Vor diesem Hintergrund sichert eine frühzeitige Partizipation an dieser Entwicklung einen wichtigen Innovationsvorsprung und kann trotz Rückwirkungen auf den Bereich fossiler Energien auch langfristig positive Beschäftigungseffekte garantieren. Als wesentliches Element zur Unterstützung dieser Entwicklung ist die Veränderung des Verhältnisses zwischen Energie- und Arbeitskosten mit dem Ziel einer Verteuerung von Energie zu nennen [Forum 1998, S. 107].

[Pfaffenberger 1997] nennt unter Bezug auf ein Zukunftsszenario der Gruppe „Energie 2010“[85] positive Beschäftigungseffekte einer verstärkten Nutzung regenerativer Energieträger von rund

---

[83] In diesem Zusammenhang spielt vor allem eine Beschleunigung der Planungsverfahren in der Bundesrepublik Deutschland [BWE 2000b] sowie die Beseitigung bestehender Hemmnisse z. B. in Schottland [Dudleston 2001] eine wesentliche Rolle.

[84] Zur Analyse der Beschäftigungseffekte regenerativer Energien siehe auch [Pfaffenberger 1997].

[85] Siehe [Altner et al. 1995].

20.000 Personen im Zeitraum 1995 bis 2010. Allerdings sind bei dieser Analyse verschiedene Effekte wie z. B. Reaktionen von Verbrauchern und Investoren sowie des Auslandes Energiepreisänderungen und die Förderung regenerativer erneuerbarer Energien nicht berücksichtigt. In [Mohr et al. 1997] werden für Nordrhein-Westfalen Beschäftigungseffekte von CO_2-Emissionsminderungen auf Grundlage eines regenerativen Erzeugungsmix untersucht. Bei einem CO_2-Reduktionsgrad von 10 % beziehungsweise 24,1 % ist ein positiver Effekt von 35.000 beziehungsweise 181.000 neuen Arbeitsplätzen zu erwarten [Mohr et al. 1997, S. 66].

Die Beurteilung einer Förderung regenerativer Energieträger in der Stromerzeugung unter dem Blickwinkel ausgewählter Wirtschaftsfaktoren lässt deutlich werden, dass von einer Förderung in diesem Bereich einerseits positive Beschäftigungseffekte erwartet werden können, während andererseits bei den Gesamtkosten der Energieversorgung ein Anstieg und damit eine Energieverteuerung eintreten wird. Die Entwicklung des Stromaustauschsaldos ist weitgehend offen, weil hier die derzeit noch offene aber sehr stark von nationalen und regionalen Aspekten geprägte Entwicklung der Nutzung von Offshore-Windkraftpotenzialen eine entscheidende Rolle spielt.

4.5 Maßnahmenbestimmte Kriterien

Im Rahmen dieses Kapitels werden die Maßnahmen Quotenregelung und Erneuerbare-Energien-Gesetz (EEG) anhand der Kriterien des in Kapitel 3 dargestellten Rasters bewertet. Die Diskussion orientiert sich dabei an den vier Oberkriterien:

- Zielerreichung
- Effizienz
- Systemkonformität
- Implementierungsanforderungen

Hierzu ist anzumerken, dass das unter dem Bereich Systemkonformität subsumierte Kriterium der Rechtskonformität in diesem Beitrag nicht näher betrachtet wird. Der Grund liegt vor allem darin, dass die in diesem Zusammenhang erforderlichen, umfangreichen juristischen Analysen deutlich über den Rahmen dieses Buches hinaus gehen würden[86].

[86] Für eine Reihen vertiefender juristischer Analysen siehe z. B. www.uni-lueneburg.de/fb4

4.5.1 Quotenregelung

4.5.1.1 Zielerreichung

Im Rahmen von Quotenregelungen wird das zur erreichende Mengenziel durch ordnungsrechtliche Bestimmungen sehr genau vorgegeben. Die Verpflichteten müssen bei Nicht-Erfüllung der Vorgaben Sanktionen in Kauf nehmen. Eine angemessene Höhe der Pönalen sowie ein wirksamer Kontrollmechanismus vorausgesetzt, ist der Grad der Zielerreichung einer Quotenregelung daher als hoch einzustufen. Lediglich bei zu gering festgesetzten Strafen kann es für verpflichtete Akteure vorteilhafter sein, die Mengenvorgaben zu ignorieren und statt dessen die Sanktionen zu zahlen.

Bei einer Kopplung der Zielvorgabe an die instrumentenexogene Variable des Stromverbrauchs kann eine Verbrauchsschwankung auch entsprechende Variationen der absoluten Mengenvorgabe nach sich ziehen, die allerdings aufgrund der geringen Volatilität der Stromnachfrage gering ist. Hieraus können sich Unwägbarkeiten bezüglich der Erhöhung der Menge des regenerativ produzierten Stroms ergeben.

Vor dem Hintergrund der genannten Aspekte kann die vorrangige Instrumentenzielsetzung der Förderung regenerativer Energieträger in der Stromerzeugung als sehr gut erreichbar eingestuft werden. Wobei als Voraussetzung die Definition einer geeigneten Mengenvorgabe, die über den im Referenzfall erreichbaren Werten liegt, gegeben sein muss.

Die Geschwindigkeit der Erreichung der vorgegebenen umweltpolitischen Ziele hängt von der instrumentenspezifischen Implementierungsdauer sowie von der Wirkverzögerung ab. Die Implementierungsdauer wird wesentlich von der Schaffung der gesetzlichen Rahmenbedingungen und dem Aufbau geeigneter Kontrollinstanzen bestimmt. Ausschlaggebend für die Verabschiedung der erforderlichen Gesetze ist der parlamentarische Entscheidungsprozess. Beim Aufbau der administrativen Organe zur Kontrolle und Bilanzierung der Instrumentenerfüllung ist zu berücksichtigen, dass aufgrund der vorgeschlagenen Verpflichtung von Stromhändlern diese Institutionen dafür ausgerüstet sein müssen, in einem kurzen Zeitraum[87] eine Anzahl von etwa 1000 Verpflichteten zu bearbeiten. Dabei kann es notwendig sein, auch die vollständige oder teilweise Delegation der Verpflichtungen an spezialisierte Dienstleistungsunternehmen zu prüfen. Die Schaffung der dafür erforderlichen Kontrollkapazitäten kann einen größeren Zeitraum erfordern.

Die Wirkverzögerung des Instruments hängt überwiegend von der Ausgestaltung ab. Beim vorliegenden Vorschlag mit einem langfristigen 10-Jahres Ziel und einer jährlichen Feinsteuerung

[87] Bei der vorgeschlagenen Steuerung über jährliche Quoten beträgt das Kontrollintervall ein Jahr.

kann bereits ein Jahr nach der Implementierung die Wirkung einsetzen. Allerdings sind in diesem Rahmen auch eventuelle Übergangsfristen zu berücksichtigen.

Bezüglich der Nutzung regenerativer Energieträger ist festzustellen, dass durch die untersuchte Quotenregelung die Nutzung regenerativer Energieträger im Rahmen der vorgegebenen Ziele verstärkt werden kann. Es ist allerdings zu beachten, dass aufgrund der vorgesehenen Sonderregelungen der Einsatz der Optionen Offshore-Windkraft und Biomassezufeuerung eingeschränkt werden kann. Hierdurch wird zwar der gesamte Anteil regenerativer Energieträger an der Stromerzeugung nicht beeinflusst, aber es ergibt sich ein Einfluss auf die Anteile einzelner erneuerbarer Stromerzeugungsoptionen an der Stromerzeugung.

4.5.1.2 Effizienz

Im Rahmen der hier vorgeschlagenen Quotenregelung, die keine technologie- oder energieträgerspezifischen Einzelquoten vorsieht, herrscht ein dauerhafter Wettbewerb zwischen den verschiedenen regenerativen Stromerzeugungstechnologien. Dies gewährleistet eine hohe statische Effizienz des Förderinstruments. Allerdings sind in diesem Zusammenhang auch die Sonderregelungen für Offshore-Windkraft und Biomassezufeuerungsanlagen zu berücksichtigen. Diese Optionen zeichnen sich im Vergleich zu den übrigen Technologien durch geringe Stromgestehungskosten aus. Ein teilweiser Ausschluss dieser Alternativen aus der Förderung, z. B. um negative Auswirkungen auf die Entwicklung der Emissionen zu vermeiden, kann die statische Effizienz beeinträchtigen, weil dann zur Zielerreichung teurere Technologien eingesetzt werden müssen.

Aufgrund des Wettbewerbs bestehen auch im Bereich der technologischen Weiterentwicklung Anreize zur Kostensenkung. Damit kann die dynamische Effizienz als grundsätzlich gewährleistet angesehen werden. Es ist aber auch in diesem Zusammenhang zu berücksichtigen, dass durch die vorgesehenen Sonderregelungen für Offshore-Windkraft sowie Biomassezufeuerung die technologische Entwicklung in diesen Bereichen behindert werden kann. Dies kann dazu führen, dass vorhandene Kostensenkungspotenziale nicht oder erst zu einem späteren Zeitpunkt realisiert werden (können).

Vor dem Hintergrund der Kriterien der statischen und dynamischen Effizienz ist auch die Übergangsregelung zum Schutz von Kleinanlagen zu bewerten. Die Bevorzugung der üblicherweise investitionsintensiven Kleinanlagen kann dazu führen, dass die mit größeren Anlagen beziehungsweise Großprojekten verbundenen kostenrelevanten Größendegressionseffekte nicht in vollem Umfang genutzt werden können. Weiterhin kann sich aus dem Kleinanlagenschutz zumindest während der Geltungsdauer der Übergangsregelung auch eine langsamere Entwicklung bei nicht-geschützten Technologien ergeben. Damit wirkt sich die Übergangsregelung negativ auf beide Effizienzkriterien aus.

Ein weiteres Kriterium zur Bewertung der Effizienz eines Förderinstruments sind die Transaktionskosten. Im öffentlichen Sektor entstehen diese vor allem durch die erforderliche Überwachung der Zertifikatsbewegungen auf den Konten der einzelnen Verpflichteten sowie durch die notwendigen Kontrollen zur Einhaltung der vorgegebenen Verpflichtungen. Der private Sektor wird durch Transaktionskosten belastet, die sich aus den Käufen und Verkäufen der Zertifikate sowie aus einer eventuellen Delegation der Verpflichtung an ein Dienstleistungsunternehmen ergeben. Es ist hier allerdings zu erwarten, dass mit zunehmender Dauer der Instrumentenanwendung diese Kosten aufgrund eines verbesserten Marktüberblicks der Akteure abnehmen werden.

Als Fazit lässt sich festhalten, dass die vorgeschlagene Quotenregelung die statische wie auch dynamische Effizienz grundsätzlich gewährleistet. Es ist allerdings zu berücksichtigen, dass durch die vorgesehenen Sonder- und Übergangsregelungen die Erfüllung der Effizienzkriterien beeinträchtigt wird. Transaktionskosten fallen vor allem im Bereich der Kontrollinstanz sowie durch den Zertifikatehandel an.

4.5.1.3 Systemkonformität

Die untersuchte Quotenregelung gewährleistet grundsätzlich den Wettbewerb innerhalb des durch das Instrument neu geschaffenen Marktes für Grünen Strom beziehungsweise Zertifikate. Allerdings führen die vorgesehenen Sonderregelungen zu einer teilweisen Beschränkung des Marktzutritts für Betreiber von Offshore- und Biomassezufeuerungsanlagen. Darüber hinaus kann die Wettbewerbsneutralität auch durch die Übergangsregelung zum Schutz von Kleinanlagen negativ beeinflusst werden. Dies ist dann der Fall, wenn die Bevorzugung der Kleinanlagen dazu führt, dass die Instrumentenziele durch Kleinanlagen weitgehend erreicht werden und deshalb günstigere Großanlagen beziehungsweise Großprojekte nicht oder nur eingeschränkt realisiert werden können.

Die notwendige internationale Wettbewerbsneutralität ist durch die vorgesehene Importmöglichkeit grundsätzlich gewährleistet. Allerdings wird sie durch die Bedingung, dass bei fehlender Harmonisierung der Förderansätze nur die Kombination von regenerativem Strom und Zertifikat importiert werden kann, eingeschränkt. Vor dem Hintergrund, dass diese Regelung nur bis zu einer internationalen Angleichung der Bilanzierungsgrundlagen für Zertifikate besteht, kommt diesem Aspekt unter einem langfristigen Gesichtspunkt nur eine untergeordnete Bedeutung zu.

Somit kann das vorgeschlagene Quotenmodell grundsätzlich als marktkonform eingestuft werden. Es ist allerdings zu berücksichtigen, dass die Marktkonformität durch die vorgesehenen Sonder- und Übergangsregelungen eingeschränkt wird. Daher ist zu empfehlen, die Notwendigkeit dieser Regelungen periodisch zu überprüfen und sie sobald als möglich außer Kraft zu setzen.

4.5.1.4 Implementierungsanforderungen

Die Implementierung und Aufrechterhaltung der vorgeschlagenen Quotenregelung erfordert in regelmäßigen Zeitabständen die Überprüfung sowie die neue Festlegung der Instrumentenziele in Form einer Quote oder Mengenvorgabe für Grünen Strom. Dabei sind neben der Nachfrageentwicklung auch die Verfügbarkeit der Potenziale regenerativer Energieträger, die zukünftige Entwicklung der Technologien sowie die Preise für Energieträger abzuschätzen. Weiterhin erfordert diese Planungsaufgabe auch die Identifikation möglicher Interdependenzen zwischen verschiedenen Optionen der regenerativen Stromerzeugung[88] sowie von Rückwirkungen der Förderung auf den Bereich der fossilen Strom- und Wärmeerzeugung[89]. Der Umstand, dass es verschiedene Interdependenzen zwischen den genannten Einflussfaktoren geben kann, macht eine integrierte Berücksichtigung aller Faktoren im Rahmen der notwendigen Planungen erforderlich. Die daraus resultierende komplexe strategische Planungsaufgabe kann nur mit Hilfe leistungsfähiger Computermodelle gelöst werden[90]. Aufgrund des Umstandes, dass die sehr aufwendigen Planungen in regelmäßigen Zeitabständen zur Fortschreibung der Instrumentenzielsetzung wiederholt werden müssen, ist auch unter Gesichtspunkten der Planungskontinuität die Einsetzung einer eigenständigen Planungsinstanz in Betracht zu ziehen.

Um die Zielerreichung zu gewährleisten, muss ein funktionierender Sanktionsmechanismus implementiert werden. Eine wesentliche Anforderung an diesen Mechanismus ist die Notwendigkeit, dass die Sanktionen deutlich über dem Zertifikatspreis liegen und damit die Erfüllung der Vorgaben für alle Verpflichteten attraktiv wird. Der vorgesehene Wert von 150 % des Zertifikatspreises erfüllt diese Forderung. Darüber hinaus wird auch in anderen Vorschlägen für ein Quotenmodell eine ähnliche Höhe für die Pönale genannt[91].

---

[88] Dies ist vor allem vor dem Hintergrund möglicher Konkurrenzbeziehungen zwischen Offshore-Windkraftanlagen und anderen geförderten Technologien relevant.

[89] Z. B. aufgrund der möglichen negativen Auswirkungen einer Förderung der Biomassezufeuerung auf die Entwicklung der Emissionen (siehe auch Kapitel 4.4.3.4 und dort angegebene Quellen).

[90] Wie z. B. dem PERSEUS-REG^2 Modell [Rentz et al. 2001b].

[91] Siehe z. B. [Klann 2000].

Die zur Kontrolle der Verpflichteten sowie zur Registrierung der Zertifikate und des Zertifikatehandels erforderliche Kontrollinstanz kann entweder in Form einer eigenständigen Institution oder durch die Angliederung an eine bestehende Institution geschaffen werden. Eine weitere Regulierung ist nur im Zusammenhang mit den Sonder- und Übergangsregelungen erforderlich. Da diese Aspekte aber im Rahmen der regelmäßig stattfindenden Fortschreibung der Instrumentenzielsetzung berücksichtigt werden können, ist hierfür keine zusätzliche Regulierungsinstanz einzusetzen. Als weitere Einrichtung ist ein Handelsplatz für die Abwicklung des Zertifikatehandels notwendig.

Die Fördermaßnahme sieht weder regionale noch sektorale Spezifikationsmöglichkeiten vor. Unter den Gesichtspunkten der größtmöglichen Wettbewerbsfreiheit, einer Gleichbehandlung aller Verpflichteten sowie einer möglichst weitgehenden Zielerreichung erscheint die Implementierung von regionalen oder sektoralen Sonderregelungen im Sinne von Ausnahmeregelungen nicht sinnvoll. Vor diesem Hintergrund ist das Fehlen entsprechender Spezifikationsmöglichkeiten nicht grundsätzlich negativ zu bewerten.

Durch die regelmäßige Fortschreibung der Instrumentenziele im Rahmen der Definition der Langfrist-Ziele sowie durch die vorgesehenen Sonderregelungen enthält die Fördermaßnahme verschiedene Möglichkeiten zur dynamischen Anpassung an die Entwicklung der Rahmenbedingungen. Weiterhin besteht die Möglichkeit der Kombination mit anderen Förderinstrumenten wie z. B. Grünen Angeboten. Dabei muss allerdings darauf geachtet werden, dass eine Doppelförderung vermieden wird.

Aufgrund der umfangreichen Planungs- und Informationsanforderungen sowie den notwendigen Institutionen sind die administrativen Anforderungen des Quotenmodells als hoch einzustufen. Aufgrund der Notwendigkeit eine Planungs- und eine Kontrollinstanz sowie einen Handelsplatz zu implementieren sind mit dieser Maßnahme auch beträchtliche institutionelle sowie regulatorische Anforderungen verbunden. Die Flexibilität kann trotz fehlender regionaler und sektoraler Spezifikationsmöglichkeiten als gut bewertet werden.

4.5.2 Erneuerbare-Energien-Gesetz (EEG)

4.5.2.1 Zielerreichung

Der zu erwartende Umfang der Förderung regenerativer Energieträger durch das EEG ist im Allgemeinen nicht genau vorhersehbar. Die Ursache hierfür liegt darin, dass die Förderanreize von der Differenz zwischen den Förderbeträgen und den tatsächlichen Erzeugungskosten abhängen.

Bei zu gering angesetzten Förderbeträgen bleibt die Förderwirkung hinter den Erwartungen zurück, andernfalls erfolgt eine Übererfüllung der Instrumentenziele. In diesem Zusammenhang ist der Umstand, dass im Rahmen des EEG die Vergütungssätze und deren Entwicklung für einen Zeitraum von mehreren Jahren fest vorgegeben sind, von besonderer Bedeutung. Für den Fall, dass innerhalb dieser Zeitperiode die technologische Entwicklung und damit die Entwicklung der Stromerzeugungskosten der geförderten Alternativen schneller oder langsamer voranschreitet als erwartet, können sich deutliche Abweichungen vom geplanten Zielerreichungsgrad ergeben. Dies bedeutet auch, dass die Zielerreichung des EEG in der vorliegenden Form vom exogenen Faktor der technologischen Entwicklung stark beeinflusst wird und daher im Voraus eine Aussage über den genauen Grad der Zielerreichung nur sehr schwer möglich ist.

Zur praktischen Umsetzung des EEG bedarf es nur der Verabschiedung eines entsprechenden Gesetzes, so dass die Implementierungsdauer im Wesentlichen vom parlamentarischen Entscheidungsprozess abhängt. Weiterhin kann festgestellt werden, dass die Förderregelung sofort in vollem Umfang ohne zeitliche Verzögerung greift.

Allgemein wird durch die Förderregelung des EEG die Nutzung regenerativer Energieträger verstärkt. Erste Erfahrungen zeigen, dass dies vor allem für den Bereich der Windkraft[92] und im Zusammenhang mit dem 100.000-Dächer-Programm auch für Photovoltaik gilt. Dahingegen kann sich die vorgesehene Einschränkung der Förderung auf Kleinanlagen im Bereich Biomasse, Biogas, Wasserkraft und Solarstrahlung restriktiv auf die Nutzung dieser regenerativen Energieträger auswirken, weil Großanlagen, die aufgrund von Größendegressionseffekten zum Teil erhebliche Kostensenkungspotenziale bieten können, ausgeschlossen werden. Durch eine weitere Öffnung des Instruments besteht hier die Möglichkeit die Nutzung regenerativer Energieträger noch weiter voranzutreiben.

Als Fazit kann festgehalten werden, dass eine Abschätzung des Zielerreichungsgrades des EEG sehr schwierig ist, weil dieser sehr stark vom Zusammenspiel zwischen Förderbeträgen und technischer Entwicklung der geförderten Optionen beeinflusst wird. Aufgrund der problemlosen Implementierung und der fehlenden Wirkungsverzögerung dieser Maßnahme tritt der Fördereffekt sofort ein.

4.5.2.2 Effizienz

Grundlegendes Problem von Garantiepreisregelungen ist der Umstand, dass die Höhe der Förderbeträge fest vorgegeben ist. Für den Fall, dass diese Beträge zu hoch angesetzt werden, ist

[92] Siehe z. B. den deutlichen Ausbau der Windkraft seit der Verabschiedung des EEG [BWE 2000a].

aufgrund einer Überförderung die Maßnahme nicht statisch effizient. Gleiches gilt für den Fall, dass für Optionen, die vergleichsweise hohe Stromgestehungskosten aufweisen, ein kostendeckender Förderbetrag garantiert wird, während günstigere Alternativen eine zu geringe Förderung erhalten und daher für diese kaum Förderanreize bestehen.

Im Fall des hier zu untersuchenden EEG führt die Integration von Deponie- und Klärgas zu einer mangelnden statischen Effizienz, weil diese Optionen unter den aktuellen Rahmenbedingungen auch ohne Unterstützung konkurrenzfähig sind [Rentz et al. 2001b, S. 234]. Im Fall von Deponiegas kommt noch hinzu, dass durch die TA Siedlungsabfall bereits eine weitgehende Nutzung vorgeschrieben ist und daher durch die zusätzliche EEG-Förderung keine weiteren Potenziale mehr erschlossen werden können. Vor dem Hintergrund der statischen Effizienz sind auch die hohen Förderbeträge für Photovoltaikanlagen zu bewerten. In Kombination mit dem 100.000-Dächer-Programm ergibt sich für diese Option eine sehr starke Förderwirkung, wobei das gleiche Förderziel bezüglich der Nutzung regenerativer Energieträger in der Stromproduktion durch die Nutzung alternativer Technologien wie z. B. Windkraftanlagen wesentlich günstiger erreicht werden könnte[93]. In [Schulz et al. 2000] wird unter Effizienzgesichtspunkten vor allem die Höhe der Förderbeträge des EEG für Windkraft, Photovoltaik und Kleinwasserkraft kritisiert.

Auch im Hinblick auf die Kostensenkungspotenziale der zukünftigen technologischen Weiterentwicklung besteht die Gefahr, dass durch die Festschreibung der Förderbeträge im EEG für mehrere Jahre die statische Effizienz nicht in vollem Umfang gewährleistet werden kann. Für den Fall, dass die Fortschritte bei den geförderten Technologien und Energieträgern deutlich größer sind, als im Rahmen der Fördemaßnahme angenommen, so können sich in den kommenden Jahren deutliche Effizienznachteile ergeben. Der Umfang dieser Auswirkungen ist allerdings noch offen. Aufgrund der dargestellten Zusammenhänge kann festgehalten werden, dass das EEG gegenwärtig wie auch zukünftig Schwächen bezüglich des Kriteriums der statischen Effizienz aufweist.

Die festen Förderbeträge des EEG können für den Fall, dass diese Beträge einen kostendeckenden Anlagenbetrieb gewährleisten, dazu führen, dass die technologische Weiterentwicklung verlangsamt wird, weil die notwendigen finanziellen Anreize zur Technologieverbesserung geringer werden beziehungsweise vollständig fehlen. Weiterhin führt der Umstand, dass durch die Abnahmegarantie kein Wettbewerb zwischen den verschiedenen Technologien besteht, ebenfalls dazu, dass nur geringe oder gar keine Anreize zur Kostensenkung bei einzelnen Optionen bestehen. Diese Situation kann zu einer mangelnden dynamischen Effizienz dieser Maßnahme beitragen. Zur Vermeidung ist für die Optionen Windkraft, Biomasse und Photovoltaik eine Degression der Vergütungssätze in Abhängigkeit des Installationsjahres vorgesehen. Damit wird die Problematik jedoch nur teilweise vermieden, weil einerseits für verschiedene Optionen diese

[93] Siehe dazu auch [RSU 2000, S. 566, Abs. 1442].

degressive Entwicklung nicht vorgesehen ist und andererseits im Falle einer zu geringen Degression die erwünschte Wirkung ausbleibt.

Im Bereich des öffentlichen Sektors entstehen durch das EEG zusätzliche Kosten durch die Einrichtung einer Clearing-Stelle für strittige Netzkosten beim Bundesministerium für Wirtschaft und Technologie. Diese Instanz kann vor allem dann an Bedeutung gewinnen, wenn Netzbetreiber in größerem Umfang den Anschluss von regenerativen Stromerzeugungsanlagen mit den in §3 des EEG genannten Argumenten der wirtschaftlichen Zumutbarkeit und der Netzeignung be- oder verhindern. Der mit diesem Verhalten verbundene erhöhte Vermittlungsbedarf seitens der dafür zuständigen Clearing-Stelle kann - wenn auch nur in geringem Umfang - zu zusätzlichen Transaktionskosten für den öffentlichen Sektor führen.

Im privaten Sektor führt das EEG bei den Versorgungsunternehmen zu Transaktionskosten für die Umsetzung der bundesweiten Ausgleichsregelung und dem damit verbundenen zusätzlichen Mess- und Bilanzierungsaufwand. Weiterhin sind bei den EVU die Kosten für den eventuell erforderlichen zusätzlichen Netzausbau sowie bei den Anlagenbetreibern für den Anlagenanschluss als Transaktionskosten zu berücksichtigen.

Als Fazit kann festgehalten werden, dass das EEG bezüglich der Kriterien der statischen wie auch der dynamischen Effizienz Schwächen aufweist. Weiterhin sind mit der Maßnahme für den öffentlichen Sektor durch die Clearing-Stelle und für den privaten Sektor durch die zusätzlichen Infrastrukturinvestitionen Transaktionskosten verbunden.

4.5.2.3 Systemkonformität

Aufgrund der garantierten Preise sowie der Abnahmegarantie für Elektrizität aus regenerativen Stromerzeugungsanlagen besteht in dem durch das EEG abgedeckten Marktsegment für regenerativen Strom kein Wettbewerb. Dies widerspricht den Grundsätzen der in der Bundesrepublik Deutschland sehr weitgehenden Marktliberalisierung. Auf internationaler Ebene stellt sich die Situation so dar, dass durch die Förderung des EEG der Absatz von in Deutschland erzeugtem Grünem Strom unterstützt wird, während importierter Grüner Strom nicht gefördert wird. Dies kann als mengenmäßige Einfuhrbeschränkung interpretiert werden [Curia 2000]. Aufgrund dieser Zusammenhänge ist das EEG auch im internationalen Rahmen als nicht wettbewerbsneutral einzustufen. Somit kann abschließend festgestellt werden, dass das EEG eine mangelnde Marktkonformität aufweist.

4.5.2.4 Implementierungsanforderungen

Im Rahmen der Garantiepreisregelung besteht aus Gründen der Effizienz die Notwendigkeit, die Preisvorgaben an die aktuelle und zukünftige Entwicklung der Stromgestehungskosten der geförderten Umwandlungstechnologien anzupassen. Im EEG ist in diesem Rahmen eine regelmäßige Anpassung im Zuge eines zweijährigen Erfahrungsberichts vorgesehen. Damit ist die dynamische Flexibilität der Maßnahme gewährleistet. Dieser Prüfungs- und Anpassungsmechanismus führt allerdings zu einem sehr umfangreichen Informations- und Planungsbedarf bezüglich der zu erwartenden Entwicklung der geförderten regenerativen Stromerzeugungstechnologien. Da die in diesem Rahmen erforderlichen Abschätzungen zahlreiche Einflussfaktoren berücksichtigen müssen, kann die daraus resultierende Planungsaufgabe als sehr komplex eingestuft werden. Dies bedeutet, dass die betroffenen Institutionen in regelmäßigen Zeitabständen sich wiederholende, umfangreiche Informations- und Planungsaufgaben bewältigen müssen. Zur Bewältigung dieser Anforderungen kann die Bereitstellung zusätzlicher personeller wie auch finanzieller Ressourcen erforderlich sein.

Das EEG zeichnet sich aufgrund der Preisvorgaben und der Abnahmegarantie durch einen hohen Regulierungsgrad aus. Zur Einhaltung der Vorgaben ist die Implementierung zusätzlicher Sanktionsmechanismen nicht erforderlich. Eventuelle Verletzungen der Instrumentenvorgaben werden über allgemein übliche juristische Verfahren geahndet. Aufgrund des Umstandes, dass solche Verfahren sehr langwierig sein können, kann dadurch der Grad der Umsetzung der Maßnahme beeinträchtigt werden [Köpke 2000]. Weiterhin ist für den speziellen Fall strittiger Kosten für die Errichtung von Netzanschlüssen in Form der Clearing-Stelle eine besondere Regulierungsinstanz vorgesehen.

Eine sektorale oder regionale Spezifikation der Maßnahme mit dem Ziel, bestehende Belastungsunterschiede durch das EEG auszugleichen, ist nicht erforderlich. Mit der vorgesehenen bundesweiten Ausgleichsregelung existieren ausreichende Möglichkeiten für einen gerechten Belastungsausgleich. Daher sind die fehlenden Spezifikationsmöglichkeiten nicht negativ zu bewerten.

Bezüglich der Kombination des EEG mit anderen Förderansätzen ist zu berücksichtigen, inwieweit dadurch eine Doppelförderung zustande kommt. Um überhöhte Gewinne für Anlagenbetreiber zu vermeiden, sollte eine entsprechende Konstellation verschiedener Fördermaßnahmen vermieden werden. Es ist allerdings denkbar, zur Ergänzung des EEG weitere Maßnahmen zu implementieren. Ziel sollte dabei die Unterstützung solcher Optionen sein, die durch das EEG nicht gefördert werden wie z. B. Großanlagen[94].

Abschließend kann festgehalten werden, dass das EEG hohe Planungs- und Informationsanforderungen stellt. Zur Regulierung sind mit Ausnahme einer Clearing-Stelle keine zusätzlichen Institutionen erforderlich. Die mangelnden regionalen und sektoralen Spezifikationsmöglichkeiten sind nicht negativ zu bewerten.

4.5.3 Grüne Angebote[95]

4.5.3.1 Zielerreichung

Der Umfang einer Förderung regenerativer Energieträger durch Grüne Angebote hängt entscheidend von der Kundennachfrage nach solchen Angeboten ab. Setzt man Grüne Angebote ein, um mittelfristig eine Steigerung in der Nutzung regenerativer Energieträger zu erreichen, so ist der Grad der Zielerreichung aufgrund der unbekannten Nachfragehöhe zunächst ungewiss und kaum prognostizierbar. Die Nachfrage nach Grünen Angeboten selbst kann wiederum von zahlreichen Faktoren abhängen, wie z. B. dem zur Verfügung stehenden Einkommen der Haushalte, der aktuellen Bedeutung von Umweltthemen in der gesellschaftlichen Diskussion oder der Glaubwürdigkeit der Anbieter. Hinsichtlich der Bedeutung und Gewichtung der einzelnen Faktoren lassen sich jedoch auf der existierenden Datengrundlage keine allgemein gültigen Aussagen treffen. Ein Vergleich der Absatzmengen beziehungsweise der Teilnehmerzahlen existierender Grüner Angebote von deutschen Versorgungsunternehmen mit dem auf Grundlage von Potenzialstudien erwarteten Marktanteil lässt deutlich werden, dass der aktuell erreichte Grad der Zielerreichung deutlich hinter den Erwartungen zurück bleibt[96].

Der zur Implementierung eines Grünen Angebots notwendige zeitliche Vorlauf hängt im Wesentlichen vom einzelnen EVU und dessen internen Rahmenbedingungen ab. Grundsätzlich kann ein solches Angebot sehr schnell auf den Markt gebracht werden, da keine weitergehenden unternehmensexogenen Anforderungen, wie z. B. Genehmigungspflichten, bestehen. Für den Fall, dass im Rahmen des Angebots Strom aus Neuanlagen oder zu sanierenden Anlagen angeboten werden soll, ist bei der Implementierungsdauer zusätzlich noch die Dauer für Planung, Geneh-

[94] Siehe in diesem Kontext auch den in [Rentz et al. 2001b] entwickelten Vorschlag einer einzelfallabhängigen Förderung von Großwasserkraftanlagen.

[95] Zur genauen Definition vgl. Kapitel 5.

migung und Errichtung der Kraftwerksanlage zu berücksichtigen. Dies kann in Abhängigkeit von Anlagentyp und –größe auch längere Zeiträume in Anspruch nehmen (z. B. bei Wasserkraftanlagen).

Aus theoretischer Sicht gibt es beim Förderinstrument Grüne Angebote keine Wirkverzögerung, da sofort nach Angebotsbeginn durch den Kauf/Verkauf von grünem Strom eine entsprechende Förderwirkung einsetzen kann. Hierbei ist allerdings zu berücksichtigen, dass das zu Stande kommen einer Förderwirkung davon abhängt, wie sich die Nachfrage entwickelt. Es besteht also durchaus bei einer sehr geringen oder trägen Nachfrageentwicklung die Gefahr, dass eine größere Wirkverzögerung eintreten kann.

Als Fazit kann festgehalten werden, dass bei Grünen Angeboten die Zielerreichung sehr stark von der als exogene Größe zu betrachtenden Nachfrage nach grünem Strom abhängt. Dies macht es kaum möglich, die Erreichung von Förderzielen durch Grüne Angebote im Voraus valide abzuschätzen. Auf Grundlage der bisherigen Erfahrungen ist allerdings eher mit einem geringen Grad der Zielerreichung zu rechnen.

4.5.3.2 Effizienz

Bei Grünen Angebote kann zunächst davon ausgegangen werden, dass keiner der Anbieter von sich aus in - im Sinne der statischen Effizienz - ineffiziente Projekte investieren wird. Allerdings ist zu berücksichtigen, dass über die Akzeptanz eines Angebotes der Kunde entscheidet. Dessen Nachfragepräferenzen bestimmen somit letztlich auch, welche Technologiezusammensetzung bei Grünen Angeboten sich am Markt durchsetzen wird, wobei verschiedene Präferenzen denkbar sind, die nicht unbedingt zu den kosteneffizientesten Projekten führen. So kann der Wunsch danach, als Kunde selbst sehen zu können, wie der eigene finanzielle Beitrag „der Umwelt zugute kommt", leicht zu suboptimalen Standorten führen, wenn z.B. Kunden in ihrer Mehrheit die räumliche Nähe einer Windkraftanlage zu ihrem Wohnort höher gewichten würden als die Qualität der dortigen Windverhältnisse. Gerade wenn Grüne Angebote von den anbietenden Unternehmen auch zur Kundenbindung und Imagepflege eingesetzt werden, können solche Zusammenhänge die statische Effizienz beeinflussen. Ob überhaupt bzw. in welchem Umfang solche Überlegungen tatsächlich die Kundenpräferenzen beeinflussen, ist gegenwärtig noch nicht ausreichend geklärt.

Anhand einer Analyse der aktuell im Rahmen von Grünen Angebote eingesetzten regenerativen Stromerzeugungstechnologien wird deutlich, dass Photovoltaikanlagen sehr häufig in das Anla-

[96] Siehe z. B. [Dreher et al. 1999] oder [Dreher et el. 2000] und die dort angegebenen Quellen .

genportfolio integriert werden. Aus dem verbreiteten Einsatz dieser mit vergleichsweise hohen Stromgestehungskosten verbundenen Technologie kann abgeleitet werden, dass existierende Grüne Angebote bezüglich der statischen Effizienz häufig nicht optimal ausgestaltet sind. Allerdings ist zu berücksichtigen, dass unter dem Aspekt der dynamischen Effizienz genau diese häufige Photovoltaiknutzung dazu beitragen kann, dass der technologische Fortschritt in diesem Bereich forciert wird. Damit weisen diese Angebote bezüglich der dynamischen Effizienz vorteilhafte Eigenschaften auf. Aber auch beim Kriterium der dynamischen Effizienz ist anzumerken, dass die Nutzung besonders fortschrittlicher Technologien und damit die Förderung technischer Weiterentwicklungen ebenfalls sehr stark von den Kundenpräferenzen gesteuert wird.

Die Frage der Effizienz eines Förderinstruments wird ferner durch den Umfang der damit verbundenen Transaktionskosten geprägt. Ein in diesem Zusammenhang relevantes Merkmal freiwilliger Instrumente und damit auch Grüner Angebote ist, dass alle mit einer Einführung dieser Maßnahmen verbundenen Transaktionskosten von den Unternehmen, bzw. eventuell auch von deren Kunden getragen werden. Der Staat wird hier in keiner Weise direkt belastet. Die Transaktionskosten der Unternehmen ergeben sich in erster Linie aus den für eine Vermarktung notwendigen Marketingmaßnahmen und den Projektierungsaufwendungen in der Entwicklungsphase.

Zusammenfassend kann festgehalten werden, dass bei Grünen Angeboten auch bezüglich der Effizienzkriterien die Kundepräferenzen die maßgebliche Stellgröße sind. Durch die zahlreiche Integration von Photovoltaikanlagen in bestehende Grüne Angebote ergeben sich tendenziell negative Auswirkungen auf die statische Effizienz, während die dynamische Effizienz davon eher positiv berührt wird.

4.5.3.3 Systemkonformität

Freiwillige Förderinstrumente, bzw. die Unternehmen als deren Initiatoren, sind in der Regel nicht in der Lage, den bestehenden Ordnungsrahmen zu beeinflussen. Daher kann davon ausgegangen werden, dass durch Grüne Angebote weder im nationalen noch im internationalen Rahmen die Wettbewerbsneutralität nennenswert berührt wird. Da der Erfolg der Angebote zudem stark von unternehmensspezifischen Faktoren wie der Glaubwürdigkeit und dem Image der Unternehmen sowie der Transparenz der Angebote abhängt, sind auch aufgrund der regional unterschiedlichen Verfügbarkeit erneuerbarer Ressourcen keine Wettbewerbsverzerrungen zu erwarten, zumal jedem Unternehmen die Möglichkeit offen steht, grünen Strom extern zu beziehen und anschließend selbst zu vermarkten.

Lediglich für den Fall, dass Anlagen, welche durch andere Fördermaßnahmen wie z. B. das EEG unterstützt werden, auch im Rahmen von Grünen Angeboten vermarktet werden, kann sich eine Wettbewerbsverzerrung im Vergleich zu Angeboten, welche nicht auf diese zusätzliche Förderung zurückgreifen können, ergeben. Hierbei wird die Wettbewerbsneutralität allerdings nicht durch die Grünen Angebote sondern durch die weitere Fördermaßnahme negativ beeinflusst, so dass dieser Aspekt bei der Bewertung Grüner Angebote nicht zu berücksichtigen ist.

4.5.3.4 Implementierungsanforderungen

Während die Implementierung ökonomischer Instrumente zum Teil hohe Anforderungen an die zuständigen staatlichen Stellen richten kann[97], ist die Umsetzung freiwilliger Instrumente und damit auch Grüner Angebote aus Sicht des Staates in der Regel unproblematisch. Die politische Implementierbarkeit und die administrative Praktikabilität sind hier nicht relevant, da weder politische Entscheidungsträger noch sonstige staatliche Einrichtungen in die Prozesse involviert sind. Übergangsregelungen sind ebenfalls nicht erforderlich, weil keine anderen Akteure am Markt durch die Einführung Grüner Angebote benachteiligt werden. Da die Instrumente keinen Zwangscharakter besitzen, ist auch kein Regulierungsbedarf gegeben.

Vor dem Hintergrund, dass bei Grünen Angeboten bisher keine einheitlichen Qualitätsstandards beziehungsweise Mindestanforderungen an die Förderwirkung definiert sind und dass daraus Probleme bezüglich Förderwirkung und Akzeptanz entstehen können (siehe Kapitel 5), könnte durch die Implementierung eines verbindlichen und einheitlichen Zertifizierungsansatzes durch den Staat bzw. anerkannte Industrie- oder Interessensverbände die Verbreitung und Akzeptanz Grüner Angebote unterstützt werden. Mit der Schaffung eines derartigen verbindlichen Rahmens für Grüne Angebote wären allerdings auch administrative Anforderungen, wie z. B. die Einrichtung einer Überwachungsinstanz, verbunden.

Da die Initiative für Grüne Angebote von den Unternehmen selbst ausgeht und es noch keine verbindlichen Vorgaben oder Mindestanforderungen für die Ausgestaltung gibt, können Grüne Angebote grundsätzlich sehr flexibel und individuell an die Marktsituation und die Kundenbedürfnisse angepasst werden. Bezüglich der dynamischen Anpassungsmöglichkeiten sind bei Angebotsmodifikationen lediglich die Laufzeiten der abgeschlossenen Verträge zu beachten. Vor dem Hintergrund, dass im Zuge der Liberalisierung auf dem Strommarkt überwiegend kurze

---

[97] Z.B. Verabschiedung oder Änderung von Gesetzen, Schaffung notwendiger Institutionen zur Gestaltung und Überwachung von Marktmechanismen etc.

Vertragslaufzeiten von unter einem Jahr angeboten werden, ist die Möglichkeit einer schnellen und flexiblen Angebotsanpassung weitgehend gewährleistet.

Zur Kombination Grüner Angebote mit anderen, hoheitlichen Förderansätzen bestehen zahlreiche Möglichkeiten (siehe dazu Kapitel 5). Es ist allerdings darauf zu achten, dass durch die Kombination verschiedener Instrumente keine unerwünschten Seiteneffekte wie z. B. Doppelförderungen oder gegenseitige Konkurrenz geförderter Optionen entstehen.

Damit kann als Fazit aus der Bewertung der Implementierungsanforderungen Grüner Angebote festgehalten werden, dass sich dieses Instrument vor allem dadurch auszeichnet, dass weder nennenswerte administrative Anforderungen noch Regulierungsanforderungen bestehen. Allerdings könnte die Implementierung einer Kontrollinstanz zur Gewährleistung eines Mindeststandards Grüner Angebote zur Akzeptanzverbesserung beitragen. Weiterhin zeichnet sich dieser Förderansatz durch seine hohe Flexibilität und die verschiedenen Kombinationsmöglichkeiten mit anderen Ansätzen aus.

4.6 Zusammenfassung

Vor dem Hintergrund zahlreicher Umweltprobleme, wie z. B. Klimaveränderung oder Ressourcenschonung, hat sich das Leitmotiv einer Nachhaltigen Entwicklung gesellschaftlich weitgehend durchgesetzt. Zur Umsetzung der mit den Zielsetzungen der Nachhaltigkeit verbundenen Entwicklungsziele werden zahlreiche Strategien und Maßnahmen diskutiert und umgesetzt. Aufgrund des großen Betrags des Energiekonsums zu den heutigen Umweltproblemen bezieht sich eine in der gesellschaftlichen wie auch politischen Diskussion besonders bedeutende Nachhaltigkeitsstrategie auf die verstärkte Nutzung und damit auf die Förderung regenerativer Energieträger in der Stromerzeugung. Allerdings wird diese Strategie sowie die damit verbundenen Fördermaßnahmen für regenerative Energieträger häufig nur unter dem Aspekt des Umweltschutzes bewertet, während den übrigen Kriterien des Nachhaltigkeitskonzeptes aus den Bereichen Ökonomie und Soziales kaum Beachtung geschenkt wird.

Im Rahmen dieses Beitrags wird daher eine umfassendere Bewertung der Nachhaltigkeitsstrategie „Förderung regenerativer Energieträger in der Stromerzeugung" anhand eines Kriterienrasters, welches auf dem Drei-Säulen-Konzept der Nachhaltigkeit aufbaut, vorgenommen. In Ergänzung zur Bewertung auf der Strategieebene werden die in Deutschland in diesem Zusammenhang aktuell wichtigsten eingesetzten beziehungsweise diskutierten Fördermaßnahmen für regenerative Energieträger Erneuerbare-Energien-Gesetz (EEG), Quotenregelung und Grüne Angebote in die Analyse einbezogen. Als Bewertungsmethodik werden dabei die in Kapitel 2 und 3 vorgestellten Kriterienraster eingesetzt.

In diesem Rahmen erfolgt in einem ersten Schritt die Bewertung der Kriterien, deren Ausprägung ausschließlich von der gewählten Strategie und nicht von den eingesetzten Fördermaßnahmen abhängig ist. Es handelt sich dabei im Wesentlichen um die Indikatoren der verschiedenen Partialziele einer Nachhaltigen Entwicklung. Im zweiten Schritt werden die übrigen, von den Maßnahmen bestimmten, Kriterien des Bewertungsrasters für das EEG eine Quotenregelung sowie Grüne Angebote untersucht.

Die Bewertung der strategiebestimmten Kriterien führt zu den Ergebnissen,

- dass der **Versorgungsstandard** im Rahmen einer Förderung regenerativer Energieträger in der unterstellten Höhe grundsätzlich nicht negativ beeinflusst wird. Allerdings erfordert die Aufrechterhaltung der bestehenden Versorgungsqualität erhöhte finanzielle Anstrengungen,
- dass der mit einer Nutzung regenerativer Stromerzeugungstechnologien einhergehende erhöhte **Ressourcenbedarf** im Bereich der nicht-energetischen Rohstoffe negativ zu bewerten ist; dem gegenüber steht der Rückgang beim Ressourcenverbrauch von fossilen Brennstoffen,
- dass im Problemfeld **Umweltschutz** positiven Auswirkungen bezüglich des Klimaschutzes je nach eingesetztem regenerativem Energieträger auch negative Folgen in den übrigen Problemfeldern gegenüberstehen können,
- dass unter dem Gesichtspunkt der **gesellschaftlichen und politischen Auswirkungen** eine ausgewogene Beurteilung der Förderung regenerativer Energieträger möglich ist und
- dass die untersuchte Strategie die **Wirtschaftlichkeit** negativ, z. B. durch steigende Strompreise, aber auch positiv, z. B. durch die Schaffung neuer Arbeitsplätze, beeinflussen kann.

Die weitere Untersuchung der Fördermaßnahmen EEG, Quotenregelung und Grüne Angebote lässt deutlich werden, dass im Hinblick auf das Kriterium der Zielerreichung mit einem Quotenmodell die Erfüllung der Instrumentenzielsetzungen sichergestellt ist, während die Förderwirkung des EEG für zukünftige Zeitperioden nur schwer abgeschätzt werden kann, weil die Anpassungsprozesse der einzelnen Akteure nicht genau erfasst werden können. Bei Grünen Angeboten ist aufgrund der großen Bedeutung von Kundenpräferenzen kaum eine Prognose des Zielerreichungsgrades möglich. Bezüglich der wirtschaftlichen Effizienzkriterien ist eine Quotenregelung im Vergleich zum EEG besser zu bewerten. Die Effizienz Grüner Angebote unterliegt wiederum sehr stark den Kundenpräferenzen, so dass auch bezüglich dieses Kriteriums keine allgemeingültige Aussage getroffen werden kann. Aufgrund der fehlenden Wettbewerbsneutralität erfüllt das EEG im Gegensatz zur untersuchten Quotenregelung nur bedingt die Anforderungen an die Systemkonformität. Grüne Angebote können dahingegen als systemkonform eingestuft werden. Vor dem Hintergrund der erforderlichen Kontrollinstanzen sowie der regelmäßig notwendigen Planungsschritte können die Implementierungsanforderungen der hoheitlichen Maßnahmen EEG und Quotenregelung als hoch eingestuft werden. Im Gegensatz dazu zeichnen sich Grüne Angebote durch geringe Implementierungsanforderungen aus. Damit kann als Fazit festgehalten werden, dass eine Quotenregelung bei der Mehrheit der untersuchten Kriterien Vorteile gegenüber dem EEG aufweist. Eine allgemeine Bewertung Grüner Angebote ist kaum möglich, da zahlreiche Kriterien sehr stark von der Nachfrage beziehungsweise den Kundenpräferenzen beeinflusst werden.

4.7 Quellen

[Akkermann 1999] Akkermann, R.: *Hochspannungsfreileitungen und Windenergieanlagen als Flugbarrieren*, in: Bundesverband Windenergie (Hrsg.): Vogleschutz und Windenergie. Osnabrück: Bundesverband Windenergie, 1999, S. 31-42.

[Alsema 1996] Alsema, E. A.: *Environmental Aspects of Solar Cell Modules.* Utrecht: Department of Science, Technology and Society Utrecht University, 1996.

[Altner et al. 1995] Altner, G.; Dürr, H. P.; Michelsen, G.; Nitsch, J.: *Zukünftige Energiepolitik - Vorrang für rationelle Energienutzung und regenerative Energiequellen.* Bonn, 1995.

[BWE 2000a] Bundesverband Windenergie (BWE) (Hrsg): *Zahlen zur Windenergie, laufend aktualisiert*, http://www.wind-energie.de/.

[BWE 2000b] Bundesverband Windenergie (Hrsg.): *Kein Offshore-Park vor 2005*, 2000.

[BWE 2001] Bundesverband Windenergie (Hrsg.): *Windkraftanlagenmarkt 2001.* Hannover, 2001.

[Brumshagen 2000] Brumshagen, H.: *Bedeutung und Aufgaben der Hoch- und Höchstspannungs-Freileitungsnetze.* Elektrizitätswirtschaft, 87, 22, 2000, S. 1083-1087.

[Buchberger 1998] Buchberger, H.: *Stromerzeugung aus Biomasse - Eine umfassende Studie -.* Wien: VEÖ, 1998.

[Curia 2000] Gerichtshof der Europäischen Gemeinschaften (Hrsg): *Pressemitteilung Nr. 79/2000.* 26.10.2000, http://www.curia.eu.int/.

[Dany et al. 2000] Dany, G.; Haubrich, H. J.: *Anforderungen an die Kraftwerksreserve bei hoher Windenergieeinspeisung.* Energiewirtschaftliche Tagesfragen, 50, 12, 2000, S. 890-894.

[Deimling et al. 1999] Deimling, S.; Kaltschmitt, M.: *Biogene Festbrennstoffe - besser als ihr Ruf!* Energiewirtschaftliche Tagesfragen, 49, 10, 1999, S. 686-691.

[Dreher et al. 1999] Dreher, M.; Hoffmann, T.; Wietschel, M.; Rentz, O.: Grüne Angebote in Deutschland im internationalen Vergleich. Zeitschrift für Energiewirtschaft, 3/99, 1999, S.

235-248.

[Dreher et al. 2000] Dreher, M.; Graehl, S.; Wietschel, M.; Rentz, O.: Entwicklungstendenzen bei Grünen Angeboten in Deutschland. Zeitschrift für Energie wirtschaft, 4/00, 2000, S. 191-199.

[Drillisch 1999a] Drillisch, J.: *Quotenregelung für regenerative Stromerzeugung*. München: Oldenbourg-Verlag, 1999.

[Drillisch 1999b] Drillisch, J.: *Quotenregelung für erneuerbare Stromerzeugung*. Zeitschrift für Energiewirtschaft, 4, 1999, S. 251-274.

[Drillisch et al. 2000] Drillisch, J.; Schulz, W.; Starrmann, F.: *Charakterisierung und Bewertung verschiedener Instrumente zur Förderung erneuerbarer Energien und der Kraft-Wärme-Kopplung*, Köln: Energiewirtschaftliche Institut an der Universität Köln, 2000

[Dudleston 2001] Dudleston, A.: *Public Attitudes towards Wind Farms in Scotland.* Edinburgh: Scottish Executive Central Research Unit, 2001.

[EC 1997] European Commission (Hrsg.): *Energy for the Future: Renewable Sources of Energy - White paper for a Community Strategy and Action Plan*, 1997.

[EC 2000] European Commission (Hrsg.): *Vorschlag für eine Richtline des europäischen Parlamentes und des Rates zur Förderung der Stromerzeugung aus erneuerbaren Energiequellen im Elektrizitätsbinnenmarkt*. Brüssel: European Commission, 2000.

[Flaig et al. 1995] Flaig, H.; von Lünenburg, E.; Ortmaier, E.: *Energiegewinnung aus Biomasse - agrarische, technische und wirtschaftliche Aspekte*: Akademie für Technikfolgen-abschätzung Baden-Württemberg, 1995.

[Forum 1998] Forum für Zukunftsenergien (Hrsg.): *Beschäftigungseffekte durch eine verstärkte Nutzung Erneuerbarer Energien*. Bonn: Forum für Zukunftsenergien e.V., 1998.

[Fritsche et al. 1999] Fritsche, U.; Rausch, L.: *Gesamt-Emissions-Modell Integrierter Systeme (GEMIS 3.1)*. Darmstadt: Öko-Institut, 1999.

[Goudarzi et al. 1997] Goudarzi, L.; Roberts , B. F.: *Electric Generating Plant Operating Efficiencyand Mitigation of Stranded Investment Costs*: OnLocation Inc., 1 997, http:// www.econsci.com/euar970 3.html.

[Gruß 2000] Gruß, H.: *Entwicklung von Angebot und Nachfrage auf dem Steinkohlenweltmarkt (1999)*. Zeitschrift für Energiewirtschaft, 24, 1, 2000, S. 1-39.

[Jopp 2000] Jopp, K.: *Die Last mit dem Wind.* Stromthemen, 10, 2000, S. 7.

[Kaatz 1999] Kaatz, J.: *Einfluss von Windenergieanlagen auf das Verhalten der Vögel im Binnenland*, in: Bundesverband Windenergie (Hrsg.): Vogelschutz und Windenergie. Osnabrück: Bundesverband Windenergie, 1999, S. 52-60.

[Kaltschmitt 1999] Kaltschmitt, M.: *Regenerative Energien zur Strom- und Wärmebereitstellung.* Brennstoff Wärme Kraft, 51, 1/2, 1999, S. 55-59.

[Kehrbaum 1998] Kehrbaum, R.: *Entsorgung von Windkraftanlagen - Technische, ökonomische und ökologische Betrachtungen*, in: Kleemann, M.; van Erp, F.; Kehrbaum, R. (Hrsg.): Windenergieanlagen - Nutzung, Akzeptanz und Entsorgung. Jülich: Forschungszentrum Jülich, 1998, S. 39-59.

[Klann 2000] Klann, U.: *Vorschlag zur Ausgastaltung eines Quotenmodells für Strom aus erneuerbaren Energien in Deutschland.* "Quotenverpflichtungen - Modell für die Förderung von Strom aus erneuerbaren Energien", 06.11.2000, Stuttgart, 2000.

[Köpke 2000] Köpke, R.: *Hauptbremser Nr. 1.* Neue Energie, 9, 2000, S. 8-11.

[Krohn 1997] Krohn, S.: *The Energy Balance of Modern Wind Turbines.* Kopenhagen: Vindmolleindustrien, 1997, www.windpower.dk.

[Mohr et al. 1997] Mohr, M.; Unger, H.; Ziegelmann, A.: *Sektorielle Arbeitsmarkteffekte infolge einer Umsetzung von Ausbaustrategien neuer Energiesysteme*, in: VDI-Gesellschaft Energietechnik (Hrsg.): Industriestandort Deutschland - Arbeitsplätze und Energie. Düsseldorf: VDI-Verlag, 1997, S. 53-67.

[NIT 2000] Institut für Tourismus- und Bäderforschung in Nordeuropa GmbH (Hrsg.): *Touristische Effekte von On- und Offshore-Windkraftanlagen in Schleswig-Holstein.* Kiel: Institut für Tourismus- und Bäderforschung in Nordeuropa GmbH, 2000.

[Oechsner et al. 1998] Oechsner, H.; Weckenmann, D.; Buchenau, C.: *Biogasanlagen in Baden-Württemberg.* Landtechnik, 1998, S. 20-21.

[Pfaffenberger 1997] Pfaffenberger, W.: *Beschäftigungseffekte des Ausbaus erneuerbarer Energie.* Elektrizitätswirtschaft, 96, 24, 1997, S. 1400-1404.

[Phylipsen et al. 1995] Phylipsen, G. J. M.; Alsema, E. A.: *Environmental life-cycle assessment of multicrystalline silicon solar cell modules.* Utrecht: Department of Science, Technology and Society Utrecht University, 1995.

[Prognos 2000] Prognos AG (Hrsg.): *Energiereport III.* Stuttgart: Schäffer-Poeschel, 2000.

[Raptis et al. 1997] Raptis, F.; Kaspar, F.; Sachau, J.: *Schäden durch Stromerzeugung mit erneuerbaren Energieträgern*, in: Friedrich, R.; Krewitt, W. (Hrsg.): Umwelt- und Gesundheitsschäden durch die Stromerzeugung. Berlin/Heidelberg: Springer-Verlag, 1997, S. 189-236.

[Rentz et al. 1999] Rentz, O.; Wietschel, M.; Dreher, M.: *Einsatz neuronaler Netze zur Bestimmung preisabhängiger Nutzenergienachfrageprojektionen für Energie-Emissions-Modelle.* Karlsruhe: Institut für Industriebetriebslehre und Industrielle Produktion Universität Karlsruhe, 1999.

[Rentz et al. 2001a] Rentz, O.; Karl, U.; Wolff, F.; Dreher, M.; Wietschel, M.: *Energetische Nutzung von Alt- und Restholz in Baden-Württemberg.* Karlsruhe: DFIU, Universität Karlsruhe, 2001.

[Rentz et al. 2001b] Rentz, O.; Wietschel, M.; Dreher, M.; Bräuer, W.; Kühn, I.: *Neue umweltpolitische Instrumente im liberalisierten Strommarkt.* Karlsruhe/Mannheim: Institut für Industriebetriebslehre und Industrielle Produktion, Universität Karlsruhe/Zentrum für Europäische Wirtschaftforschung, Mannheim, 2001.

[RSU 2000] Der Rat von Sachverständigen für Umweltfragen (Hrsg.): *Umweltgutachten 2000.* Stuttgart: Metzler-Poeschel Verlag, 2000.

[Silver et al. 1996] Silver, S.; Bragm an, M. J.; Tonko, P. D.: *Competition Plus - A Plan to reduce Electricity Costs in New York.* New York, 1996, http://assembly.state.ny.us/Reports/Energy/199603/.

[Schulz et al. 2000] Schulz, E.; Wagner, E.: *Erneuerbare-Energien-Gesetz (EEG) Energiepolitische Bewertung.* Elektrizitätswirtschaft, 99, 15, 2000, S. 8-9.

[VDEW 2000] Verband der Elektrizitätswirtschaft (VDEW e.V.) (Hrsg.): *Leistung und Arbeit 1998.* Frankfurt/Main: VWEW-Verlag, 2000.

[VDEW 2001] Verband der Elektrizitätswirtschaft (VDEW e.V.) (Hrsg): *Marktanteil der Stromversorger gestiegen.* 17.7.2000, www.strom.de.

5 Grüne Angebote als freiwilliges Förderinstrument

M. DREHER, S. GRAEHL, M. WIETSCHEL

5.1 Grundlagen Grüner Angebote

5.1.1 Die Grundidee

Die Grundidee von sogenannten Öko-Produkten oder Grünen Angeboten ist die Produktdifferenzierung aufgrund umweltrelevanter Eigenschaften. Durch diese Unterscheidung nach den ökologischen Eigenschaften soll den Konsumenten die Möglichkeit gegeben werden, die mit der Herstellung eines Produktes verbundenen Umweltauswirkungen, wie z. B. Emissionen, in die Kaufentscheidung einzubeziehen. Allerdings ist die Fertigung von Öko-Produkten beziehungsweise Grünen Angeboten häufig mit höheren Herstellungskosten verbunden, weshalb diese Produkte unter rein ökonomischen Gesichtspunkten üblicherweise nur eingeschränkt konkurrenzfähig sind. Vor diesem Hintergrund haben Grüne Angebote nicht nur die Funktion der Verbesserung der Transparenz bezüglich umweltrelevanter Produkteigenschaften sondern ihnen kommt zusätzlich eine finanzielle Förderwirkung zu. Dabei entspricht die Differenz zwischen dem Preis herkömmlicher Produkte und dem Preis der Öko-Produkte dem erforderlichen Förderbetrag. Somit können Öko-Produkte und Grüne Angebote prinzipiell als Instrument zur Förderung umweltverträglicher Produkte und Produktionsweisen eingeordnet werden. Sofern keine staatlichen Steuerungsmechanismen eingesetzt werden, die den Kauf solcher Produkte vorschreiben, können Grüne Angebote grundsätzlich als freiwilliges Förderinstrument charakterisiert werden. Da das Angebot wie auch die Nachfrage auf freiwilliger Basis erfolgen, wird dieses Instrument auch häufig als Alternative zu hoheitlichen Förderansätzen, welche auf staatlichem Handeln aufbauen, angesehen. Im Gegensatz zu hoheitlichen Instrumenten steht bei freiwilligen Instrumenten die Eigeninitiative und auch die Eigenverantwortung der Akteure gegenüber dem öffentlichen Gut „Umwelt" im Vordergrund ([Rentz et al. 1999, S. 7] oder [Dreher 2001, S. 8]). Für den Fall dass ein umfangreiches Potenzial für Eigeninitiativen und ein ausgeprägtes Verantwortungsbewusstseins besteht, kann dieser freiwillige Ansatz eine erfolgversprechende Alternative zu hoheitlichen Vorgaben sein. Der Vorteil Grüner Angebote besteht darin, dass dieses Förderinstrument sehr breit eingesetzt[98] und individuell ausgestaltet werden kann. Damit besteht grundsätzlich die Möglichkeit, dass für sehr unterschiedliche Kundenpräferenzen ein „passendes" Angebot exis-

[98] D. h., von einer Vielzahl von Unternehmen angeboten werden kann.

tiert und dass prinzipiell alle betroffenen Anbieter und Nachfrager an dem Instrument partizipieren können.

Eine lange Tradition weisen Öko-Produkte beziehungsweise Grüne Angebote im Bereich der landwirtschaftlichen Lebensmittelproduktion auf[99]. Sie werden aber auch in anderen Bereichen wie der Möbelbranche und seit der Liberalisierung des Strommarktes zunehmend im Energiesektor zur Förderung regenerativer Stromerzeugung eingesetzt.

5.1.2 Besondere Rahmenbedingungen für Grüne Stromangebote

Im Stromsektor liegt eine besondere Situation vor, welche die Vermarktung von Grünen Angeboten deutlich beeinflussen kann. Da es sich bei Elektrizität im Gegensatz zu zahlreichen anderen Produkten um ein aus Kundensicht homogenes Gut handelt, ist der Unterschied zwischen "normalem" Strom und Grünem Strom für den Konsumenten nicht unmittelbar zu erkennen. Hinzu kommt, dass wesentliche mit der Stromerzeugung verbundene Umweltauswirkungen globaler Natur sind und in einem längerfristigen Zeitraum spürbar werden, wie z. B. Klimaveränderungen aufgrund von Treibhausgasemissionen. Damit wird der Umweltnutzen eines Grünen Stromangebots für den Konsumenten nicht direkt erkennbar. Insgesamt bedeutet diese Situation, dass die Differenzierung zwischen normalem Stromangebot und Grünem Angebot dem Kunden im Allgemeinen schwerer zu vermitteln ist, als dies bei anderen Ökoprodukten der Fall ist[100]. Weil diese Umstände aufgrund des fehlenden beziehungsweise nicht erkennbaren direkten Nutzens die Akzeptanz von Grünen Stromangeboten verringern können, erscheint es in diesem Zusammenhang von besonderer Bedeutung, ein glaubwürdiges und transparentes Qualitätssicherungssystem für Grüne Stromangebote zur Darstellung des Umweltnutzens zu etablieren[101].

---

[99] So wurde beispielsweise bereits 1928 das Demeter Warenzeichen für Produkte aus der biologisch-dynamischen Landwirtschaft eingeführt.

[100] Bei anderen Öko-Produkten ist der Nutzen für den Konsumenten transparenter: z. B. verbesserte Wohnqualität bei Ökomöbeln oder bessere Gesundheit durch den Genuss von Ökolebensmitteln.

[101] Siehe dazu auch Kapitel 5.2.5.4.

5.1.3 Theoretische Überlegungen zur Entwicklung des Angebotserfolgs

Ein weiteres Problem Grüner Stromangebote ist, dass die durch die Stromproduktion hervorgerufenen Umweltschäden in großem Maße öffentliche Güter wie z. B. Wälder, Luft oder Gewässer betreffen. Vor dem Hintergrund der Charakterisierung von Umwelt als öffentliches Gut liegt der Umweltnutzen von Grünen Angeboten (z. B. Emissionsminderung) bei der Allgemeinheit und damit auch bei solchen Individuen, die sich nicht an Grünen Angeboten beteiligen, während die Kosten für die Verbesserung der Umweltqualität nur bei den Angebotsteilnehmern entstehen. Aus dieser Situation resultiert für den einzelnen Konsumenten folgendes Dilemma: Verhält er sich kooperativ (im Sinne des Gemeinwohls) und nimmt am Grünen Angebote teil, trägt er aktiv zur Verbesserung der Umweltqualität bei, wodurch ihm jedoch höhere Kosten entstehen. Entscheidet er sich gegen eine Teilnahme und damit für ein egoistisches Verhalten, kann er trotzdem von einer durch Grüne Angebote verbesserten Umweltqualität profitieren, ohne dass für ihn zusätzliche Kosten entstehen oder eine Sanktion droht. Diese Entscheidungssituation wird in der Spieltheorie auch als Schmarotzer-Dilemma bezeichnet. Das Problem der Produktion und des Konsums des öffentlichen Guts „Umweltqualität" kann im spieltheoretischen Sinne als n-Personen-Prisoners-Dilemma ohne Ausschlussmöglichkeit interpretiert werden[102].

Vor dem Hintergrund spieltheoretischer Untersuchungen zum zu Stande kommen kooperativer Lösungen unter den Rahmenbedingungen dieser Dilemma-Situation erscheinen für die vorliegende Problematik bei Grünen Angeboten folgende Aspekte von besonderer Bedeutung:

- Kooperation: In n-Personen-Prisoner-Dilemmas ohne Ausschlussoption können grundsätzlich Kooperationen unter rational handelnden Egoisten entstehen. Allerdings ist dies extrem unwahrscheinlich, da die Gleichgewichtssituation der Kooperation sehr leicht bereits durch nicht-kooperatives Verhalten weniger Individuen gestört werden kann [Schüßler 1997].
- Gruppengröße: In kleinen Gruppen entstehen eher kooperative Lösungen als in großen Gruppen. Kommunikation zwischen den Gruppenmitgliedern wirkt sich kooperationsfördernd aus [Schüßler 1997], [Glance et al. 1994].
- Dauer der Gruppenzugehörigkeit: Je länger ein Individuum zu der von der Dilemma-Situation betroffenen Gruppe gehört beziehungsweise je öfter Entscheidungen über das eigene Verhalten in Bezug auf das Dilemma getroffen werden müssen, desto eher wird ein kooperatives Verhalten entstehen. Hierbei ist zu berücksichtigen, dass die Beziehung zwischen maximaler Gruppengröße für die noch eine Kooperation möglich ist und Dauer der Gruppenzugehörigkeit beziehungsweise dem Zeithorizont linear ist ([Glance et al. 1994, S. 227]). Da

---

[102] Zur detaillierten Diskussion der verschiedenen Ausprägungen des Prisoners-Dilemma siehe z. B. [Schüßler 1997] und die dort angegebenen Quellen.

unter praxisnahen Rahmenbedingungen der Zeithorizont nicht beliebig lange gewählt werden kann (maximal die Lebenserwartung der „Spieler"), ist für große gesellschaftliche Gruppen wie z. B. eine Region oder ein Land eine stabile Kooperation kaum denkbar.

- Zeitablauf von Verhaltensänderungen einer Gruppe: In einer Dilemma-Situation bleibt nach [Glance et al. 1994] das Verhalten einer Gruppe längere Zeit stabil (z. B. es herrscht nicht-kooperatives Verhalten vor). Wenn eine Änderung eintritt, vollzieht diese sich sehr rasch und betrifft die gesamte Gruppe [Glance et al. 1994]. Vor diesem Hintergrund kann nach den Ergebnissen aus [Glance et al. 1994] eine Kooperation in großen Gruppen für eine längere Zeit Bestand haben, auch wenn sich Teile der Gruppe nicht kooperativ verhalten. Demgegenüber ist nach [Schüßler 1997, S. 44 ff.] eine stabile Kooperation im n-Personen-Prisoners-Dilemma ohne Ausschlussmöglichkeit extrem unwahrscheinlich und die kooperative Lösung erscheint im Gegensatz zu [Glance et al. 1994] sehr brüchig. Die unterschiedlichen Einschätzungen in [Glance et al. 1994] und [Schüßler 1997] beruhen im Wesentlichen auf den verschiedenen theoretischen Ansätzen beider Arbeiten. Im Zuge der Untersuchung der Erfolgsaussichten Grüner Angebote auf Grundlage spieltheoretischer Analysen sollte allerdings keiner der Ansätze kategorisch ausgeschlossen werden, da beide praxisrelevante Eigenschaften aufweisen.
- Gruppenstruktur: Nach [Glance et al. 1994] können hierarchische Strukturen, die auf einer Aufteilung der Gesamtgruppe auf einzelne Untergruppen basieren, sowie der Umstand, dass Individuen die Untergruppen wechseln können, was zu neuen Strukturen führt, die Entwicklung von stabilen Kooperationen unterstützen. Dies bedeutet, dass bei einer vorhandenen Gruppenstruktur Kooperation besser entstehen kann als bei unstrukturierten Gruppen.
- Gruppenhierarchie: Kooperation innerhalb einer nach Gruppen strukturierten Gemeinschaft entwickelt sich schrittweise von Gruppe zu Gruppe entsprechend der existierenden Gruppenhierarchie [Glance et al. 1994, S. 229 ff.].

Ausgehend von der aktuell existierenden egoistischen Situation, in der die Individuen keinen Grünen Strom nachfragen, können auf Grundlage der dargestellten spieltheoretischen Überlegungen folgende Schlussfolgerungen bezüglich der Verbreitung von Grünen Angeboten im Stromsektor getroffen werden: Da die drohenden Umweltschäden auch globale Auswirkungen haben werden (z. B. Klimaveränderungen), ist die Gruppe der von der Dilemma-Situation betroffenen Individuen sehr groß. Das heißt, dass hierdurch der Anreiz zu kooperativem Verhalten (also Umweltschutz durch den Kauf Grüner Stromangebote) gering ist, weil egoistisches Verhalten kaum spürbare Konsequenzen nach sich zieht. Vor diesem Hintergrund ist langfristig kaum zu erwarten, dass die Konsumenten im Sinne einer stabilen Kooperation umfangreich

Grüne Angebote kaufen werden und dadurch zu einer deutlichen Verbesserung der Umweltqualität beitragen werden[103].

Aufgrund der spieltheoretischen Ergebnisse zur Rolle der Gruppenstruktur kann allerdings erwartet werden, dass bei einer Aufteilung der gesamten Stromkunden auf einzelne, möglichst kleine Gruppen dennoch ein Potenzial für das zu Stande kommen eines auch langfristig stabilen umfangreichen Absatzes von Grünem Strom besteht. Die erforderliche Aufteilung und Gruppenbildung der Kunden besteht in der Praxis bereits dahingehend, dass vor allem etablierte EVU ihre Aktivitäten häufig auf eine bestimmte regional abgegrenzte Kundengruppe einschränken[104]. Durch ein zielgruppenspezifisches Marketing für Grüne Angebote sowie die Entwicklung auf einzelne Kundengruppen zugeschnittener Angebote kann eine weitere Hierarchisierung und Verkleinerung der durch ein spezifisches Angebot angesprochenen Kundengruppe erreicht werden. Durch diese Angebots- und Marketingausgestaltung kann eine Grundlage dafür geschaffen werden, dass trotz der oben skizzierten negativen Voraussetzungen Grüne Angebote am Markt erfolgreich sein können. In diesem Zusammenhang sind allerdings sehr gezielte Anstrengungen der einzelnen EVU erforderlich und es stellt sich die Frage, ob die so segmentierten und sich herausbildenden Gruppen das gruppentypische Verhalten zeigen, das aus anderen Studien bekannt ist.

5.1.4 Zusätzlichkeit Grüner Angebote

Vor dem Hintergrund der bereits in den vorangegangenen Abschnitten diskutierten Grundidee Grüner Angebote kommt der Frage nach dem Umfang der mit einem Angebot verbundenen zusätzlichen Umweltentlastung, der sogenannten Zusätzlichkeit[105], eine besondere Bedeutung zu. Nur falls ein Beitrag zum Umweltschutz geleistet wird, der über das, was ohnehin erfolgt wäre – die Baseline [Fichtner et al. 2001] –, hinausgeht, ist das Kriterium der Zusätzlichkeit erfüllt und es handelt sich um ein Grünes Angebot im Sinne eines Förderinstruments. Falls nur umweltverträgliche Produkte vermarktet werden, die auch ohne das spezielle Angebot produziert und ver-

[103] Siehe auch die Ausführungen in Kapitel 2 zum Nachhaltigkeitskonzept im Vergleich zur Neoklassischen Umweltpolitik.

[104] Dabei handelt es sich üblicherweise um die Kunden im ehemaligen ausschließlichen Versorgungsgebiet (siehe dazu auch Kapitel 5.2.5.2).

[105] Zur Diskussion der Zusätzlichkeitsanforderung siehe auch [Dreher 2001, S. 19 ff].

kauft worden wären[106], geht keine Förderwirkung von diesem Angebot aus. Es handelt sich dann nicht um ein Grünes Angebot im eigentlichen Sinne, obwohl Produkte, welche bestehende Umweltanforderungen erfüllen, angeboten werden. Das Kriterium der Zusätzlichkeit kann dann als erfüllt angesehen werden, wenn:

- ausschließlich aufgrund der Förderung des Grünen Angebots neue Produktionsanlagen errichtet werden.
- der Betrieb bestehender Anlagen, die ohne das Angebot stillgelegt worden wären, gesichert werden kann.
- eine bestehende Förderung über ein anderes Instrument nicht für einen wirtschaftlichen Anlagenbetrieb ausreicht und durch das Grüne Angebot eine zusätzliche Unterstützung erbracht wird. In diesem Fall bezieht sich aber die Zusätzlichkeit des Grünen Angebots nur anteilig - entsprechend der Höhe des Förderbetrags - auf die gesamte produzierte Menge.

Für den im Rahmen dieses Beitrags näher untersuchten Strommarkt bedeuten die Anforderungen der Zusätzlichkeit, dass eine deutliche Abgrenzung Grüner Angebote nicht nur gegenüber der Referenzentwicklung sondern auch der Förderwirkung anderer Instrumente, wie z. B. des Erneuerbare-Energien-Gesetzes (vgl. Kapitel 4.5.2), erforderlich ist. Zur Bewertung eines Grünen Stromangebots hinsichtlich seiner Zusätzlichkeit muss der jeweilige Umweltnutzen bestimmt werden. Die Auswertung verschiedener Umfragen[107] zu Grünen Angeboten sowie eine Analyse von Angebotsbeschreibungen zeigt folgende Problemfelder bei der Bewertung auf (siehe [Graehl et al. 2001]):

- Häufig lässt die Angebotsbeschreibung keine (eindeutigen) Rückschlüsse darüber zu, in welcher Weise die regenerative Stromerzeugung durch das Angebot gefördert wird. In diesem Zusammenhang fehlen beispielsweise oft Angaben darüber, ob Strom aus EEG-geförderten Anlagen durch das Angebot verkauft wird. Auf Grundlage der verfügbaren Angebotsinformationen ist in zahlreichen Fällen kaum eine valide Beurteilung möglich.
- Es gibt zahlreiche Unternehmen, die im Rahmen von Grünen Angeboten Strom aus EEG-geförderten Anlagen verkaufen bzw. Anlagen unterstützen, die nach EEG gefördert werden[108]. In diesem Fall ist eine Förderwirkung nur dann gegeben, wenn die garantierten Vergütungen des EEG einen wirtschaftlichen Anlagenbetrieb nicht gewährleisten.

---

[106] Dies ist dann der Fall, wenn die umweltverträgliche, ökologische Produktion konkurrenzfähig zu herkömmlichen Produktionsverfahren ist. Für den Bereich der Stromproduktion kann davon ausgegangen werden, dass dies beispielsweise für die Mehrheit der großen Laufwasserkraftwerke zutrifft (siehe z. B. [EC 2000]).

[107] Zu den Umfragen siehe Kapitel 5.2.

[108] Im Rahmen von Umfragen im Frühjahr 2001 konnte festgestellt werden, dass dies von ca. 70 % der Unternehmen, die Grüne Angebote anbieten, praktiziert wird.

- Zur Qualitätssicherung und damit zur Prüfung des Umweltnutzens wurden verschiedene Zertifizierungsverfahren entwickelt und eingeführt[109]. Allerdings ist eine Zertifizierung nicht verbindlich vorgeschrieben, so dass rund 40 % der Angebote keiner unabhängigen Qualitätsprüfung unterzogen werden.
  Weiterhin sind die Anforderungen der verschiedenen Verfahren sehr unterschiedlich, so dass ein Vergleich des Umweltnutzens von Angeboten mit verschiedenen Zertifikaten kaum möglich ist. In einigen Verfahren werden zwar sehr weitgehende Kriterien bezüglich des Umweltnutzens definiert, aber durch die Zertifikatskriterien wird in manchen Fällen ein vorhandener positiver Umweltnutzen nicht in vollem Umfang berücksichtigt[110].
  Vor diesem Hintergrund können die bestehenden Zertifizierungsverfahren zwar als Ausgangspunkt für die Bewertung des Umweltnutzens dienen, eine genaue Bilanzierung des Umweltnutzens Grüner Angebote gewährleisten sie derzeit allerdings noch nicht.

Aufgrund der beschriebenen Problemfelder bei der Bewertung der Förderwirkung bestehender Grüner Angebote kann eine valide Beurteilung des bisherigen Umweltnutzens dieses Instruments kaum durchgeführt werden. Um die Transparenz in diesem Bereich zu erhöhen und einen Vergleich dieses freiwilligen Förderansatzes mit anderen, hoheitlichen Mechanismen zu ermöglichen, ist die Entwicklung und der Einsatz von geeigneten Analysemethoden zur Bestimmung einer Baseline erforderlich.

Da bei der Bewertung anderer Umweltregimes, wie z. B. der im Kyoto-Protokoll verankerten Mechanismen Joint Implementation (JI) und Clean Development Mechanism (CDM), ebenfalls die Problemstellung der Identifikation einer Baseline vorliegt, erscheint eine Übertragung der für diese Instrumente entwickelten und diskutierten Ansätze erfolgversprechend [Graehl et al. 2001]. Eine Möglichkeit zur Entwicklung einer Baseline bieten optimierende Energiesystemmodelle wie z. B. das PERSEUS-Modell (vgl. Kapitel 6.2). Mit einem solchen Modell kann für ein Energieversorgungssystem ausgehend von der bestehenden Situation eine ausgabenminimale Versorgungs- und Ausbaustrategie für den Elektrizitätssektor bestimmt werden[111]. Unter Berücksichtigung der bestehenden Rahmenbedingungen, wie z. B. des EEG, kann mit diesem Modell eine

---

[109] Siehe auch Kapitel 5.2.5.4.

[110] So berücksichtigt z. B. das Verfahren des EnergieVision e. V. bei sanierten Altanlagen den Umweltnutzen nur in der Höhe des Anteils der Ersatzinvestition an der Gesamtanlage, obwohl es Fälle geben kann, bei denen ohne die Ersatzinvestition ein Anlagenbetrieb nicht möglich ist und daher die gesamte Anlage und damit auch die gesamte erzeugte Strommenge das Zusätzlichkeitskriterium erfüllt. Beim Grünen Strom Label e. V. ist vor dem Hintergrund des Umweltnutzens kritisch anzumerken, dass dieses Label überwiegend Kleinanlagen zertifiziert und damit systematisch Angebote auf Grundlage großer Anlagen mit positivem Umweltnutzen ausschließt.

[111] Die Ausgabenminimierung ist für regionale bzw. nationale Modelle auch unter den Rahmenbedingungen des liberalisierten Strommarktes eine geeignete Zielfunktion zur Bestimmung einer ökonomisch optimalen Ausbaustrategie [Dreher 2001, S. 61].

Referenzentwicklung bezüglich des Ausbaus regenerativer Stromerzeugungsanlagen ohne die Existenz Grüner Angebote bestimmt werden. Grüne Angebote erfüllen nur dann das Kriterium der Zusätzlichkeit, wenn sie dazu beitragen, dass Erzeugungsanlagen eingesetzt werden, die nicht in der Modelllösung für den Referenzfall vertreten sind. Darüber hinaus können mit diesem Modellansatz auch ökonomisch optimale Anlagenportfolios für ein Förderinstrument, wie beispielsweise Grüne Angebote, bestimmt werden. Hierzu sind mit dem Modell Förderszenarien zu berechnen, die den Förderzielsetzungen des Instrumentariums entsprechen. Der in der Lösung des Modells vorgeschlagene Technologiemix repräsentiert dann die bezüglich der Zielfunktion optimale Zusammensetzung des im Rahmen eines Förderinstruments zu unterstützenden Technologieportfolios.

Unter den Gesichtspunkten der Förderwirkung und des Umweltnutzens ist das Kriterium der Zusätzlichkeit eine wichtige Anforderung, die an ein Grünes Angebot gestellt wird. Es existieren allerdings auch Gründe, die für eine weiter gefasste Auslegung der Zusätzlichkeitsanforderungen sprechen. Vor dem Hintergrund der aktuell noch geringen über Grüne Angebote abgesetzten Strommengen kann der Nachweis der Zusätzlichkeit mit einem verhältnismäßig hohen Aufwand verbunden sein. Dies ist z. B. dann der Fall, wenn neue regenerative Anlagen installiert werden müssten oder wenn ein aufwendiges Verfahren wie beispielsweise eine Energiesystemanalyse zum Nachweis der Zusätzlichkeit erforderlich ist. Dies kann im Zusammenhang mit den aktuell noch geringen Umsatzchancen vor allem bei kleinen Versorgungsunternehmen zu einer geringeren Bereitschaft bei der Umsetzung Grüner Angebote führen. Durch eine Abschwächung der Zusätzlichkeitskriterien dahingehend, dass in einer begrenzten Anfangsphase die Zusätzlichkeit nicht gewährleistet werden muss, kann der Eintritt in dieses Marktsegment erleichtert werden. Weiterhin erlaubt dies, aufgrund der Möglichkeit Altanlagen einzusetzen im Allgemeinen billigere Ökostrom-Angebote aufzulegen. Im Zuge eines Nachfrageanstiegs und damit einer unternehmensintern größeren Bedeutung des Grünen Angebots wäre dann wiederum ein Nachweis der Zusätzlichkeit zu fordern.

5.2 Der Markt für Grüne Angebote in Deutschland

5.2.1 Datenbasis zu Grünen Angeboten

In den folgenden Abschnitten soll detaillierter auf die aktuelle Situation auf dem deutschen Markt für Grüne Angebote eingegangen werden. Diese Auswertungen zur Marktsituation basieren auf vier Erhebungen, welche im Zeitraum zwischen Dezember 1998 und Frühjahr 2001 durchgeführt wurden. Auf Grundlage dieser regelmäßigen Umfragen ist einerseits eine Dokumentation der Marktsituation wie auch andererseits eine Abschätzung der zukünftigen Entwicklungstendenzen möglich.

Die erste Erhebung im Rahmen der vorliegenden Arbeit wurde zwischen Dezember 1998 und Januar 1999 durchgeführt. Die Identifikation der im Rahmen dieser Umfrage anzusprechenden Unternehmen erfolgte auf Grundlage der Marketingaktivitäten für Grünen Strom. Dies bedeutet, dass ausschließlich Anbieter erfasst werden konnten, die bereits im Vorfeld der Erhebung ein Grünes Angebot beworben haben. Mit diesem Vorgehen konnten zwar die Daten aller beziehungsweise ein Großteil der existierenden Angebote ermittelt werden, allerdings ist davon auszugehen, dass im Bereich der geplanten Angebote die Aktivitäten eher unterschätzt wurden. Unter diesen Rahmenbedingungen konnten 22 Anbieter ermittelt werden. Aufgrund der überschaubaren Anzahl war ein direktes Ansprechen möglich, so dass eine Rücklaufquote von 95 % erzielt werden konnte. Dabei wurden 28 existierende und 11 geplante Grüne Angebote erfasst.

Zur Fortschreibung und Aktualisierung der bisherigen Datenbasis zu Grünen Angeboten wurde im Frühjahr des Jahres 2000 eine Folgeerhebung durchgeführt. Um nach Möglichkeit alle im Bereich Grüner Angebote aktiven Akteure erreichen zu können, wurden in Kooperation mit dem Verband der Elektrizitätswirtschaft e. V. (VDEW) alle klassischen Versorgungsunternehmen, die Endverbraucher beliefern, sowie alle aufgrund ihrer Marketingaktivitäten identifizierbaren sogenannten Ökostromhändler in die Umfrage einbezogen. Dabei wurden zur Abgrenzung der Gruppe der Ökostromhändler folgende Kriterien verwendet: Ausschließliches Anbieten von Ökostrom, Gültigkeitsbereich der Angebote nicht nur im Netzgebiet eines Unternehmens und weitgehende Unabhängigkeit von klassischen Versorgungsunternehmen. Klassische Versorgungsunternehmen zeichnen sich demgegenüber dadurch aus, dass sie sich nicht ausschließlich auf den Verkauf von Ökostrom konzentrieren, dass sie ein eigenes Verteilnetz betreiben und dass sie schon vor der Marktliberalisierung auf dem Strommarkt vertreten waren.

Im Rahmen dieser Umfrage wurden 748 potenzielle Anbieter Grüner Angebote angeschrieben. Von diesen haben 224 Unternehmen einen auswertbaren Fragebogen zurückgesandt, was einer Rücklaufquote von etwa 30% entspricht. Bei der Analyse des Rücklaufes wird deutlich, dass überwiegend klassische Versorgungsunternehmen, die nicht ausschließlich Ökostrom anbieten, geantwortet haben. Dahingegen haben sich die Ökostromhändler kaum an der Umfrage beteiligt. Somit ist eine Differenzierung in unabhängige Ökostromanbieter und klassische Versorgungsunternehmen bei der Auswertung nicht möglich. Von den antwortenden Unternehmen bieten 58 % Grüne Angebote an, 16 % der Unternehmen planten die Markteinführung, 26 % der Unternehmen planten zum damaligen Zeitpunkt keine derartigen Angebote. Mit der Erhebung konnten 153 existierende Grüne Angebote sowie Daten zu 39 für das Jahr 2000 geplanten Angeboten erfasst werden.

Aufgrund des weiterhin bestehenden Informationsdefizits bezüglich der Aktivitäten von Ökostromhändlern erfolgte im Herbst 2000 eine gezielte Erhebung zu dieser Anbietergruppe. Insgesamt konnten auf Grundlage der gewählten Kriterien 38 Unternehmen identifiziert werden. Die Rücklaufquote der Erhebung lag bei 74 %. Die Gruppe der antwortenden Unternehmen setzt sich aus 23 eigentlichen Ökostromhändlern, drei Brokern, die eine Beratung und Vermittlung von Ökostromanbietern vornehmen, und einem „Pooler", der internetbasiert Einkaufsgemeinschaften für Ökostrom bildet, zusammen. Diese bieten insgesamt 40 Angebote an. Bei einem Vergleich der Ergebnisse dieser Erhebung mit der vorangegangenen Umfrage bei VDEW-Mitgliedern im Frühjahr 2000 ist zu beachten, dass zwischen den beiden Erhebungen ein Zeitunterschied von einem halben Jahr besteht.

Im Frühjahr 2001 wurde die Umfrageaktion nochmals wiederholt, wobei auch dieses Mal eine getrennte Befragung von Ökostromhändlern und klassischen Versorgungsunternehmen vorgenommen wurde. Insgesamt wurden aus der Gruppe der VDEW-Mitglieder 665 Versorgungsunternehmen angeschrieben. Die Rücklaufquote betrug hier 41 %. Von den antwortenden Unternehmen haben 68 % eines oder mehrere Grüne Angebote, während etwa 20 % derzeit weder Grünen Strom anbieten noch ein solches Angebot planen. Die verbleibenden 12% der Unternehmen befinden sich in der Planungsphase. Damit befassen sich im Frühjahr 2001 rund 80 % der etablierten Versorgungsunternehmen intensiver mit Grünen Angeboten und dem Markt für Grünen Strom. Dies bedeutet im Vergleich zum Vorjahr eine leichte Zunahme.

Die Gruppe der befragten Ökostromhändler umfasste 32 Unternehmen und war damit etwas kleiner als bei der Händlerbefragung im Herbst 2000. Der Grund für den Rückgang der Unternehmenszahl liegt darin, dass einige der Anbieter in der Zwischenzeit das Geschäftsfeld gewechselt haben oder nicht mehr existierten. Der Rücklauf dieser Gruppe beträgt 44 % und liegt damit im Bereich dessen, was auch bei den VDEW-Mitgliedern erreicht werden konnte. Die antwortenden Ökostromhändler sind mit 24 Ökostromangeboten auf dem Markt vertreten.

5.2.2 Markteinführung

Eine Auswertung der im Rahmen der Umfragen erfassten Angebote nach dem Zeitpunkt der Markteinführung zeigt, dass ab Beginn des Jahres 1999 die Zahl der neuen Grünen Angebote am Markt stark zugenommen hat. Der stärkste Zuwachs war in der zweiten Hälfte das Jahres 1999 und zu Beginn 2000 zu verzeichnen. Die Einführung des Ernerbare-Energien-Gesetz (EEG, 01.04.2000) hat zu keiner erkennbaren Verstärkung dieses Wachstumstrends beigetragen. Es ist aber anzunehmen, dass, mit Blick auf den hohen Anteil der Angebote, die Strom aus EEG-geförderten Anlagen anbieten (ca. 70 %), durch die EEG-Förderung die weitere Verbreitung Grüner Angebote unterstützt wurde.

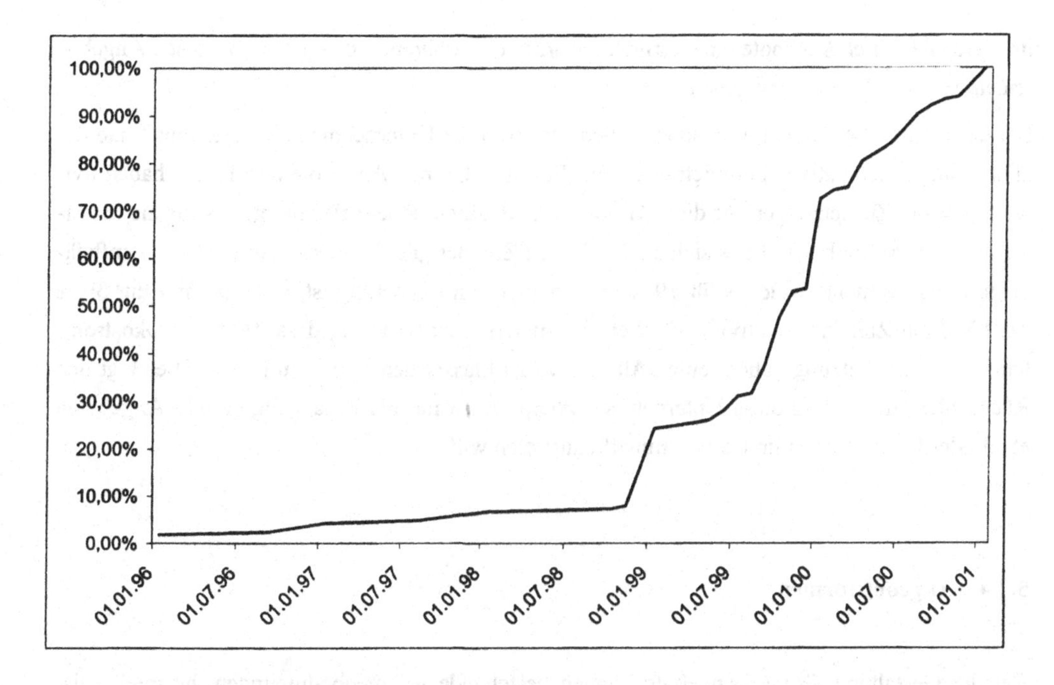

Abbildung 4: Markteinführung der in den Umfragen des Jahres 2001 erfassten Grünen Angebote

5.2.3 Unternehmensziele

Ein Vergleich der Zielsetzungen, die Versorgungsunternehmen mit Grünen Angeboten verfolgen, lässt einen deutlichen Unterschied zwischen der Gruppe der Ökostromhändler und etablierten Versorgungsunternehmen erkennbar werden. Die am häufigsten von etablierten Versorgungsunternehmen genannten Ziele sind mit einem Anteil von 73 % beziehungsweise 68 % „Kundenbindung/–gewinnung" beziehungsweise „Betonung des Eigenengagements". Umweltrelevante Aspekte, wie „Förderung regenerativer Energien" oder „Klimaschutz", sind nur für 58 % bzw. 51 % der EVU im Zusammenhang mit Grünen Angeboten von Bedeutung. Die häufige Nennung der Ziele Kundenbindung/-gewinnung und Betonung des Eigenengagements lässt den Rückschluss zu, dass die EVU den Schwerpunkt ihrer Aktivitäten im Bereich der Festigung der eigenen Marktposition sehen. Grüne Angebote haben dabei die Funktion, umweltbewussten Kunden eine Angebotsalternative zu bieten und das Unternehmen positiv im Sinne eines Umweltengagements darzustellen. Die vergleichsweise geringe Bedeutung, welche das Ziel der „Erschließung eines neuen Marktsegments" einnimmt, fügt sich in die in Kapitel 5.2.5.2 identifizierte Strategie der Fokussierung etablierter Unternehmen auf das eigene Verteilnetz beziehungsweise den bestehenden Kundenstamm. Die meisten (61 %) der EVU räumen Aktivitäten im Bereich Grüner Angebote eine normale Priorität ein, während nur rund 25 % diesen Angeboten einen hohen Stellenwert geben.

Bei der Gruppe der Ökostromhändler stellen für 86 % der Unternehmen „Klimaschutz" und die „Förderung regenerativer Energieträger" ein Ziel ihrer Grünen Angebote dar. Damit haben umweltrelevante Zielsetzungen für diese Gruppe eine deutlich höhere Bedeutung als für die klassischen EVU. Ähnlich verhält es sich auch mit dem Ziel der „Positionierung in einem zukunftsfähigen Marktsegment" welches für 79 % der Händler von Bedeutung ist, während hier nur 39 % der EVU ein Ziel ihrer Aktivitäten sehen. Besonders interessant ist, dass 71 % der Ökostromhändler die Zielsetzung haben, eine „Alternative zu klassischen EVU" zu bieten. Dies legt den Rückschluss nahe, dass diese Unternehmensgruppe nicht nur als Ergänzung zu den Angeboten etablierter Unternehmen im Ökostrommarkt auftreten will.

5.2.4 Angebotsformen

Bei der Gestaltung Grüner Angebote können bestehende Rahmenbedingungen, beispielsweise bezüglich einzusetzender Kraftwerke oder bestehender Kundenpräferenzen, berücksichtigt werden, so dass die Angebote sehr individuell gestaltet werden können. Für die Praxis bedeutet dies, dass eine Vielzahl unterschiedlicher Angebotsformen existiert. Es gibt allerdings folgende drei Grundformen:

- Tarifmodelle: Kunden zahlen im Rahmen des Grünen Angebots einen Aufschlag auf einen Standardtarif[112] oder haben einen separaten Ökostromtarif gewählt. Diese Angebote werden differenziert nach Arbeits- und Leistungspreis gestaltet und orientieren sich üblicherweise am Verbrauchsprinzip[113]. Es ist allerdings nicht in allen Fällen gewährleistet, dass die durch das Angebot verkaufte Strommenge auch tatsächlich in regenerativen Stromerzeugungsanlagen produziert wurde.
- Beteiligungsmodelle: Kunden erwerben Anteile an einer Stromerzeugungsanlage, die erneuerbare Energieträger nutzt. Im Gegenzug werden sie am Ertrag der Anlagen beteiligt (Investitionsprinzip).

[112] Unter Standardangeboten werden hier Angebote mit einem konventionellen Strommix verstanden.

[113] Entspricht die Gestaltung von Stromtarifen dem Verbrauchsprinzip, sind steigende Verbrauchsmengen mit steigenden Stromkosten verbunden.

- **Spendenmodelle[114]: Kunden entrichten Beiträge in Form von Spenden an einen Fonds, der zur Errichtung von Anlagen auf Basis regenerativer Energien verwendet wird. Sie sind dabei weder Eigentümer, noch werden sie am Ertrag beteiligt (Spendenprinzip).**

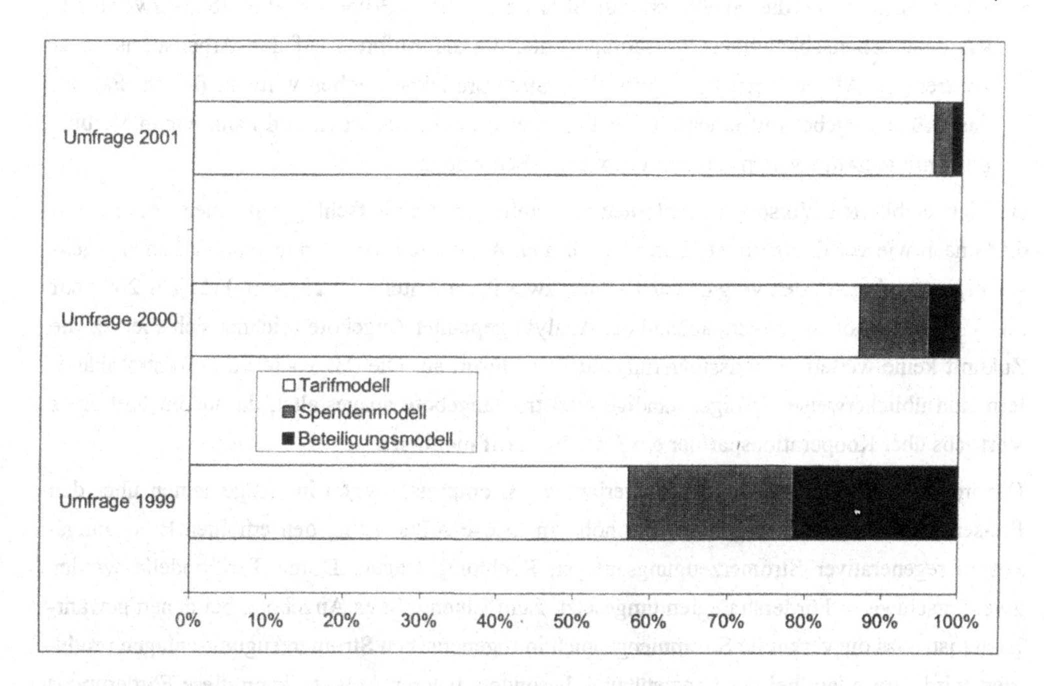

Abbildung 5: Bedeutung der verschiedenen Angebotsformen

Die Entwicklung der Bedeutung der drei verschiedenen Angebotsformen auf dem bundesdeutschen Markt für Grüne Angebote ist in Abbildung 5 dargestellt. Der Anteil der Tarifmodelle hat dabei in den vergangenen Jahren stetig zugenommen, während Spenden- und Beteiligungsmodelle von einem anfänglichen Anteil von rund 40 % auf unter 5 % im Jahr 2001 zurückgegangen sind. Damit hat sich für Grüne Stromangebote die Form der Tarifmodelle weitgehend durchgesetzt. Aus diesem Grund wird in den folgenden Abschnitten überwiegend auf diese Angebotsform eingegangen.

Eine nähere Untersuchung der am Markt befindlichen Tarifmodelle erlaubt die Identifikation der folgenden zwei Grundformen:

---

[114] **Synonym: Fondsmodelle.**

Grüne Angebote als freiwilliges Förderinstrument

- Eigenständiger Tarif: Das Grüne Angebot ist wie ein normales Stromangebot differenziert nach Arbeits- und Leistungspreis ausgestaltet. Angebote dieser Art stellen eigenständige Produkte dar, deren Bezug nicht an den Kauf eines anderen Stromprodukts gekoppelt ist.
- Tarifaufschlag: Bei diesen Tarifen besteht das eigentliche Grüne Angebot üblicherweise nur aus einer arbeitsabhängigen Preiskomponente, die als Aufpreis auf den Arbeitspreis eines anderen, im Allgemeinen konventionellen Stromprodukts erhoben wird. In diesem Fall ist das Grüne Angebot mit einem konventionellen Produkt gekoppelt und kann nur in Verbindung mit diesem zweiten Stromangebot erworben werden.

Bei den etablierten Versorgungsunternehmen stellt der Tarifaufschlag mit einem Anteil von 62 % nach wie vor die häufigste Form bei Grünen Angeboten dar. Demgegenüber haben eigenständige Angebote in den vergangenen Jahren zwar ihren Anteil von 29 % im Frühjahr 2000 auf 38 % in 2001 erhöhen können, anhand der Analyse geplanter Angebote zeichnet sich aber für die Zukunft keine weitere Anteilssteigerung für diese Form ab. Die Angebote von Ökostromhändlern sind üblicherweise als eigenständige Ökostromangebote ausgestaltet, da nur im Fall eines Vertriebs über Kooperationspartner ein Aufschlagtarif möglich ist.

Die im Rahmen von Tarifangeboten verlangten Strompreise liegen im Allgemeinen über den Preisen konventioneller Angebote. Die höheren Erlöse sollen dabei den erhöhten Erzeugungskosten regenerativer Stromerzeugungsanlagen Rechnung tragen. Durch Tarifmodelle werden zwei verschiedene Förderstrategien umgesetzt. Zum Einen gibt es Angebote, bei denen gewährleistet ist, dass die verkaufte Strommenge auch in regenerativen Stromerzeugungsanlagen produziert wird. Vor allem bei der Unterstützung besonders teuerer Anlagen kann diese Förderpraxis zu sehr hohen Preisen führen. Ein Beispiel hierfür sind Angebote zur Förderung von Photovoltaikanlagen mit Arbeitspreisen bis zu 2 DM/kWh. Zum Anderen sind mit einem Anteil von mindestens 50 % zahlreiche sogenannte Zuschussmodelle auf dem Markt. Bei diesen Angeboten werden die eingenommenen Fördermittel als Zuschüsse beispielsweise für Investitionen oder als Ergänzungsförderung zum EEG verwendet. Dabei ist im Allgemeinen nicht sichergestellt, dass die im Rahmen des Angebots verkaufte Strommenge auch in regenerativen Kraftwerken erzeugt wird. In diesem Zusammenhang ist als negativ zu bewerten, dass häufig in den Angebotsbeschreibungen keine Angaben über das Verhältnis von verkaufter Strommenge zu der in geförderten Anlagen produzierten Menge gemacht wird. Eine Aussage zur Förderwirkung dieser Angebote ist damit nur schwer möglich ([Graehl et al. 2001]).

Zuschussmodelle können, vor allem dann, wenn die Mehreinnahmen als Investitionszuschüsse verwendet werden, auch als eine Form von Spendenmodellen interpretiert werden. In diesem Fall kauft der Kunde den normalen Strommix - also das gleiche Produkt wie bisher - und zahlt freiwillig einen Förderbeitrag, der dann wie bei Spendenmodellen als Zuschuss für Einzelprojekte verwendet wird, ohne dass der Kunde am Ertrag beteiligt wird. Vor dem Hintergrund der in [Dreher et al. 1999, S. 241] geäußerten Kritik an Spendenmodellen, dass es keine Möglichkeiten zu einer regelmäßigen, automatischen Programmbeteiligung gibt, können Zuschussmodelle als eine Weiterentwicklung des Spendenansatzes angesehen werden, welche diese Schwachstelle nicht aufweist.

Die Idee der Beteiligungsmodelle hat sich im Rahmen Grüner Angebote von Versorgungsunternehmen offensichtlich nicht durchgesetzt. Allerdings werden, wie an den zahlreichen Öko-Investmentfonds zu erkennen ist, regenerative Stromerzeugungsanlagen häufig über Beteiligungsmodelle finanziert[115]. Vor diesem Hintergrund stellt sich die Frage, warum sich diese Angebotsform nicht bei den Versorgungsunternehmen wohl aber auf dem Finanzmarkt durchsetzten konnte, obwohl auch für Privatkunden, beispielsweise durch Verlustabschreibungen oder garantierte Vergütungen nach EEG, interessante Perspektiven bestehen. Mögliche Gründe hierfür können unter anderem die folgenden Aspekte umfassen (siehe auch [Dreher et al. 1999, S. 241]):

- Hohe Anteilspreise beziehungsweise Mindesteinlagen: Versorgungsunternehmen haben ihre Beteiligungsmodelle üblicherweise nur innerhalb ihres früheren Versorgungsgebiets den bereits bestehenden Kunden angeboten, wobei es sich gerade bei Stadtwerken überwiegend um Privatkunden handelt. Bei einer derartigen Einschränkung des Geltungsbereichs besteht die Gefahr, dass zu wenige Kunden angesprochen werden, welche die hohen Anteilspreise zahlen können beziehungsweise einen Bedarf an derartigen Finanzdienstleistungen haben.
- Angebot auf dem „falschen" Markt: Das Angebot von Beteiligungsmodellen hat den Charakter einer typischen Finanzdienstleistung. Diese ausschließlich auf dem Strommarkt für Endkunden unter dem Gesichtspunkt der Förderung regenerativer Energieträger anzubieten erscheint nicht sinnvoll, weil interessierte Kunden hier ein solches Angebot kaum vermuten und daher die Erreichung der Zielgruppe nicht sichergestellt ist. Weiterhin kann bei den Kunden ein mangelndes Vertrauen bestehen, ob das EVU die Aufgaben, die im Zusammenhang mit einem Investmentfonds von einem Finanzdienstleistungsunternehmen erwartet werden, wahrnehmen kann.
- Nicht-monetäre Vergütung: Neben der Zahlung einer Rendite gab es auch Beteiligungsmodelle, bei denen die in der Anlage erzeugte Strommenge mit der Stromnachfrage der Anteilseigner verrechnet wurde. Solche Angebote besitzen unter dem Gesichtspunkt der Geldanlage für Investoren nur eine eingeschränkte Attraktivität.
- Bindung an Versorgungsgebiet beziehungsweise EVU: Bei einem Wechsel des Versorgungsunternehmens beziehungsweise einem Wegzug aus dem Versorgungsgebiet des Anbieters war vor allem im Fall einer nicht-monetären Vergütung die Frage nach der weiteren „Verrechung" der erzeugten Strommenge nicht immer geklärt.

---

[115] Typische Beispiele sind Fonds zur Finanzierung von Windparks.

- Unzureichender Angebotsumfang: Im Falle einer großen Nachfrage nach Anteilen besteht die Gefahr, dass diese durch das anbietende EVU nicht befriedigt werden kann, weil die dem Unternehmen zur Verfügung stehenden Ressourcen zur Durchführung von (weiteren) Beteiligungsprojekten nicht ausreichen. Als Folge müssen Interessenten abgelehnt werden. Dies kann sich negativ auf die Akzeptanz weiterer Angebote zu einem späteren Zeitpunkt auswirken.
- Fördergedanke steht im Vordergrund: Bei zahlreichen Beteiligungsmodellen von EVU steht die Förderung regenerativer Energieträger zu stark im Mittelpunkt des Angebots. Im Gegensatz dazu wurde der Umstand, dass es sich bei solchen Projekten auch um eine rentable Finanzanlage handeln kann, häufig kaum betont.

5.2.5 Tarifmodelle

5.2.5.1 Preise und Absatzmengen

Da es bei den Tarifmodellen mit eigenständigen Tarifen und Tarifaufschlägen zwei unterschiedliche Formen gibt, die bezüglich der Preise nicht direkt miteinander verglichen werden können, wird der Preisvergleich anhand eines Beispielhaushalts durchgeführt, der seinen Stromverbrauch von 3000 kWh/a durch ein Grünes Angebot decken möchte. Die Verteilung der Stromkosten des Beispielhaushalts ist in Abbildung 6 für die Angebote verschiedener Anbietergruppen dargestellt.

Bei den Grünen Angeboten etablierter EVU reicht die Spanne der Kosten im Jahr 2001 von 780 DM/a bis zu 5878 DM/a, wobei drei Angebote mit Werten deutlich über 2200 DM/a Ausreißer repräsentieren. Der Mittelwert (ohne Berücksichtigung der drei Extremwerte) liegt bei 1141 DM/a. Die Vergleichswerte für diese Gruppe für das Jahr 2000 liegen zwischen 608 und 5612 DM/a bei nur einem Ausreißer. Die mittleren Stromkosten beliefen sich in diesem Fall auf 1033 DM/a[116]. Ein Vergleich der Verteilungen der Stromkosten für die beiden Jahre zeigt, dass zwischen den Erhebungen ein statistisch signifikanter Kostenunterschied für den Beispielhaushalt besteht[117]. Daraus kann abgeleitet werden, dass der Bezug eines Grünen Angebots von einem etablierten EVU im Laufe eines Jahres signifikant teuerer geworden ist.

---

[116] Ohne Berücksichtigung des Ausreißerwertes.

[117] Die im Rahmen einer Varianzanalyse überprüfte Hypothese, dass die Mittelwerte beider Verteilungen identisch sind, muss auf dem 1 %-Signifikanzniveau abgelehnt werden (Bei Ausschluss der Ausreißer ist für beide

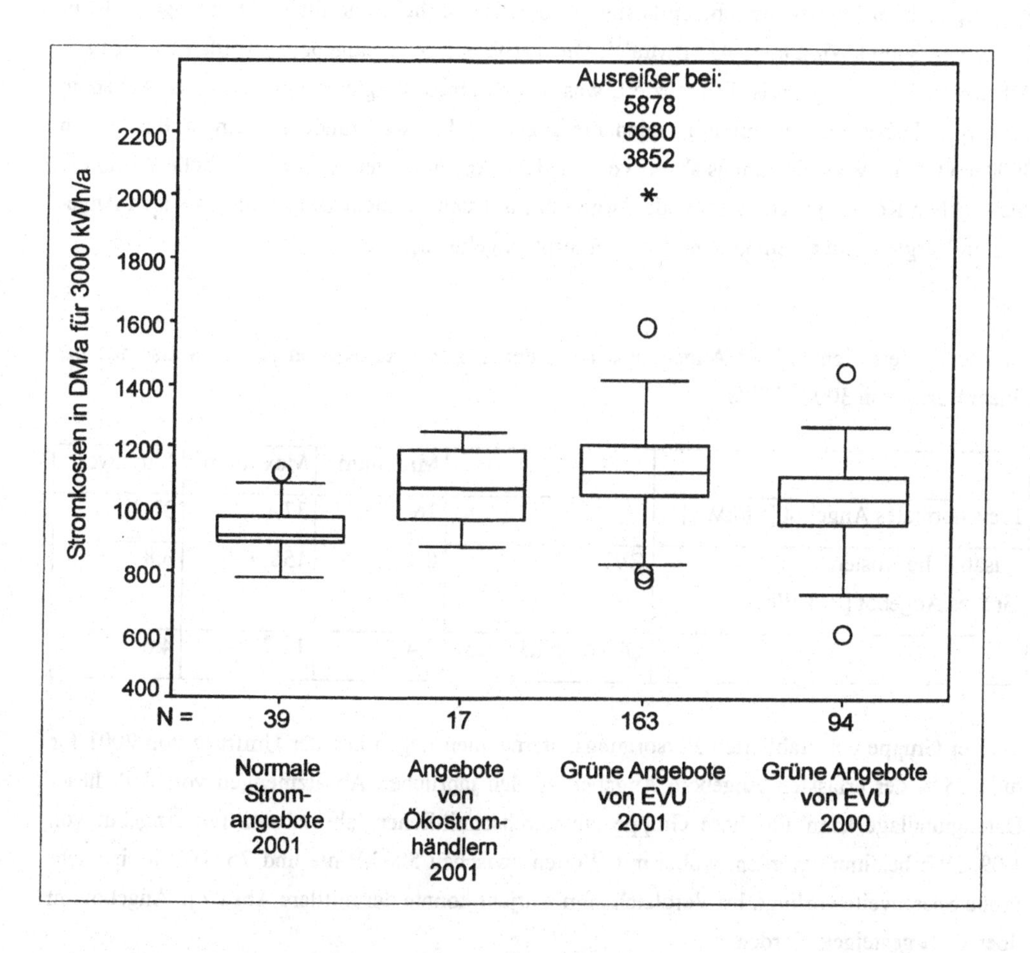

Abbildung 6: Verteilung der Stromkosten für 3000 kWh/a

Die Stromkosten für Angebote von Ökostromhändlern bewegen sich zwischen 882 und 1248 DM/a bei einem Mittelwert von 1075 DM/a. Trotz des im Vergleich zu den EVU etwas geringeren Mittelwertes kann auf Grundlage der Stichproben vom Frühjahr 2001 kein signifikanter Preisunterschied zwischen den Grünen Angeboten von etablierten EVU und Ökostromhändlern festgestellt werden.

Stichproben die Normalverteilungsvoraussetzung erfüllt.). Der entsprechende nicht-parametrische Wilcoxon-Test bestätigt dieses Ergebnis auch unter Berücksichtigung der Extremwerte beider Verteilungen.

Im Vergleich zu Grünen Angeboten kostet ein durchschnittliches normales Stromangebot beim Bezug von 3000 kWh/a etwa 937 DM/a[118]. Die Tarife von Stromangeboten werden häufig nach Arbeits- und Leistungspreis differenziert, was jedoch einen Vergleich verschiedener Angebote erschwert. Daher werden im Folgenden die Preise je Kilowattstunde bei einem Bezug von 3000 kWh/a als Vergleichsmaßstab für verschiedene Angebote verwendet. In Tabelle 7 sind die zusätzlichen Kosten je Kilowattstunde dargestellt, die sich aus dem Bezug eines Grünen Angebots im Vergleich zu einem konventionellen Stromangebot ergeben.

Tabelle 7: Vergleich Grüner Angebote anhand der zusätzlichen Kosten je Kilowattstunde bei einem Bezug von 3000 kWh/a

		Minimum	Maximum	Mittelwert
Preis normales Angebot [Pf/kWh]		26	37,1	31,2
Zusätzliche Kosten Grünes Angebot [Pf/kWh]	EVU	0	158,9	6,8
	Ökostromhändler	3,4	15,7	4,6

Bei der Gruppe der etablierten Versorgungsunternehmen liegen aus der Umfrage von 2001 für rund 75 % der erfassten Angebote Angaben zu den jährlichen Absatzmengen vor. Auf dieser Datengrundlage kann für diese Gruppe ein durchschnittlicher Jahresabsatz pro Angebot von 1,09 GWh bestimmt werden, wobei mit Werten zwischen 500 kWh/a und 76 GWh/a eine sehr große Spannweite vorliegt. Im Vergleich zum Vorjahr konnte der mittlere Absatz je Angebot um über 13 % gesteigert werden.

Für die Gruppe der Ökostromhändler kann auf Grundlage von Daten zu neun Angeboten eine mittlere Absatzmenge von 16,4 GWh pro Angebot und Jahr bestimmt werden. Auch hier ist die Spannweite, die von 2 – 60 GWh reicht, hoch. Im Vergleich zur Erhebung aus dem Herbst 2000 konnte der Absatz in etwa verdoppelt werden. Ein Vergleich zwischen den konkurrierenden Gruppen Ökostromhändler und etablierte EVU zeigt, dass Ökostromhändler deutlich mehr Ökostrom pro Angebot verkaufen als etablierte Versorgungsunternehmen.

Auf Grundlage der Daten zu den Absatzmengen sowie der Anzahl der erfassten Angebote kann das derzeitige Marktvolumen Grüner Angebote in der Bundesrepublik Deutschland abgeschätzt werden. Unter der Annahme von 24 Händlerangeboten und 231 EVU-Angeboten ergibt sich für das Jahr 2001 ein Volumen von rund 645 GWh. Da davon auszugehen ist, dass im Rahmen der

[118] Dieser Wert wurde auf Grundlage der 39 günstigsten Stromangebote für den Bezug von 3000 kWh/a bestimmt

Umfragen nicht alle existierenden Angebote erfasst werden konnten, ist der berechnete Wert als untere Abschätzung des Marktvolumens zu interpretieren. Dies bedeutet gegenüber dem in [Markard et al. 2000] für das Jahr 1999 genannten Wert von 100 GWh eine erhebliche Steigerung.

5.2.5.2 Marketing

Von den VDEW-Mitgliedsunternehmen werden im Rahmen des Marketings für Grüne Angebote im Durchschnitt zwischen 3 und 4 verschiedene Werbemittel (Mittelwert 3,8) eingesetzt. Demgegenüber nutzen Ökostromhändler üblicherweise 4 bis 5 verschiedene Medien (Mittelwert 4,6), um auf ihre Stromprodukte aufmerksam zu machen. Dabei werben in beiden Unternehmensgruppen etwa 70 % über das Internet. Weiterhin zeichnet sich ab, dass Ökostromhändler stärker als EVU mit Pressemitteilungen, Anzeigen und Werbebroschüren solche Werbemittel einsetzen, die auch eine breite Gruppe potenzieller Kunden, die bisher noch nicht mit dem Unternehmen in Kontakt gekommen sind, ansprechen. Im Gegensatz dazu setzen etablierte Versorgungsunternehmen in zunehmendem Maße Kundenzeitungen ein, welche üblicherweise nicht an potenzielle Neukunden sondern überwiegend an den Kundenstamm verteilt werden.

Für die Grünen Angebote etablierter Versorgungsunternehmen besteht nur in ca. 30 % aller Fälle ein eigenständiges Marketingkonzept. Im Vergleich zum Jahr 2000 bedeutet dies einen leichten Rückgang. Diese Entwicklung spricht dafür, dass EVU dazu tendieren, ihre Grünen Angebote überwiegend im Zusammenhang mit konventionellen Stromprodukten zu vermarkten und nur solchen Kunden anbieten, die bereits ein anderes (normales) Produkt beziehen. Dies wird dadurch untermauert, dass über 60 % der Unternehmen durch die Tarifgestaltung als Aufpreis ihr Grünes Angebot mit einem anderen Stromangebot gekoppelt haben. Vor dem Hintergrund, dass ein Großteil der Angebote (78 %) nur regional im Bereich des eigenen Versorgungsnetzes Gültigkeit besitzt und dass häufiger Kundenzeitungen als Werbemedium eingesetzt werden, ist anhand der gesamten Entwicklung der Rückschluss zulässig, dass sich etablierte Versorgungsunternehmen beim Verkauf ihrer Grünen Angebote zunehmend auf die Gruppe der bereits bestehenden Kunden im eigenen Netzgebiet konzentrieren.

Diese ausgeprägten regionalen Unternehmensaktivitäten haben zur Folge, dass zwischen den einzelnen EVU kaum ein Wettbewerb um Ökostromkunden zu Stande kommt. Weiterhin kann dies die Kundenakquisition der Ökostromhändler, die üblicherweise überregional agieren und in Konkurrenz zu den etablierten EVU treten, deutlich erschweren.

(Stand: August 2001).

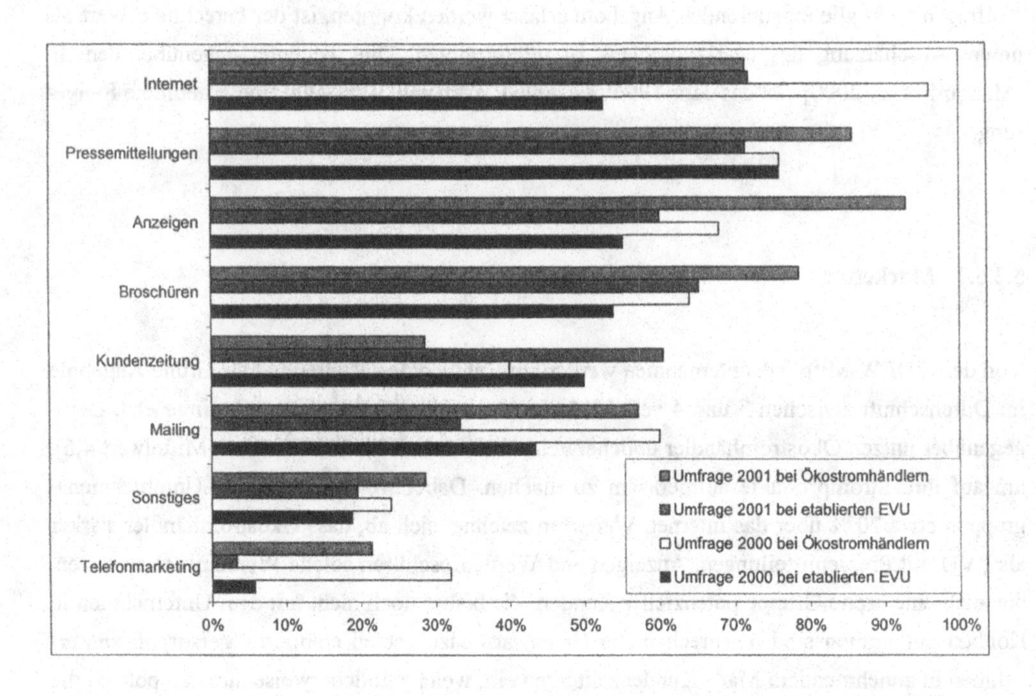

Abbildung 7: Eingesetzte Werbemittel für Grüne Angebote (Mehrfachnennungen möglich)

5.2.5.3 Anlagen und Energieträger

In Tabelle 8 ist auf Grundlage der Umfragen vom Frühjahr 2001 die Bedeutung einzelner Technologien im Rahmen Grüner Angebote dargestellt. Aus den ausgewerteten Angebotsdaten geht hervor, dass Wasserkraftwerke sowohl bei etablierten EVU als auch bei Ökostromhändlern die wichtigste Technologie im Rahmen Grüner Angebote sind. Bei der Gruppe der Händler sind mit einem Anteil von 95,7 % in fast jedes Angebot Wasserkraftanlagen integriert. Weiterhin hohe Bedeutung haben Windkraft- und Photovoltaikanlagen. Besonders hervorzuheben ist, dass auch fossile Kraft-Wärme-Kopplungs-Anlagen (KWK-Anlagen) durch Grüne Angebote gefördert werden, obwohl in diesen Kraftwerken üblicherweise keine regenerativen Energieträger eingesetzt werden[119]. KWK-Anlagen werden in diesem Rahmen überwiegend als Ergänzung zu ande-

[119] Diese Technologie wird mit dem Argument des hohen Brennstoffnutzungsgrades von KWK-Anlagen, der im Vergleich zur Stromerzeugung in Anlagen ohne KWK zu einer Umweltentlastung beiträgt, in Grüne Angebote integriert (siehe beispielsweise [Fritsche et al. 1999]). Diese Entwicklung kann dadurch begünstigt sein, dass

ren Optionen eingesetzt; es konnte nur ein Anteil von 1,8 % der Angebote identifiziert werden, die ausschließlich Strom aus KWK anbieten.

Tabelle 8: Anteil der Angebote, bei denen die genannte Technologie / der Energieträger im Anlagenportfolio vertreten ist. (KWK = Kraft-Wärme-Kopplung)

	Photovoltaik	Windkraft	Wasserkraft	Biomasse	KWK	Sonstiges
EVU	68,5 %	56,2 %	76,6 %	42,5 %	21,9 %	5,9 %
Ökostrom-händler	60,9 %	69,6 %	95,7 %	30,4 %	21,7 %	13 %

Ca. 30 % der Angebote etablierter EVU basieren ausschließlich auf einer Erzeugungsoption. In über der Hälfte dieser Angebote wird ausschließlich Strom aus Wasserkraftanlagen vermarktet. Eine Analyse der Anlageneigenschaften lässt dabei deutlich werden, dass in diesem Rahmen nahezu ausschließlich sogenannte Altanlagen eingesetzt werden[120]. Damit geht von derartigen Grünen Angeboten nur eine sehr eingeschränkte Förderwirkung aus, weil diese Kraftwerke vor allem im Fall der Großwasserkraft – bis auf wenige Ausnahmen – auch ohne Förderung wirtschaftlich rentabel betrieben werden könnten. Das Grüne Angebot dient in dieser Situation überwiegend als Instrument zur Vermarktung regenerativ erzeugter Elektrizität aus dem bestehenden Kraftwerkspark der EVU und nur in zweiter Linie als Förderinstrument für Grünen Strom. Demgegenüber steht mit einem Anteil von rund einem Viertel die Gruppe der Angebote, welche ausschließlich Photovoltaikanlagen fördern. Bei diesen Anlagen handelt es sich in ca. 80 % der Fälle um Neuanlagen, so dass hier eine Förderwirkung des Grünen Angebots weitgehend gewährleistet ist.

Der im Rahmen Grüner Angebote verkaufte regenerative Strom stammt im Mittel bei etablierten EVU zu einem Anteil von 78 % und bei Ökostromhändlern zu 68 % aus Altanlagen, die auch ohne Unterstützung durch das Angebot bereits betrieben wurden. Vor diesem Hintergrund ist die für Grüne Angebote geforderte Eigenschaft der Zusätzlichkeit[121] und damit die Förderwirkung bei beiden untersuchten Unternehmensgruppen nur eingeschränkt gegeben. Weiterhin beziehen

---

verschiedene Zertifizierungsverfahren für Grüne Angebote, wie z. B. Label des TÜV oder des EnergieVision e. V., diese Technologie in die Zertifizierung einbeziehen.

[120] Altanlagen sind solche Kraftwerke, die bereits vor Auflage des Grünen Angebots auch ohne Förderung betrieben wurden.

[121] Zur Diskussion dieser Problematik siehe Kapitel 5.1.4 oder z. B. [Dreher et al. 2000] oder [Rentz et al. 2001a], S. 72 ff.]

Ökostromhändler 87 % und EVU 62 % der regenerativ erzeugten Elektrizität von anderen Anlagenbetreibern. Dieser große Anteil des Fremdbezugs kann die Transparenz Grüner Angebote im Hinblick auf die Stromherkunft und den eingesetzten Anlagenmix negativ beeinflussen. Daher ist es von besonderer Bedeutung, dass sichergestellt werden kann, dass der zugekaufte Strom auch tatsächlich in regenerativen Kraftwerken erzeugt und nicht mehrfach vermarktet wird. Vor diesem Hintergrund kommt der Integration der Vorlieferanten in ein Instrument zur Qualitätssicherung, wie z. B. ein Zertifizierungsverfahren, eine besondere Bedeutung zu.

5.2.5.4 Qualitätssicherung

Bei Grünen Stromangeboten ist aufgrund der Homogenität des Produktes Strom für den Kunden nicht direkt erkennbar, ob die vom Anbieter gemachten Angaben zur Förderwirkung und zum Umweltnutzen tatsächlich eingehalten werden. Zur Qualitätssicherung sowie zur Erhöhung der Transparenz und Glaubwürdigkeit Grüner Angebote werden daher verschiedene Kontrollmechanismen von den Anbietern eingesetzt. Zur Überwachung der Qualitätsanforderungen werden derzeit zwei unterschiedliche Ansätze umgesetzt.

Eine Möglichkeit besteht darin, dass EVU auf Unternehmensebene eigene Kontrollmechanismen für die Grünen Angebote implementieren. In diesem Fall kann der Kontrollumfang sehr genau an die Anforderungen des Unternehmens beziehungsweise der Angebote angepasst werden. Allerdings erlaubt diese Individualität kaum einen Vergleich verschiedener Angebote auf Grundlage der Kontrollergebnisse. Daher kann dieser Ansatz nur bedingt zu einer Verbesserung der Transparenz auf dem Markt für Grüne Angebote beitragen. Die wichtigsten Kontrollorgane bei etablierten EVU sind dabei unternehmensinterne Prüfungen, die bei 40 % der Unternehmen durchgeführt werden, sowie eine unabhängige Wirtschaftsprüfung (in 27 % der Fälle). Ein Vergleich mit der Situation im vergangenen Jahr zeigt, dass der Anteil unternehmensinterner Prüfungen zwischen den Erhebungen im Jahr 2000 und 2001 zugenommen hat. Hierbei ist allerdings anzumerken, dass Unternehmensprüfungen dieser Art ohnehin in regelmäßigen Abständen durchgeführt werden (müssen) und daher durch die Berücksichtigung Grüner Angebote kein oder nur ein geringer Zusatzaufwand entsteht. Unter diesem Gesichtspunkt stellen diese Alternativen eine kostengünstige Kontrollmöglichkeit dar. Weiterhin werden in zunehmendem Maße Umweltorganisationen in die Angebotskontrolle integriert. Hier ist ein Anstieg von 5 % der Unternehmen im Jahr 2000 auf 11 % in 2001 zu verzeichnen. Diese Entwicklung folgt dem Beispiel der Niederlande, wo der World Wide Fund for Nature (WWF) als allgemein anerkannte Umweltorganisation die Schirmherrschaft über verschiedene Grüne Stromangebote übernommen hat [Dreher et al. 1999]. Es ist allerdings bisher nicht nachgewiesen, dass zwischen dem Engagement des WWF und den in den Niederlanden höheren Teilnehmerzahlen bei Grünen Angeboten ein kausaler Zusammenhang besteht. Ein ähnliches Bild bezüglich der unternehmensinternen Kontrollorgane zeigt sich auch bei der Gruppe der Ökostromhändler, wobei hier Umweltorganisationen mit einem Anteil von rund 60 % häufig vertreten sind. Besonders bemerkenswert ist auch, dass bei den Händlern alle antwortenden Unternehmen einen internen Kontrollmechanismus implementiert haben, während rund 30 % der etablierten EVU darauf verzichten.

Eine zweite Möglichkeit zur Qualitätskontrolle besteht in der Zertifizierung Grüner Angebote durch externe Dienstleitungsunternehmen. Die wichtigsten Anbieter von Zertifizierungsverfahren sind die Technischen Überwachungsvereine (TÜV), EnergieVision e. V. sowie Grüner Strom Label e. V. Diese Institutionen bieten verschiedene Produktlabels an, die unterschiedliche Qualitätsanforderungen an das Grüne Angebot stellen (siehe z. B. [Huwer 1998]). Grundlegendes Problem hierbei ist die Vielfalt der verschiedenen Gütesiegel und die damit verbundenen Abstufungen der Qualitätsanforderungen, wodurch ein Angebotsvergleich für den Laien/Kunden kaum möglich ist. Die Auswertung der verschiedenen Umfragen bezüglich der Zertifizierung lässt zunächst deutlich werden, dass rund 40 % der Angebote etablierter Versorgungsunternehmen nicht zertifiziert werden. Dieser Anteil hat sich im Vergleich der Jahre 2000 und 2001 nicht verändert. Die Anteil der Grünen Angebote, für die eine Zertifizierung geplant ist hat sich ausgehend von 15 % im Jahr 2000 auf 9 % verringert. Damit kann festgestellt werden, dass derzeit rund die Hälfte aller Ökostromangebote von etablierten Versorgungsunternehmen ein Gütesiegel aufweist. Im Gegensatz dazu sind alle erfassten Angebote von Ökostromhändlern zertifiziert beziehungsweise ist eine Zertifizierung geplant.

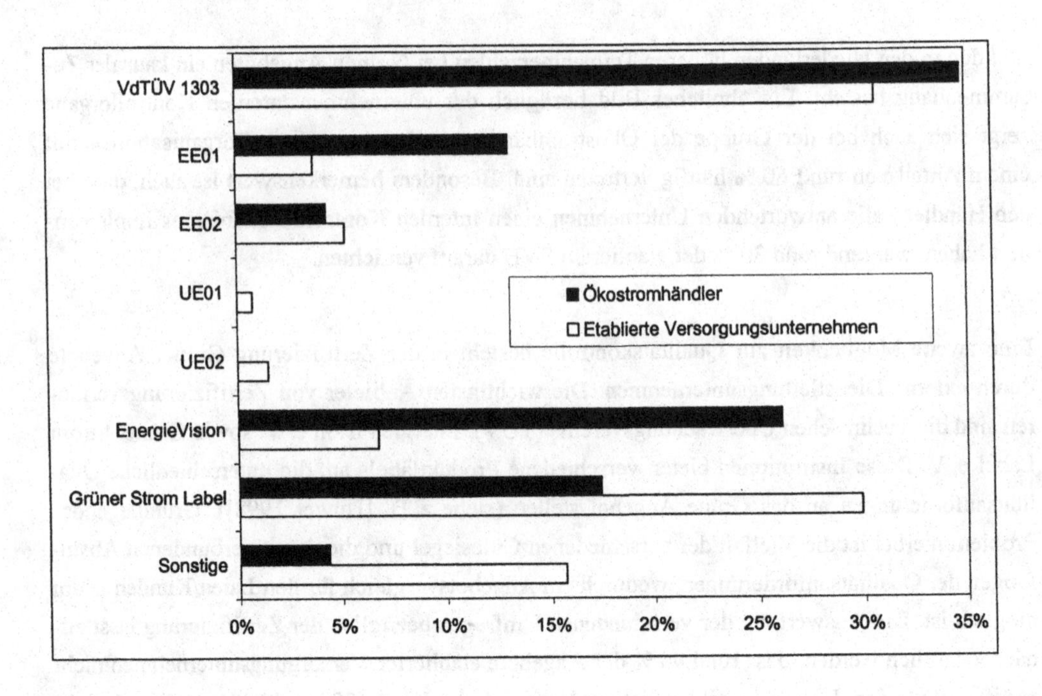

Abbildung 8: Zertifizierung Grüner Angebote (Stand: Frühjahr 2001)

Die vergleichsweise große Verbreitung der Zertifikate des Grünen Strom Label e. V. bei der Gruppe der Versorgungsunternehmen rührt im Wesentlichen daher, dass mit diesem Label das Rahmenangebot „energreen" der ASEW[122] zertifiziert ist und somit auch alle Anbieter dieses Konzepts das entsprechende Label vorweisen können. Weiterhin werden seitens der EVU vergleichsweise häufig das Forum für Zukunftsenergie sowie Landesgewerbeämter als zertifizierende Institutionen genannt (in Abbildung 8 zusammengefasst unter der Rubrik „Sonstige").

5.3 Unterschiede zwischen den Akteursgruppen

Anhand der in den vorangegangenen Abschnitten dargestellten Umfrageergebnissen wird deutlich, dass es zwischen den Akteursgruppen „Ökostromhändler" und „etablierte Versorgungsunternehmen" zahlreiche Unterschiede bezüglich der Umsetzung und des Erfolgs Grüner Angebote gibt. Die wichtigsten Aspekte hierbei sind:

---

[122] Arbeitsgemeinschaft für sparsame Energie- und Wasserverwendung im Verband kommunaler Unternehmen.

- Der mittlere Absatz pro Grünem Angebot ist bei Ökostromhändlern deutlich höher als bei den etablierten Versorgungsunternehmen.
- Ökostromhändler nutzen die Zertifizierung als Instrument zur Qualitätssicherung konsequenter als EVU.
- Etablierte Versorgungsunternehmen konzentrieren ihre Aktivitäten überwiegend auf den eigenen Netzbereich und damit auf die bestehenden Kunden, während Händler überregional agieren und stärker Neukunden akquirieren.

Vor dem Hintergrund der Analyseergebnisse zeigt sich, dass Ökostromhändler gemessen am Absatz auf größere Angebotserfolge bei der bisherigen Vermarktung von Ökostromprodukten zurückblicken können als EVU, obwohl die Händler zahlreiche Hemmnisse beklagen, die den Unternehmenserfolg schmälern können. An erster Stelle wird hier das Verhalten etablierter Versorgungsunternehmen genannt, die beispielsweise durch langwierige Verfahren beim Anbieterwechsel versuchen, konkurrierende Angebote unattraktiv zu machen. Weiterhin wird seitens der Händler in der Verweigerung des Netzzugangs sowie der Höhe der Netznutzungsentgelte ein wesentlicher erfolgsschmälernder Faktor gesehen. In diesem Zusammenhang sehen rund zwei Drittel der Ökostromhändler die Einsetzung einer Regulierungsbehörde als notwendig an, um einen freien Marktzutritt zu gewährleisten. Die Einschätzungen der Ökostromhändler zur Geschäftsentwicklung bei einer Beseitigung dieser Hemmnisse sind teilweise sehr optimistisch. Sie reichen bis zu einer Verzehnfachung des eigenen Handelsvolumens.

Da zu erwarten ist, dass die angesprochenen Beeinträchtigungen bezüglich des Marktzutritts zukünftig beseitigt werden[123], haben Ökostromhändler für die Unternehmensentwicklung eher positive Perspektiven. Für etablierte Versorgungsunternehmen bedeutet dies, dass bei einer weiteren Fokussierung der Aktivitäten auf den vorhandenen Kundenstamm die Gefahr besteht, dass sich die Unterschiede beim Ökostromabsatz weiter zu Gunsten der Angebote von unabhängigen Anbietern verschieben werden. Aufgrund der zu erwartenden zukünftigen Bedeutung dieses Marktsegments[124] erscheint es aus Sicht etablierter Versorgungsunternehmen nicht wünschenswert, dass sich dieser Markt ohne nennenswerte Partizipation dieser Akteursgruppe weiterentwickelt. Daher ist es notwendig, dass etablierte EVU tragfähige Strategien für den Wettbewerb in diesem Marktsegment entwickeln. Ein erster Ansatzpunkt in diesem Rahmen könnte die gezielte

---

[123] Siehe z. B. Rede von Bundeswirtschaftminister Müller auf dem VDEW-Kongress 2001 in Hamburg [Strom 2001].

[124] Für eine zukünftig große Bedeutung des Marktes für Grünen Strom sprechen einerseits die europäischen Anstrengungen für ein harmonisiertes Förderinstrument für regenerativ erzeugten Strom [EC 2000] sowie andererseits die, wenn auch nur als Diskussionsgrundlage oder persönliche Meinung geäußerten, teilweise sehr ambitionierten Förderziele für diesen Bereich (z. B. Bundesumweltminister Trittin : 20 % Grüner Strom in 2020 und 50 % in 2050 [Strom 2000]).

Ausdehnung der Grünen Angebote über den derzeit vorwiegend regionalen Geltungsbereich hinaus sein, mit dem Ziel, neue Kunden (auch für die konventionellen Stromprodukte) zu gewinnen und den Ökostrommarkt zu beleben.

5.4 Grüne Angebote als Alternative zu hoheitlichen Instrumenten

Freiwillige Förderinstrumente, wie z. B. Grüne Angebote, werden unter anderem als Alternative zu hoheitlichen Ansätzen gesehen ([Rentz et al. 1999, S. 7 f.]). Allerdings stellt sich in diesem Zusammenhang die Frage, in wie weit die Förderwirkung eines freiwilliges Instruments der eines hoheitlichen Ansatzes gleichwertig beziehungsweise überlegen ist. Nur falls dies gewährleistet ist, repräsentiert das freiwillige Instrument auch unter dem Gesichtspunkt der Förderzielsetzung eine echte Alternative zu hoheitlichen Instrumenten.

Zur Beantwortung dieser Fragestellung für die im Rahmen dieses Beitrags näher betrachteten Grünen Stromangebote ist eine Beurteilung der Förderwirkung im Vergleich zu den aktuell implementierten beziehungsweise diskutierten Förderregelungen erforderlich. Für die Bundesrepublik Deutschland handelt es sich dabei um das EEG aber auch um den diskutierten Ansatz einer Quotenregelung.

Die genaue Bewertung der Förderwirkung Grüner Angebote unter dem in Kapitel 5.1.4 diskutierten Gesichtspunkt der Zusätzlichkeit und der damit verbundenen Notwendigkeit zur Bestimmung einer Baseline ist aufwendig ([Ardone 1999, S. 227 f.]). Dennoch ist bereits auf Grundlage der im Rahmen der durchgeführten Umfragen erfassten Daten eine grobe Abschätzung der Förderwirkung Grüner Angebote und darauf aufbauend ein Vergleich zu alternativen hoheitlichen Instrumenten möglich. Hierzu können folgende Kriterien herangezogen werden:

- Verkaufserfolge: Das Marktvolumen Grüner Angebote kann für das Jahr 2001 mit rund 640 GWh abgeschätzt werden (siehe Kapitel 5.2.5.1). Im Vergleich zu der über das EEG geförderten Strommenge von etwa 13 TWh im Jahr 2000[125] ist dies nur ein geringer Betrag. Die Verkaufserfolge von durchschnittlich nur 1 GWh pro Grünem Angebot und Jahr bei etablierten EVU können nicht nur durch ein allgemein geringes Interesse der Konsumenten verursacht werden, sondern können auch durch die häufig bestehende mangelnde Transparenz bezüglich der Mittelverwendung und damit auch der Förderwirkung begünstigt werden,

[125] Dieser Wert entspricht der Hochrechnung der EEG-Einspeisungen zwischen 1.4.2000 und 31.12.2000 auf das gesamte Jahr ([DVG 2001b]). Dabei wurde eine Quote von durchschnittlich 2,9 % erreicht. Eine Abschätzung der Quote für 2001 auf Basis von [DVG 2001a] ergibt einen Wert von über 3 %. Damit kann der angegebene Wert von 13 TWh als untere Grenze interpretiert werden.

weil dadurch letztlich die Wirkungsweise und die Zielsetzung einzelner Angebote für den Kunden nicht in ausreichendem Maße transparent wird.

- Geförderte Anlagentypen: Die Auswertung der Umfrageergebnisse lässt deutlich werden, dass sogenannte Altanlagen sehr oft in das Anlagenportfolio eines Grünen Angebots integriert werden (siehe Kapitel 5.2.5.3). Obwohl auch bei Altanlagen das Kriterium der Zusätzlichkeit erfüllt sein kann, ist vor dem Hintergrund der Nutzung von Großwasserkraftanlagen sowie einer möglichen Doppelförderung durch andere Instrumente, wie z. B. das EEG, davon auszugehen, dass in diesen Fällen nur eine geringe Förderwirkung besteht.

  Weiterhin ist in diesem Zusammenhang zu berücksichtigen, dass die Anbieter von Grünen Angeboten frei über die Zusammensetzung des Anlagenportfolios entscheiden können. Dabei steht nicht nur die Förderwirkung sondern auch die Frage, welche regenerativen Energien sich am Besten bei den Kunden verkaufen lassen, im Vordergrund. Ein Beispiel hierfür ist die hohe Popularität der Photovoltaik, wodurch die Integration dieser Option in Grüne Angebote attraktiv wird, obwohl beispielsweise durch Windkraftanlagen mit dem gleichen finanziellen Beitrag eine wesentlich höhere Umweltentlastung realisiert werden könnte. Dies kann dazu beitragen, dass neben einer geringen Förderwirkung auch die statische Effizienz der Angebote beeinträchtigt wird.

Diesen Problemen bei der Förderwirkung Grüner Angebote stehen die als gut einzuschätzenden Fördererfolge beziehungsweise Zielerreichungsgrade bei den aktuell bedeutendsten hoheitlichen Instrumenten gegenüber. So kann das EEG, obwohl der Zielerreichungsgrad bei Garantiepreismodellen kaum genau prognostiziert werden kann ([Rentz et al. 2001b, S. 78]), auf sehr gute Fördererfolge vor allem im Bereich der Windkraft verweisen. Bei Quotenregelungen ist aufgrund der genauen Zielvorgabe das Erreichen der Förderziele garantiert (siehe z. B. [Drillisch 2001, S. 303]).

Im Gegensatz dazu ist vor dem Hintergrund der Analyseergebnisse die Förderwirkung der aktuell am Markt befindlichen Grünen Angebote eher kritisch zu hinterfragen. Damit kann die Frage, ob dieses freiwillige Instrument eine echte Alternative zu hoheitlichen Förderansätzen bietet, zwar nicht abschließend beantwortet werden, es wird aber deutlich, dass derzeit erhebliche Nachteile bezüglich der Förderwirkung bestehen. Damit stellt sich die Frage, in wie weit Ökostromangebote sinnvoll in eine zukünftige Fördestrategie integriert werden können beziehungsweise sollen. Ein möglicher Ansatzpunkt für eine Integration besteht in der gezielten Kombination mit anderen z. B. hoheitlichen Ansätzen.

5.5 Instrumentenkombinationen und Förderwirkung

Vor dem Hintergrund der bestehenden hoheitlichen Regelungen zur Förderung regenerativer Energieträger, wie z. B. dem EEG, und der im vorangegangenen Abschnitt aufgeworfenen Frage nach einer sinnvollen Integration Grüner Angebote in eine Förderstrategie sind vor allem die Kombinationsmöglichkeiten des freiwilligen Instruments Grüne Angebote mit hoheitlichen Förderansätzen von Bedeutung. Dabei kann das Zusammenwirken der Förderregelungen auf drei unterschiedlichen Beziehungen basieren.

Für den Fall, dass die hoheitliche Förderregelung und das Grüne Angebot unterschiedliche Anlagen (-typen) beziehungsweise Energieträger unterstützen, gibt es bezüglich der Förderwirkung keine Berührungspunkte zwischen den Instrumenten. Diese Variante erlaubt mit Blick auf die Umweltwirkungen eine klare Abgrenzung des Nutzens der verschiedenen Instrumente. Eine Doppelförderung oder eine Ergänzung der hoheitlichen Förderung durch ein Grünes Angebot kann in diesem Fall nicht zu Stande kommen. Vor dem Hintergrund eines auf eine breite Förderung regenerativer Technologien ausgelegten hoheitlichen Instruments, wie es mit dem EEG in Deutschland implementiert ist oder im Rahmen einer Quotenregelung diskutiert wird, bleiben für Grüne Angebote nur wenige Alternativen übrig. Dies kann zum Einen dazu führen, dass das für Grüne Angebote verfügbare Potenzial an regenerativem Strom zu gering ist und daher kaum Angebote in nennenswertem Umfang aufgelegt werden können. Zum Anderen besteht die Gefahr, dass verstärkt Optionen unterstützt werden, deren Förderwürdigkeit oder Umweltnutzen fragwürdig ist, wie z. B. bei regenerativen Anlagen, die auch ohne Unterstützung wirtschaftlich betrieben werden können. In beiden Fällen existieren aufgrund des geringen Angebotsvolumens beziehungsweise einer mangelnden Förderwirkung nur eingeschränkte Erfolgsaussichten für entsprechende Angebote.

Die zweite Kombinationsmöglichkeit besteht darin, dass durch Grüne Angebote eine Zusatzförderung für solche regenerativen Stromerzeugungsanlagen bereit gestellt wird, für welche die finanzielle Unterstützung des hoheitlichen Instruments nicht ausreicht. In diesem Fall dient das freiwillige Instrument zur Ergänzung des staatlichen Ansatzes. Allerdings besteht die Problematik, dass einzelne Optionen/Anlagen durch eine doppelte Unterstützung insgesamt zu hohe Förderungen erhalten (können). Um daraus resultierende Effizienzverluste zu vermeiden, ist daher die Implementierung einer Kontrollinstanz zu empfehlen. Da aufgrund der Instrumentenkombination die Förderwirkung nur anteilig - entsprechend dem Förderbetrag - dem Grünen Angebot zugerechnet werden kann, sollte im Zuge einer transparenten und glaubwürdigen Angebotsdarstellung auf diesen Zusammenhang hingewiesen werden. Dieser Aspekt hat vor dem Hintergrund, dass aufgrund der Angebotsbeschreibung bei zahlreichen existierenden Grüne Angeboten kein Rückschluss auf die Förderwirkung und –modalitäten möglich ist, besondere Bedeutung (siehe [Graehl et al. 2001]). Sämtliche Anforderungen könnten im Rahmen eines Zertifizierungsverfahrens überprüft werden, so dass die Einrichtung einer gesonderten Institution zur Kontrolle nicht zwingend notwendig erscheint.

Als dritte Kombinationsmöglichkeit können Ökostromangebote zur ausschließlichen Vermarktung von Grünem Strom eingesetzt werden, der aus Anlagen stammt, die im Rahmen einer hoheitlichen Förderregelung unterstützt werden oder die auch ohne Förderung wirtschaftlich betrieben werden können. Diese Ökostromangebote weisen keinen eigenen Umweltnutzen auf und genügen daher nicht den Anforderungen des Kriteriums der Zusätzlichkeit. Aus diesem Grund handelt es sich bei diesen Angeboten nicht um Grüne Angebote im eigentlichen Sinne, weshalb sie hier im Weiteren als Ökostromangebote bezeichnet werden[126]. Angebote dieser Art haben nicht mehr den Charakter eines Förderinstruments sondern entsprechen einem reinen Marketinginstrument. Anhand der Auswertungen der durchgeführten Umfragen wird deutlich, dass ein großer Teil der existierenden Angebote Strom aus EEG-geförderten Anlagen vermarktet. Durch diese Angebote wird die finanzielle Mehrbelastung aufgrund des hoheitlichen Instruments anstelle einer Belastung der Allgemeinheit lediglich auf die Gruppe der Ökostromkunden umverteilt. Unter dem Gesichtspunkt, dass die finanzielle Last des hoheitlichen Förderinstruments EEG, welches sich auf den gesamten Stromkonsum bezieht, nur auf eine soziale Gruppe verteilt und die Allgemeinheit dadurch finanziell entlastet wird, ist diese in der Praxis zu beobachtende Entwicklung als kritisch zu bewerten.

Aus der Existenz dieser unterschiedlichen Kombinationsmöglichkeiten für hoheitliche und freiwillige Förderinstrumente mit dem daraus resultierenden unterschiedlichen Umweltnutzen folgt, dass bei der Ausgestaltung von Grünen Angeboten klare Qualitätsrichtlinien angelegt werden sollten, weil andernfalls nicht gewährleistet werden kann, dass das Ökostromangebot auch eine nennenswerte Förderwirkung besitzt. Praxisansätze sind in der Zertifizierung Grüner Stromangebote zu sehen. Problematisch hierbei ist, dass für die Beurteilung unterschiedliche Kriterienkataloge bestehen. Dies führt dazu, dass keine einheitlichen Mindestanforderungen eingehalten werden und dass die verschiedenen Angebote auf Grundlage der Zertifikate/Labels nur sehr eingeschränkt vergleichbar sind. Hinzu kommt noch, dass eine Zertifizierung nicht zwingend vorgeschrieben ist.

Daher sollten für das Förderinstrument Grüne Angebote verbindliche Mindestkriterien in Bezug auf die Zusätzlichkeit definiert werden. Ein Beispiel hierfür sind die Anforderungen des Labels des EnergieVision e. V. Darüber hinaus können auch weitergehende Kriterien festgelegt werden. Zur breiten Durchsetzung dieser Anforderungen wäre auch ein Schutz einer Produktbezeichnung, wie z. B. „Grünes Angebot", denkbar, mit dem Ziel, dass nur entsprechend zertifizierte Angebote, welche die ökologischen Mindestanforderungen erfüllen, diese Bezeichnung tragen

---

[126] In der Literatur wird diese Differenzierung häufig nicht vorgenommen.

dürfen. Alle anderen Ökostromangebote, welche die Zusätzlichkeit nicht garantieren können, müssten dann eine andere Bezeichnung tragen.

5.6 Zusammenfassung

Grüne Angebote repräsentieren im Gegensatz zu hoheitlichen Förderinstrumenten einen Ansatz zur freiwilligen Förderung regenerativer Energieträger in der Stromerzeugung. Seit einigen Jahren nimmt die Anzahl solcher Angebote auf dem bundesdeutschen Strommarkt stetig zu. Allerdings wurden die Aktivitäten in diesem neuen Marktsegment bisher weder unter ökologischen noch unter ökonomischen Kriterien näher analysiert. In diesem Kapitel sollen daher die aktuelle Marktsituation und die Entwicklung des Marktes für Grüne Angebote in den vergangenen Jahren untersucht werden. Weiterhin sollen Perspektiven sowie zukünftige Handlungsfelder in diesem Marktbereich aufgezeigt werden.

Eine Übertragung spieltheoretischer Überlegungen auf die Frage nach dem zu erwartenden Erfolg Grüner Angebote kommt zu dem Ergebnis, dass es verschiedene Rahmenbedingungen, wie z. B. die Anzahl der betroffenen Akteure, gibt, die zunächst gegen einen größeren Erfolg dieses Förderinstruments sprechen. Andererseits zeigt die Theorie auch Perspektiven auf, wie eine größere Kundenresonanz erreicht werden kann. Wesentliche Elemente dabei sind eine Marktsegmentierung für einzelne Grüne Angebote sowie ein in diesem Zusammenhang umzusetzendes zielgruppenspezifisches Marketing.

Die durchgeführten Analysen zeigen deutlich, dass die Bewertung Grüner Angebote hinsichtlich ihres Umweltnutzens und damit auch bezüglich der geforderten Zusätzlichkeit beziehungsweise Förderwirkung problembehaftet ist. Zum Einen ist es schwierig, die Zusätzlichkeit Grüner Angebote pauschal nachzuweisen, weil hier verschiedene Fälle unterschieden werden müssen und häufig eine auf den Einzelfall bezogene Entscheidung getroffen werden muss. Es ist in diesem Zusammenhang aber offensichtlich, dass eine Reduktion dieses Kriteriums auf den Aspekt „Installation von Neuanlagen" nicht zielführend ist. Zum Anderen ist die Transparenz bestehender Grüner Angebote bezüglich der Förderwirkung häufig gering, so dass beispielsweise eine Doppel- oder Überförderung nicht ausgeschlossen werden kann. Allgemein stellt sich in Analogie zu anderen Förderinstrumenten auch bei der Bewertung der Zusätzlichkeit Grüner Angebote das Problem der Bestimmung einer geeignete Baseline.

Die Entwicklung des Marktes Grüner Angebote war in den vergangenen Jahren sehr lebhaft. Vor allem ab der zweiten Hälfte des Jahres 1999 hat die Angebotsanzahl auf dem bundesdeutschen Markt sehr stark zugenommen. Dabei hat sich zunehmend die Form der Tarifangebote, die mittlerweile einen Anteil von 95 % haben, am Markt durchgesetzt. Die Analyse eines Beispielhaushalts mit einem Verbrauch von 3000 kWh/a ergibt, dass etwa zwei Drittel der untersuchten Angebote im Preissegment zwischen DM 1000 und DM 1225 liegen. Dabei ist auf Basis des vorliegenden Datenmaterials kein signifikanter Preisunterschied zwischen den Angeboten von EVU und Ökostromhändlern zu erkennen. Aus dem Vergleich mit Standardangeboten wird dahingegen ersichtlich, dass Grüne Angebote deutlich teurer als Standardangebote sind.

Zur Erhöhung der Glaubwürdigkeit und Transparenz sind bisher mehr als 60 % der Grünen Angebote etablierter Versorgungsunternehmen zertifiziert worden bzw. ist eine Zertifizierung geplant. Dahingegen sind bei den erfassten Ökostromhändlern sämtliche Angebote zertifiziert worden. Dabei werden die Zertifikate des TÜV sowie des Grünen Strom Label e V. am häufigsten genutzt. Die eingesetzten Zertifizierungsverfahren stellen jedoch nicht die Zusätzlichkeit Grüner Angebote sicher. Zwar werden im Rahmen einiger Verfahren Anforderungen an den Anteil neuer Anlagen gestellt, dies garantiert jedoch nicht, dass die Anlagenerrichtung ausschließlich auf die Förderwirkung grüner Angebote zurückzuführen ist.

Wie bereits bei der Fragestellung der Zertifizierung angedeutet, geht auch aus weiteren Aspekten der durchgeführten Angebotsanalysen hervor, dass es zwischen Angeboten der Hauptakteursgruppen etablierte Versorgungsunternehmen und Ökostromhändler wesentliche Unterschiede gibt. So konzentrieren sich die etablierten EVU bei der Vermarktung ihrer Grünen Angebote überwiegend auf eine klar abgegrenzte Region, während Ökostromanbieter vor allem überregional agieren. Auch bei den eingesetzten regenerativen Stromerzeugungsanlagen gibt es Unterschiede bezüglich der vorwiegend eingesetzten Technologien und des Anteils von bereits bestehenden Altanlagen am Anlagenportfolio.

Vor dem Hintergrund, dass Grüne Angebote derzeit nur einen begrenzten Angebotserfolg aufweisen, kann dieses Förderinstrument nur eingeschränkt als echte Alternative zu hoheitlichen Förderansätzen bewertet werden. In diesem Zusammenhang können Kombinationen unterschiedlicher freiwilliger und hoheitlicher Förderansätze sinnvoll sein. Doch auch in diesem Fall ist zu beachten, dass durch die doppelte Unterstützung keine Überförderung einzelner Optionen entsteht.

Als wesentliches Fazit aus den durchgeführten Markt- und Angebotsanalysen kann festgehalten werden, dass aus gegenwärtiger wie auch zukünftiger Sicht die Qualitätssicherung bei Grünen Angeboten einen hohen Stellenwert einnimmt. In diesem Zusammenhang ist die Definition von verbindlich einzuhaltenden Qualitätskriterien zu empfehlen, welche auch als Grundlage für Zertifizierungsverfahren und der Bewertung der Förderwirkung dienen können.

5.7 Quellen

[Ardone 1999] Ardone, A.: *Entwicklung einzelstaatlicher und multinationaler Treibhausgasminderungsstrategien für die Bundesrepublik Deutschland mit Hilfe von optimierenden Energie- und Stoffflußmodellen.* Frankfurt/Main: Peter Lang Verlag, 1999.

[Dreher et al. 1999] Dreher, M.; Hoffmann, T.; Wietschel, M.; Rentz, O.: *Grüne Angebote in Deutschland im internationalen Vergleich.* Zeitschrift für Energiewirtschaft, 3/99, 1999, S. 235-248.

[Dreher et al. 2000] Dreher, M.; Graehl, S.; Wietschel, M.; Rentz, O.: *Entwicklungstendenzen bei Grünen Angeboten in Deutschland.* Zeitschrift für Energiewirtschaft, 4/00, 2000, S. 191-199.

[Dreher 2001] Dreher, M.: *Analyse umweltpolitischer Unstrumente zur Förderung der Stromerzeugung aus regenerativen Energieträgern im liberalisierten Strommarkt*, 2001.

[Drillisch 2001] Drillisch, J.: *Quotenmodell für regenerative Stromerzeugung.* München: Oldenbourg Industrieverlag, 2001.

[DVG 2001a] DVG (Hrsg): *Aktuelle Daten zum Erneuerbare-Energien-Gesetz (EEG) (06/2001).*

[DVG 2001b] DVG (Hrsg): *Jahresabrechnung 2000 für das Erneuerbare-Energien-Gesetz (EEG) und für das Kraft-Wärme-Kopplungsgesetz (KWKG) durch die Übertragungsnetzbetreiber (ÜNB).* 8.5.2001b, www.dvg-heidelberg.de.

[EC 2000] European Commission (Hrsg.): *Vorschlag für eine Richtline des europäischen Parlamentes und des Rates zur Förderung der Stromerzeugung aus erneuerbaren Energiequellen im Elektrizitätsbinnenmarkt.* Brüssel: European Commission, 2000.

[Fichtner et al. 2001] Fichtner, W., Graehl, S., Rentz, O.: *Baseline Setting Using Optimising Energy Model*, in Energy & Environment, Volume 12, Nr. 5&6, 2001

[Fritsche et al. 1999] Fritsche, U. R.; Timpe, C.; Matthes, F. C.; Roos, W.; Seifried, D.: *Entwicklung eines Zertifizierungsverfahrens für "Grünen Strom".* Bremen: Bremer-Energie-Konsens, 1999.

[Glance et al. 1994] Glance, N. S.; Huberman, B. A.: *Social Dilemmas and Fluid Organizations*, in: Carley, K. M.; Prietula, M. J. (Hrsg.): Computational Organization Theory. Hillsdale: Lawrence Erlbaum, 1994, S. 217-239.

[Graehl et al. 2001] Graehl, S.; Dreher, M.; Wietschel, M.; Rentz, O.: *Eine Analyse des Marktes für Grüne Angebote in Deutschland.* Zeitschrift für Energiewirtschaft, 4, 2001.

[Huwer 1998] Huwer, R.: *Wieviel Ökolabels braucht der Strommarkt? - Nationale und internationale Zertifizierungsverfahren für Ökostrom im Überblick.* Elektrizitätswirtschaft, 98, 24, 1998, S. 30-35.

[Markard et al. 2000] Markard, J.; Timpe, Ch.: *Ist Ökostrom ein Auslaufmodell?* Zeitschrift für Energiewirtschaft, 4/00, 2000, S. 201-212.

[Rentz et al. 2001a] Rentz, O.; Wietschel, M.; Dreher, M.; Bräuer, W.; Kühn, I.: *Neue umweltpolitische Instrumente im liberalisierten Strommarkt.* Karlsruhe/Mannheim: Institut für Industriebetriebslehre und Industrielle Produktion, Universität Karlsruhe/Zentrum für Europäische Wirtschaftforschung, Mannheim, 2001a.

[Rentz et al. 1999] Rentz, O.; Wietschel, M.; Enzensberger, N.; Dreher, M.: *Instrumente zur Förderung regenerativer Energieträger im liberalisierten Strommarkt.* Karlsruhe: Institut für Industriebetriebslehre und Industrielle Produktion Universität Karlsruhe, 1999.

[Rentz et al. 2001b] Rentz, O.; Wietschel, M.; Enzensberger, N.; Dreher, M.: *Vergleichender Überblick über energiepolitische Instrumente und Maßnahmen im Hinblick auf ihre Relevanz für die Realisierung einer nachhaltigen Energieversorgung.* Karlsruhe: Institut für Industriebetriebslehre und Industrielle Produktion Universität Karlsruhe, 2001b.

[Schüßler 1997] Schüßler, R.: *Kooperation unter Egiosten: vier Dilemmata.* München: Oldenbourg Verlag, 1997.

[Strom 2000] Strom (Hrsg): *Umweltminister Trittin zur Vorstellung des Buches "Nach dem Ausstieg": Ausbau erneurbarer Energien kontinuierlich vorantreiben.* 27.9.2000.

[Strom 2001] Strom (Hrsg): *Wirtschaftsminister Müller beim VDEW-Kongress:"Mein Schreibtisch quillt vor Beschwerden nur so über.".* 1.6.2001.

6 Auswirkungen einer Förderung regenerativer Energieträger in der Stromerzeugung - Eine Energiesystemanalyse für Baden-Württemberg

M. DREHER

6.1 Einleitung

In Kapitel 3 wurden verschiedene Förderinstrumente für Regenerative Energieträger vorgestellt und kritisch diskutiert. Im diesem Kapitel werden die Einflüsse, die von einer Förderung regenerativer Energieträger auf ein existierendes Versorgungssystem ausgehen, untersucht und darauf aufbauend Empfehlungen für die Instrumentenausgestaltung entwickelt.

Im folgenden Abschnitt wird ein geeigneter methodischer Ansatz auf Grundlage eines optimierenden Energie- und Stoffflussmodells für die Untersuchung der Auswirkungen einer Förderung regenerativer Energieträger in der Stromerzeugung und dessen Anwendung auf die Region Baden-Württemberg vorgestellt. Daran anschließend werden die Analyseergebnisse für die Beispielregion diskutiert und die sich daraus ergebenden Schlussfolgerungen für die Ausgestaltung eines Förderinstruments dargestellt.

6.2 Analysemethodik

6.2.1 Das Energie- und Stoffflussmodell PERSEUS-REG[2]

Zur Untersuchung der Auswirkungen einer Förderung regenerativer Energieträger in der Stromerzeugung ist eine detaillierte Analyse des betroffenen Energiesystems erforderlich, da existierende technische Zusammenhänge, Interdependenzen zwischen verschiedenen Technologien sowie zwischen Angebot und Nachfrage zu berücksichtigende Rahmenbedingungen darstellen. Werden diese Beziehungen nicht in die Analyse einbezogen, kann eine valide Bewertung der Folgen einer verstärkten Nutzung erneuerbarer Energiequellen im Stromsektor nicht erfolgen. Vor diesem Hintergrund bieten optimierende Energie- und Stoffflussmodelle eine ideale metho-

dische Ausgangsbasis[127]. Zur Bearbeitung der vorliegenden Analyseaufgabe wurde das Energiesystemmodell PERSEUS-REG^2 (PROGRAM PACKAGE FOR EMISSION REDUCTION STRATEGIES IN ENERGY USE AND SUPPLY – REGENERATIV + REGIONAL) entwickelt und eingesetzt[128]. Haupteinsatzfeld des PERSEUS-REG^2 Modells ist die Planung der zukünftigen Entwicklung von Energiesystemen unter besonderer Berücksichtigung von regionalen Aspekten sowie der Stromerzeugung aus regenerativen Energiequellen. Da Erzeugungs- oder Verteilanlagen im Energiesektor typischerweise technische Nutzungsdauern von 10 bis 30 Jahren aufweisen, ist das Modell bevorzugt für einen mittel- bis langfristigen Planungshorizont anzuwenden. In diesem Rahmen können Fragestellungen der Kapazitätsausbauplanung wie auch der Kraftwerkseinsatzplanung unter Berücksichtigung umweltrelevanter Effekte bearbeitet werden. Charakteristisch ist dabei die Möglichkeit einer Integration von angebots- und nachfrageseitigen Optionen. Damit lassen sich innerhalb des Modellsystems Investitionen in Technologien zur Energieeinsparung und Alternativen zum Ausbau der Erzeugungskapazitäten simultan betrachten.

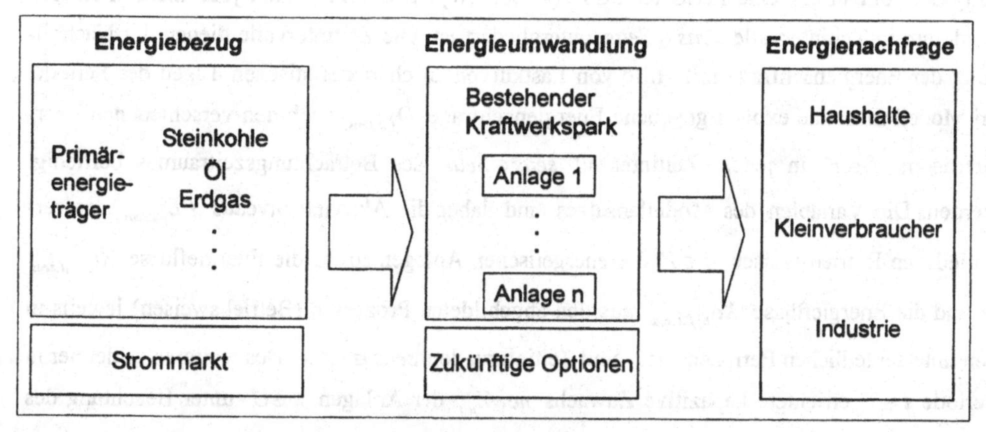

Abbildung 9: Struktureller Aufbau des PERSEUS-REG^2 Modells

Da es bei der Stromnachfrage zu jahres- und tageszeitlichen Schwankungen kommen kann, wird die Nachfrage mit Hilfe von Lastkurven zeitlich differenziert modelliert[129]. Die Lastkurven können seitens der Modellierungsmethodik für beliebige Zeitperioden vorgegeben werden. Im eingesetzten Modell wird jeweils ein typischer Sommer- und Wintertag sowie ein sogenannter Maximaltag zur Abbildung der maximalen elektrischen Leistung berücksichtigt. Die Lastkurve

[127] Zu Anwendungsmöglichkeiten für optimierende Energie- und Stoffflussmodelle siehe z. B. [Wietschel 2000]

[128] Eine ausführliche Modellbeschreibung findet sich z. B. in [Dreher 2001]

[129] Dies ist ein wesentlicher methodischer Unterschied des PERSEUS-REG^2 Modells im Vergleich zu anderen Modellsystemen, die auf dem Dauerlinienkonzept aufbauen (siehe auch [Fichtner 1999], S. 69 ff.).

selbst kann in beliebige repräsentative Zeitintervalle aufgeteilt werden, um die Nachfrageschwankungen abbilden zu können. Für jedes dieser Zeitintervalle können Flussparameter – wie beispielsweise Mengen oder Preise – definiert werden. Der mit dem Modellsystem abgedeckte Planungshorizont umfasst den Zeitraum 2000 – 2030, wobei dieser bis zur Periode 2010 in Teilperioden zu zwei Jahren und danach in Abschnitte zu fünf Jahren unterteilt ist. Die Modellergebnisse für einzelne Jahre innerhalb einer Teilperiode sind dabei identisch.

Im folgenden soll die mathematische Formulierung des Modells dargestellt werden; diese Formulierung beschreibt im wesentlichen auch das Modell, das in Kapitel 7 eingesetzt wird. Generell wird unterstellt, dass das zu analysierende Energiesystem aus einer Menge U={1,...,m} existierender und zukünftig zuzubauender Anlagen bestehe. Jeder dieser Anlagen $u \in U$ ist zumindest ein technischer Prozess $p \in P$ (P={1,...,n}) zugeordnet, mit dessen Hilfe die Fahrweise der Anlage nachgebildet wird. Diese Prozesse repräsentieren den Transformationsprozess des eingehenden zum ausgehenden Energieträgers $f \in F$ (F={1,...,r}). Im Modell wird der gesamte Planungshorizont in einzelne Perioden $t \in T$ (T={0,...,w}) unterteilt, wobei jede dieser Perioden wiederum in Zeitintervalle $seas \in Seas$ untergliedert ist. Die Zeitintervalle dienen der Nachbildung der Energienachfrage mit Hilfe von Lastkurven an charakteristischen Tagen der Periode. Im Modell muss die exogen gegebene Energienachfrage $D_{f,t,seas}$ nach den verschiedenen Energieträgern $f \in F$ in jedem Zeitintervall $seas \in Seas$ des Betrachtungszeitraumes befriedigt werden. Die Variablen des Modellansatzes sind dabei die Aktivitätsniveaus $PL_{p,t,seas}$ der verschiedenen Betriebsweisen $p \in P$ der energetischen Anlagen sowie die Energieflüsse $Xi_{p,f,t,seas}$ in und die Energieflüsse $Xo_{p,f,t,seas}$ aus den abgebildeten Prozessen (Betriebsweisen) jeweils in den unterschiedlichen Perioden $t \in T$ und Zeitintervallen $seas \in Seas$. Des weiteren bildet der in Periode $t \in T$ errichtete kapazitive Zuwachs $newZ_{u,t}$ der Anlagen $u \in U$ unter Beachtung des bestehenden Kapazitätsbestandes eine Optimiervariable, die bei Bedarf auch auf ganzzahlige Werte eingeschränkt werden kann. Somit lässt sich das Planungsproblem folgendermaßen formulieren:

Minimiere

$$\sum_{t \in T} \alpha_t \cdot \left(\begin{array}{l} \sum_{f \in F} \left[\sum_{seas \in S} \left[\sum_{p \in P} (Xi_{p,f,t,seas} \cdot Cvar_{p,f,t,seas} + Xo_{p,f,t,seas} \cdot Cvar_{p,f,t,seas}) \right] \right] \\ + \sum_{seas \in S} \sum_{p \in P} PL_{p,t,seas} \cdot Cvp_{t,seas} + \sum_{u \in U} \left[Z_{u,t} \cdot Capn_u \cdot (Cfix_{u,t} + Cinv_{u,t}) \right] \end{array} \right) \quad (1)$$

unter den Nebenbedingungen

$$\sum_{t=0}^{t'} rest_{u,t,t'} \cdot newZ_{u,t} = Z_{u,t'} \qquad \forall u \in U\,; \forall t' \in T \qquad (2)$$

$$Cpo_{u,t} + Z_{u,t} \cdot Capn_u \geq \sum_{P_u} \left(\frac{PL_{p_u,t,seas}}{h_{seas}} \right) \qquad \forall seas \in S\,; \forall u \in U\,; \forall t \in T \qquad (3)$$

$$Xi_{p,f,t,seas} = \frac{in_{f,p} \cdot PL_{p,t,seas}}{\eta_{p,t}} \qquad \forall f \in F; \forall p \in P; \forall seas \in S; \forall t \in T \qquad (4)$$

$$PL_{p,t,seas} \cdot out_{f,p} = Xo_{p,f,t,seas} \qquad \forall f \in F; \forall p \in P; \forall seas \in S; \forall t \in T \qquad (5)$$

$$\sum_{p_{out}} Xo_{p_{out},f,t,seas} \geq D_{f,t,seas} \qquad \forall f \in F; \forall seas \in S; \forall t \in T \qquad (6)$$

$$PL_{p,t,seas} \in \mathbb{R}^+ \qquad \forall p \in P; \forall seas \in S; \forall t \in T \qquad (7)$$

$$Xi_{p,f,t,seas}, Xo_{p,f,t,seas} \in \mathbb{R}^+ \qquad \forall f \in F; \forall p \in P; \forall seas \in S; \forall t \in T \qquad (8)$$

$$Z_{u,t}, newZ_{u,t} \in \mathbb{R}^+ (ggf. \in \mathbb{Z}^+) \qquad \forall u \in U; \forall t \in T \qquad (9)$$

Die Zielfunktion des Modells (1) liegt in der Minimierung der Summe der diskontierten Ausgaben zur Deckung des exogen vorgegebenen Energiebedarfs. Die Gesamtausgaben aller in das Modell einbezogenen Technologien und Energie- bzw. Stoffflüsse werden vom 31. Dezember des Jahres, an dem der jeweilige Ausgabenbestandteil anfiel, auf den 1. Januar des Basisjahres diskontiert und anschließend über alle Jahre zum Zielfunktionswert aufaddiert. Dazu sind den Aktivitäts- und Energieflussvariablen Ausgabenkoeffizienten zugeordnet, welche die betriebsmittelverbrauchsabhängigen bzw. variablen Ausgaben charakterisieren. Fixe Ausgabenbestandteile und die spezifischen Investitionen des Kapazitätszuwachses sind den Kapazitätsvariablen zugeordnet. Zur adäquaten Berücksichtigung von Investitionsentscheidungen am Ende des Betrachtungszeitraums wird die Investition unter Anwendung der Annuitätenmethode über die technische Nutzungsdauer der entsprechenden Anlage aufgeteilt. Die Gleichungen (2) bestimmen die Anzahl (gegebenenfalls ganzzahlig) an neuen Anlagen, die im Planungszeitraum installiert wurden und in der Periode t noch immer verfügbar sind. Durch die Kapazitätsungleichungen (3) wird sichergestellt, dass zu jedem Zeitpunkt ausreichend Kapazität zur Verfügung steht, um die gewählten Aktivitätsniveaus erbringen zu können. Mit Hilfe der Nebenbedingungen (4) wird der Input in einen Prozess mit dessen Aktivitätsniveau gekoppelt, wobei der Wirkungsgrad und der Inputanteil des Prozesses berücksichtigt werden. Die Verbindung der Energie- und Stoffflüsse zum Output der einzelnen Technologien wird über die Bilanzierungsungleichungen (5) realisiert. Schließlich garantieren die Nebenbedingungen (6), dass die Energienachfrage durch entsprechende Flüsse an Energieträgern in jedem Zeitintervall der verschiedenen Perioden gedeckt wird.

Ergänzend zu diesen wichtigsten Nebenbedingungen ist es möglich, technische Gegebenheiten bestimmter energetischer Anlagen detailliert nachzubilden. Beispielsweise kann die Nutzung spezieller Anlagen nur in vorgegebenen Zeitintervallen ermöglicht werden, respektive sie in bestimmten Zeitintervallen ausgeschlossen werden (z. B. ist die Nutzung der Sonnenenergie in den Nachtstunden auszuschließen).

Das Modell ist in der Programmiersprache GAMS [Brooke et al. 1998] modelliert und benutzt ein auf Microsoft Access basierendes Datenmanagementsystem zur Speicherung und Organisation der Modellparameter [Göbelt et al. 2000].

Verwendete Bezeichnungen

Indizes[130]:

t	:=	Perioden
f	:=	Energieträger
seas	:=	Zeitintervalle (z. B. Sommerwerktag 8.00 - 10.00 Uhr)
p	:=	Prozess
p_u	:=	Prozesse zur Anlage u
p_{out}	:=	Prozesse, die Endenergie zur Nachfragedeckung bereitstellen
u	:=	Anlage

Indexmengen

T	:=	Perioden
F	:=	Energieträger
S	:=	Zeitintervalle
P	:=	Prozesse
U	:=	Anlagen

Parameter

α_t	:=	Abzinsungsfaktor in Periode t
$D_{f,t,seas}$	:=	Energienachfrage nach Energieträger f im Zeitintervall seas in Periode t
$in_{f,p}$	:=	Inputanteil des Energieträgers f im Prozess p
$out_{f,p}$	:=	Outputanteil des Energieträgers f im Prozess p

[130] Wird in einer Ungleichung / in der Zielfunktion der gleiche Index mehrmals benötigt, wird der jeweilige Index mit einem zusätzlichen Strich gekennzeichnet.

$\eta_{p,t}$:= Wirkungsgrad des Prozesses p in Periode t

$rest_{u,t,t'}$:= Restnutzungsdauer einer Anlage u
1, falls u in der Periode t errichtet wurde und in der Periode t′ noch verfügbar ist
0, sonst

$Cvar_{p,f,t,seas}$:= spezifische variable Ausgaben für Energieträger f, der im Zeitintervall seas in der Periode t in / aus dem Prozess p fliesst

$Cvp_{p,t,seas}$:= spezifische variable Ausgaben des Prozesses p im Zeitintervall seas in Periode t

$Cfix_{u,t}$:= spezifische fixe Ausgaben der Anlage u in Periode t

$Cinv_{u,t}$:= spezifische Investition der Anlage u, über die Annuitätenmethode der Periode t zugeteilt

h_{seas} := Stunden des Zeitintervalls seas

$Capn_{u}$:= Kapazität der Anlage u

$Cpo_{u,t}$:= Restkapazität in t einer vor dem Betrachtungszeitraum installierten Anlage u

positive Variablen

$PL_{p,t,seas}$:= Aktivitätsniveaus des Prozesses p im Zeitintervall seas in Periode t

$Xi_{p,f,t,seas}$:= Fluss des Energieträgers f in den Prozess p im Zeitintervall seas in Periode t

$Xo_{p,f,t,seas}$:= Fluss des Energieträgers f aus dem Prozess p im Zeitintervall seas in Periode t

$Z_{u,t}$:= Zahl der im Betrachtungszeitraum installierten, in Periode t noch vorhandenen Anlagen u

$newZ_{u,t}$:= Zahl der Anlagen u, die in Periode t installiert wurden

6.2.2 Systemgrenzen der Modellierung

Eine Zielsetzung des PERSEUS-REG[2] Modells besteht darin, die Auswirkungen einer verstärkten Nutzung regenerativer Energieträger in der Stromerzeugung auf existierende Versorgungssysteme näher zu analysieren. Vor dem Hintergrund dieses Ziels sind aus Sicht der Modellierung folgende strukturelle Eigenschaften von besonderer Bedeutung:

- Die Potenziale regenerativer Energieträger sind regional unterschiedlich verteilt.
- Es gibt teilweise deutliche Unterschiede bei der Zusammensetzung des existierenden konventionellen Kraftwerksparks zwischen verschiedenen Regionen.
- Die Nachfragestruktur und damit auch die Lastkurve weist in Abhängigkeit davon, ob es sich um eine ländliche oder eher städtische/industriereiche Region handelt deutliche Unterschiede auf.

Alle genannten Eigenschaften weisen einen ausgeprägten regionenspezifischen Charakter auf und können einen deutlichen Einfluss auf die Einsatz- und Nutzungsmöglichkeiten regenerativer Stromerzeugungsanlagen haben. Daher ist es sinnvoll, die beabsichtigten Analysen zu den Auswirkungen einer Förderung regenerativer Stromerzeugungsanlagen auf Grundlage eines regionalen Ansatzes zu untersuchen.

Neben diesen regionalen Eigenschaften sind auch die Rahmenbedingungen des liberalisierten Strommarktes zu berücksichtigen. Hierbei ist der freie Stromhandel als wesentliches überregionales Element der Liberalisierung von besonderer Bedeutung. In diesem Rahmen ist vorrangig der Stromhandel in den Modellierungsansatz zu integrieren. Der Aspekt des Kundenwechsels spielt nach derzeitigem Kenntnisstand nur eine untergeordnete Rolle, weil aufgrund verschiedener Rahmenbedingungen wie z. B. hoher Netznutzungsgebühren und zahlreicher unseriöser Angebote die Wechselbereitschaft bei privaten wie auch kommerziellen Kunden eher gering ist.

Zur Modellierung des überregionalen Stromhandels im Rahmen eines regionalen Energiesystemmodells bieten sich zwei alternative Möglichkeiten an. Zum Einen kann über eine Modellkopplung das regionale Modell mit einem Marktmodell gekoppelt werden (vgl. Kapitel 7.2.3), zum Anderen können Angebotskurven, die aus einem Marktmodell abgeleitet werden können, in das Modell integriert werden. Da für den Fall der detaillierten Modellierung einer Teilregion des liberalisierten Marktes eine Modellkopplung zur Abbildung des Stromhandels nicht zwingend erforderlich ist (siehe [Dreher 2001]), wird im PERSEUS-REG^2 Modell der zweite Ansatz auf Grundlage von Angebotskurven gewählt.

Vor dem Hintergrund der Differenzierung zwischen konventionellen und regenerativen Kraftwerken im Modell ist auch beim Stromhandel eine Unterscheidung zwischen normalem und grünem Strom notwendig. Im vorliegenden Modellierungsansatz wird der Handel mit normalem Strom, wie bereits beschrieben, in einer aggregierten Form über Angebotskurven abgebildet. Für den Bereich des Import von grünem Strom ist es sinnvoll differenzierter vorzugehen, weil im Zuge der Analyse der Förderwirkungen weitergehende Gesichtspunkte wie etwa die genutzte regenerative Energiequelle/Technologie oder der Produktionsort ebenfalls von Bedeutung sind. Bei der Modellierung über Angebotskurven können diese Informationen verloren gehen. Aus diesem Grund wird im PERSEUS-REG^2 Modell der Bereich der regenerativen Stromerzeugung für alle Regionen der Bundesrepublik Deutschland detailliert auf Grundlage einzelner Potenzialabschätzungen und Technologien modelliert. Der europäische Markt für grünen Strom wird vor dem Hintergrund der Liberalisierung auch im Modellansatz berücksichtigt. Da durch eine detaillierte Integration dieses Bereichs das Modell zu groß werden würde, wird findet hier in Analogie zum konventionellen Strommarkt eine Angebotskurve Verwendung.

Damit können die Systemgrenzen eines regionalen PERSEUS-REG^2 Modells wie folgt umrissen werden:

- Detaillierte Abbildung des Versorgungssystems der zu untersuchenden Region im Hinblick auf fossile wie regenerative Kraftwerke und Zukunftsoptionen.
- Aggregierte Modellierung des Handels mit normalem Strom über Angebotskurven.

- Detaillierte Modellierung der Produktionsmöglichkeiten für grünen Strom in den übrigen Regionen Deutschlands.
- Berücksichtigung des europäischen Angebots für grünen Strom über Angebotskurven.

6.2.3 Handel mit Umweltzertifikaten

Vor dem Hintergrund der regional unterschiedlichen Potenziale regenerativer Energieträger und des möglichen Handels mit Grünem Strom ist es auch erforderlich, handelbare grüne Zertifikate als Mechanismus zur Flexibilisierung des Handels beziehungsweise eines Förderinstruments in das Modell zu integrieren. Dadurch können Aussagen über die Aufteilung des Handels aufgrund eines Förderinstruments in Handel mit Grünem Strom und Handel mit Umweltwertpapieren (Zertifikaten) getroffen werden. Dies ist vor allem vor dem Hintergrund einer zu erwartenden umfangreichen Produktion von Grünem Strom in den Küstenregionen[131] sowie der daraus folgenden regionalen Ungleichverteilung der Produktionsanlagen von besonderer Bedeutung.

Mit der Integration von Umweltwertpapieren geht eine wesentliche Erweiterung des Ansatzes von Energie- und Stoffflussmodellen einher. Während in dem in Kapitel 6.2 vorgestellten Modell ausschließlich Größen mit einem engen Technologiebezug abgebildet wurden, kommen durch die Zertifikate/Wertpapiere auch Elemente hinzu, die nicht-technischen Rahmenbedingungen unterworfen sind. Dies bedeutet, dass neben der technischen Ebene auch eine rein monetäre Ebene zur Abbildung des Umweltzertifikatehandels in das PERSEUS-REG^2-Modell integriert werden muss. Zur Bilanzierung des Handels wird ein zusätzliches Restriktionensystem eingesetzt, welches gewährleistet, dass die aufgrund des Förderinstruments bestehende Nachfrage nach Grünem Strom beziehungsweise Zertifikaten befriedigt werden muss und dass die Zertifikate nur in Abhängigkeit der Produktion von regenerativen Stromerzeugungsanlagen zur Verfügung stehen. Dabei ist auch eine Gewichtung der einzelnen Zertifikate in Abhängigkeit der eingesetzten Technologie möglich, um dem besonderen Umweltnutzen einzelner Optionen Rechnung zu tragen[132].

Das vereinfachte Restriktionensystem ist in den Gleichung (0.1) und Ungleichung (0.2) dargestellt.

Zertifikateangebot: $$\sum_{p \in PROC} X_{p,t}^{reg} = \sum_{v \in V} Z_{v,t} \quad \forall t \in T_0 \ldots T \qquad (0.1)$$

---

[131] Hier sind vor allem Windparks zu nennen.

[132] Ein entsprechender Gewichtungsansatz wird beispielsweise in [Drillisch 1999, S. 257] im Zusammenhang mit einer Quotenregelung vorgeschlagen.

Zertifikatenachfrage: $q_{v,t} \cdot X^{elec}_{v,t} \leq Z_{v,t} \qquad \forall t \in T_0 ... T_n; \forall v \in V$ (0.2)

t := Jahr	PROC := Menge der Prozesse
$T_0...T_n$:= Zeithorizont	Z := Zertifikate
v := Verpflichteter	q := Quote für regenerativ erzeugten Strom
V := Menge aller Verpflichteten	X^{elec} := Strommenge
p := Prozess	X^{reg} := Regenerativ erzeugter Strom

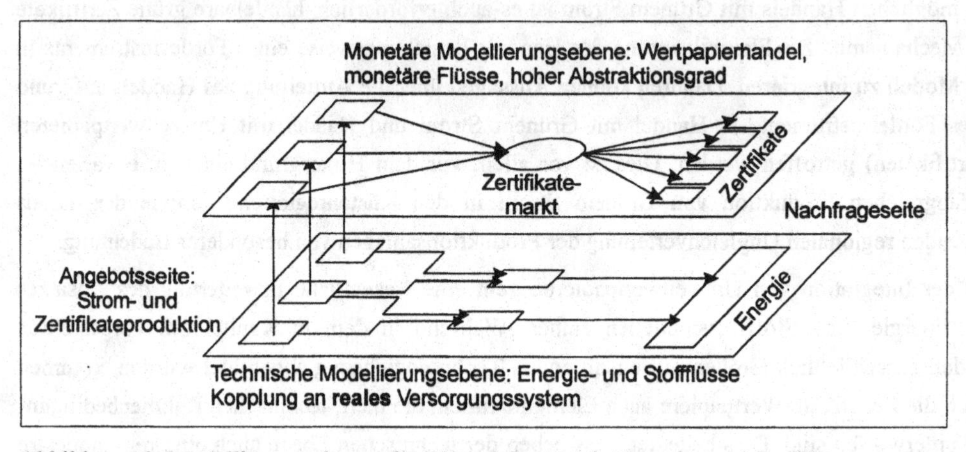

Abbildung 10: Modellierungsebenen für Wertpapier- sowie Energie- und Stoffflüsse

6.2.3.1 Modellierung der Förderung regenerativer Stromerzeugung

Die aktuelle Diskussion um die Förderung regenerativer Stromerzeugungsanlagen fokussiert sich auf die Förderinstrumente. Garantiepreisregelungen, Quotenregelungen und Ausschreibungsmodelle. Ziel eines Instrumenteneinsatzes ist die Förderung, das heißt die Erhöhung des Anteils regenerativer Energieträger an der gesamten Stromproduktion. Im Fall von Garantiepreisregelungen soll diese Zielsetzung über die Vorgabe von festen garantierten Mindestpreisen für Grünen Strom erfolgen. Bei Quotenregelungen wird dagegen explizit der zu erreichende Anteil in Form eines Prozentwertes oder einer absoluten Menge definiert. Ausschreibungsregelungen geben dahingegen eine zu erreichende Anlagenleistung vor, die im Rahmen der Förderung installiert werden soll. Zur modellgestützten Analyse der Auswirkungen der Instrumente ist eine Integration dieser Zielvorgaben in das Energie- und Stoffflussmodell erforderlich. Dabei haben alle betrachteten Förderansätze die Gemeinsamkeit, dass zur Definition der Instrumentenvorgaben eine Zielvorstellung über die aus regenerativen Energiequellen zu produzierende Strommenge existieren muss. Für die Modellierung bedeutet dies, dass auch auf Grundlage dieser Zielvorstellung die Untersuchung der Auswirkungen der genannten Förderregelungen vorgenommen werden kann. In diesem Fall ist die Modellierung einer Mengenvorgabe für Grünen Strom ausreichend für die Abbildung aller genannten Instrumente. Diese kann in Form einer Restriktion für eine Mindestnachfrage nach Grünem Strom beziehungsweise Zertifikaten in das PERSEUS-REG² Modell integriert werden.

Die Sichtweise der diskutierten umweltpolitischen Instrumente aus dem Blickwinkel einer Mengenvorgabe für grünen Strom orientiert sich an der aktuellen energie- und umweltpolitischen Ausgangslage. Hier sind Umweltzielsetzungen zur Minderung von Treibhausgasemissionen bereits in Form von Mengenzielen für grünen Strom formuliert (siehe z. B. [EC 2000]). Daher konzentriert sich derzeit die politische wie wissenschaftliche Diskussion nicht mehr primär auf die Zieldefinition sondern darauf, wie die Ziele erreicht werden können. Da die vorliegende Arbeit an der Frage der Zielerfüllung ansetzt, werden alternative Blickwinkel auf die Instrumente, wie beispielsweise über eine Budget- oder Emissionsbegrenzung, nicht weiter untersucht.

Neben einer Mengenvorgabe für grünen Strom wäre auch eine Beschränkung des zur Zielerreichung verfügbaren Budgets oder die Definition einer Emissionsgrenze als Vorgaben für die umweltpolitischen Instrumente möglich. Die methodischen Grundlagen zur Berücksichtigung von Obergrenzen für einzelne Schadstoffemissionen sowie speziell für Treibhausgase in einem PERSEUS-Modell werden in [Ardone 1999] vorgestellt und im Rahmen einer Analyse von multinationalen Treibhausgasminderungsstrategien angewendet. Die Modellierung einer Ausschreibungsregelung auf Grundlage einer Budgetrestriktion wird beispielsweise in [Dreher et al. 2000] diskutiert. Zur Abbildung eines der Instrumente auf Grundlage von Vorgaben zur installierten Anlagenleistung kann auf die methodischen Möglichkeiten zur Definition von Kapazitätsrestriktionen des PERSEUS-REG² Modells zurückgegriffen werden.

6.2.4 Optionen zur regenerativen Stromerzeugung

Vor dem Hintergrund der Förderung regenerativer Energieträger stellt sich die Frage, welche Optionen unter die Förderregelung fallen sollen. Als Ausgangspunkt wird hier ein weit gefasster Geltungsbereich gewählt, der Wasserkraft, feste, flüssige und gasförmige Biobrennstoffe, Windkraft, Solarstrahlung sowie Geothermie umfasst. Es ist an dieser Stelle anzumerken, dass als Ergebnis der Systemanalysen auch eine Einschränkung des Geltungsbereiches empfohlen werden kann. Vor diesem Hintergrund ist eine zu enge Definition der geförderten Optionen für die Modellierung nicht sinnvoll. Bewusst ausgeklammert aus der Förderung wird die Müllverbrennung, weil diese Option einerseits mit einer stofflichen Verwertung der Abfälle konkurriert und weil zukünftig eine weitgehende thermische Abfallbehandlung ohnehin vorgeschrieben ist. Großwasserkraftanlagen mit einer Leistung über 5 MW werden ebenfalls ausgenommen, da diese Technologie häufig konkurrenzfähig zu fossilen Kraftwerken ist und daher keine breite Förderung erforderlich erscheint.

6.2.5 Rahmenbedingungen der Beispielregion Baden-Württemberg

Wie in den vorangegangenen Abschnitten bereits herausgestellt wurde, erfordert die Untersuchung der Auswirkungen einer Förderung regenerativer Energieträger aufgrund verschiedener regionaler Charakteristika eine Analyse auf regionaler Ebene. Für die mit dem PERSEUS-REG² Modell durchgeführten Systemanalysen wurde aufgrund der folgenden Rahmenbedingungen Baden-Württemberg als Beispielregion gewählt:

- Im Vergleich zu anderen Regionen – vor allem den Küstengebieten – sind in Baden-Württemberg überwiegend Potenziale solcher regenerativer Energieträger verfügbar, deren Nutzung mit vergleichsweise hohen Stromgestehungskosten verbunden ist. Weiterhin werden vor allem die vorhandenen Wasserkraftpotenziale - als günstige Option - bereits sehr stark genutzt. Dies bedeutet, dass im Falle einer Förderregelung die Anstrengungen zur Zielerreichung in Baden-Württemberg höher sein werden als in anderen Regionen beziehungsweise dass der Import hier eine besondere Rolle spielen wird. Aus dieser Situation können sich Wettbewerbsnachteile für die in der Region ansässigen Unternehmen ergeben.
- Baden-Württemberg nimmt mit einem Anteil von rund 60 % im bundesdeutschen Vergleich eine Spitzenposition bei der Kernenergienutzung ein. Vor dem Hintergrund des Kernenergieausstiegs zeichnet sich für diese Region eine grundlegende Umstrukturierung des Elektrizitätssektors ab. Für den Fall, dass im Rahmen der erforderlichen umfangreichen Ersatzinvestitionen fossile Kraftwerke installiert werden, ergibt sich daraus eine zusätzliche Hürde für die Erreichung einer Emissionsminderung als primärem Ziel der Förderung regenerativer Energieträger in der Stromerzeugung.

Aufgrund dieser vor dem Hintergrund einer Förderung regenerativer Energieträger restriktiven Bedingungen ist zu erwarten, dass in der Region Baden-Württemberg die Auswirkungen einer Förderregelung für regenerative Energieträger in der Stromerzeugung sehr deutlich erkennbar sein werden. Die im Rahmen der Systemanalyse identifizierten Folgen einer Förderung können als eine Art „Worst-Case“ betrachtet werden, da andere Regionen in Deutschland bezüglich förderrelevanter Rahmenbedingungen nicht schlechter gestellt sind als Baden-Württemberg.

Als Ausgangslage für die Modellierung wird der in Baden-Württemberg installierte Kraftwerkspark für das Basisjahr 1996 im PERSEUS-REG² Modell abgebildet. Dabei wird prinzipiell zwischen fossilen/nuklearen und regenerativen Kraftwerken unterschieden. Großanlagen mit einer elektrischen Leistung von über 100 MW werden dabei aufgrund des bedeutenden Anteils einzelner Anlagen an der gesamten installierten Kraftwerksleistung differenziert nach Standorten in das Modell integriert. Dies erlaubt eine detaillierte Analyse der Auswirkungen einer Anlagenstilllegung, z. B. im Rahmen des Ausstiegs aus der Kernenergienutzung, sowie der Rückwirkungen einer Mengenvorgabe für grünen Strom auf den Betrieb bedeutender fossiler Kraftwerke.

Tabelle 9: Elektrische Leistung der modellierten fossilen und nuklearen Kraftwerke in Baden-Württemberg im Basisjahr 1996

Kraftwerksstandort/ -typ	**Energieträger**	**Elektrische Leistung [MW_{el}]**
Karlsruhe	Erdgas/Kohle	910
Altbach	Überwiegend Steinkohle	818[a]
Mannheim	Überwiegend Steinkohle	1972
Heilbronn	Steinkohle	1230
Marbach	Öl	320
Gaisburg	Erdgas/Öl	124
Münster	Mischfeuerung	163
Walheim	Steinkohle/Öl	507
Philipsburg	Uran	2378
Neckarwestheim	Uran	2205
Obrigheim	Uran	358
Blockheizkraftwerke	Erdgas/Öl	105
Sonstige Gaskraftwerke	Erdgas	147
Summe		*11228*

[a]: Hinzu kommen noch 380 MW_{el} mit Inbetriebnahme des Block 6.
Quelle: [VDEW 1997a], [VDEW 1997b], [Brecht et al. 1995] sowie eigene Berechnungen.

Kleinere Kraftwerksanlagen werden nach Anlagentypen zu Kraftwerksklassen zusammengefasst. Dabei werden Daten für eine Durchschnittsanlage des entsprechenden Typs verwendet. Die Sterbelinien werden - falls möglich - auf Basis der Installationsjahre ermittelt. Andernfalls wird von einer gleichmäßigen Stillegung der Anlagen in Abhängigkeit von der mittleren technischen

Lebensdauer ausgegangen. In Tabelle 9 ist der Anlagenbestand für das Basisjahr 1996 angegeben.

Bei den bestehenden Kraftwerken erreicht nur ein geringer Anteil innerhalb des Zeitraumes bis 2010 das Ende der technischen Nutzungsdauer, so dass für diese Zeitspanne keine umfangreichen Ersatzinvestitionen erforderlich sind. Im weiteren Verlauf ist dann für die Mehrheit der abgebildeten Kraftwerksstandorte mit der Stilllegung oder Erneuerung von Anlagenteilen zu rechnen. Dies bedeutet, dass für die Perioden nach 2010 der Umfang der Kraftwerksneuinvestitionen durch den Nachfrageanstieg aber auch durch den Bedarf an Ersatzanlagen bestimmt werden wird.

Eine Analyse der Eigentumsverhältnisse bei existierenden Stromerzeugungsanlagen auf Basis regenerativer Energieträger lässt deutlich werden, dass diese Anlagen - mit Ausnahme von Großwasserkraftwerken - überwiegend von Privatpersonen oder von Unternehmen, welche von EVU unabhängig sind, betrieben werden. Etablierte Versorgungsunternehmen unterhalten nur einen sehr geringen Anteil der Anlagen. Die Ursachen für diese Situation liegen zum einen in der Förderpraxis vor Inkrafttreten des EEG, welche eine Förderung von regenerativ betriebenen Erzeugungsanlagen bei Versorgungsunternehmen nicht unterstützt hat, und zum anderen darin, dass es für etablierte EVU attraktivere Investitionsalternativen gibt[133] und dass ein weiterer Kapazitätsausbau vor dem Hintergrund der aktuell noch bestehenden Überkapazitäten nicht im Interesse der Versorgungsunternehmen ist. Aufgrund dieser Situation muss bei der Erfassung bestehender Anlagen neben den etablierten Versorgungsunternehmen auch die Gruppe der privaten Anlagenbetreiber berücksichtigt werden.

Da nicht für alle regenerativen Energieträger Leistungsdaten der installierten Anlagen für das gewählte Basisjahr 1996 verfügbar sind, beziehungsweise weil es zwischen verschiedenen Quellen widersprüchliche Werte gibt, mussten einige der Werte zur installierten Leistung abgeschätzt werden (siehe Tabelle 10). Da es sich bei den Anlagen – mit Ausnahme der Großwasserkraft – um Kleinanlagen handelt, werden sie im Modell nicht nach Standorten differenziert, sondern nach Erzeugungstechnologien zusammengefasst. Für eine Abschätzung der in der Region Baden-Württemberg verfügbaren Potenziale regenerativer Energieträger sei an dieser Stelle auf Dreher [Dreher 2001, S. 108 ff.] und die dort angegebenen Quellen verwiesen.

---

[133] Vergleiche der Stromgestehungskosten durchschnittlicher regenerativer Stromerzeugungsanlagen mit den Förderbeträgen des EEG machen deutlich, dass auf Grundlage der Förderung häufig kein kostendeckender Anlagenbetrieb möglich ist (siehe z. B. [Dreher 2001], S. 12 ff. und [Markard et al. 2000]).

Tabelle 10: Im Jahr 1996 in Baden-Württemberg installierte Leistung regenerativer Stromerzeugungsanlagen

Energieträger	**Installierte Leistung [MW_{el}]**	**Anteil an der installierten Leistung**	
		Private/Unabhängige Betreiber	**Versorgungsunternehmen**
Wasserkraft (Groß)	640	-	100 %
Wasserkraft (Klein)	190	48 %	52 %
Windkraft	6,9	91 %	9 %
Solarstrahlung	2	95 %	5 %
Klärgas	12	100 %	-
Deponiegas	24	50 %	50 %
Biogas (Gülle/Kofermentation)	3,5	100 %	-
Feste Biomasse	9,6	100 %	-

Quellen: [Grawe et al. 1995], [Wagner 1998], [Wagner 1999], [Staiß et al. 1994], [BWE 2000], [Diekmann et al. 1995], [VDEW 1997b] sowie eigene Berechnungen.

6.3 Ergebnisse der durchgeführten Energiesystemanalysen

6.3.1 Folgen des Kernenergieausstiegs für die Emissionsentwicklung

Als wesentliche Rahmenentwicklung beeinflusst der Kernenergieausstieg die Wirkung einer Förderregelung für regenerative Energieträger. Aus den durchgeführten Systemanalysen geht hervor, dass baden-württembergische Kernkraftwerke voraussichtlich zwischen 2007 und 2010 die verbleibende Reststrommenge produziert haben werden und danach abgeschaltet werden müssen. Als Ersatzinvestitionen werden zunächst erdgasbefeuerte GuD-Anlagen errichtet. Der aufgrund einer steigenden Erdgasnachfrage zu erwartende Preisanstieg bei Erdgas bei einem erwarteten fast konstanten Preisniveau für Steinkohle[134] führt dazu, dass ab 2020 moderne Steinkohlekraftwerke anstelle der GuD-Anlagen treten werden. Die spezifischen CO_2-Emissionen

[134] Vgl. [Prognos 2000b]

werden ausgehend von 46 kt/PJ$_{el}$ in 2000 auf rund 88 kt/PJ$_{el}$ in 2030 ansteigen. Aufgrund des verstärkten Steinkohleeinsatzes ist ab 2020 ein besonders deutlicher Anstieg zu erwarten.

6.3.2 Wesentliche Ergebnisse der Analysen zur Förderung regenerativer Stromerzeugung

6.3.2.1 Zur Nutzung von Deponie- und Klärgas

Im Bereich Deponiegas stellt sich die Situation so dar, dass durch die TA Siedlungsabfall zukünftig eine weitgehende Deponiegasnutzung vorgeschrieben ist. Vor diesem Hintergrund können durch eine Förderung keine weiteren Potenziale zur energetischen Nutzung erschlossen werden. Weiterhin ist zu berücksichtigen, dass durch eine Förderung dieser Stromerzeugungsoption auch eine indirekte Finanzierung der Verpflichtungen zur Deponiegasnutzung, die aus dem Deponiebetrieb hervorgehen, vorgenommen werden würde. Hieraus würden deutliche Ineffizienzen bei der Förderung entstehen.

Klärgas entsteht in Kläranlagen, die mit einer biologisch-anaeroben Klärstufe ausgestattet sind. Für diese Anlagen ist eine energetische Nutzung des anfallenden Klärgases ohnehin besonders attraktiv, da ein hoher Energiebedarf, z. B. zur Beheizung der Faultürme, besteht. Vor dem Hintergrund, dass die Kosten für die anaerobe Klärstufe und die Gasfassung der Abwasserreinigung zugerechnet werden können, sind bei der Bestimmung des Strom- und Wärmepreises lediglich die Kosten des üblicherweise eingesetzten Motoraggregats zu berücksichtigen. Unter diesen Rahmenbedingungen ist eine Klärgasnutzung normalerweise konkurrenzfähig zu anderen Optionen. Vor diesem Hintergrund ist die Frage nach der Berechtigung einer Einbeziehung der Optionen Klär- und Deponiegasnutzung in ein Förderinstrument zur Unterstützung der regenerativen Stromerzeugung zu stellen.

6.3.2.2 Die Förderung von Wasserkraftanlagen

Bei der Wasserkraftnutzung wird zwischen Großanlagen mit einer Leistung über 5 MW$_{el}$ und Kleinanlagen unterschieden. Anhand eines Vergleichs der Ergebnisse verschiedener Modellläufe ist festzustellen, dass Wasserkraftanlagen unter den herrschenden Bedingungen an der Grenze zur Wirtschaftlichkeit stehen. Dies bedeutet, dass insbesondere für Großanlagen die häufig vertretene Sichtweise, dass diese Anlagen uneingeschränkt konkurrenzfähig sind, nicht bestätigt werden kann. Es kann durchaus Fälle geben, in denen unter rein ökonomischen Aspekten eine

Nutzung nicht sinnvoll ist. In diesem Bereich kann eine Förderregelung zusätzliche Impulse zur Erschließung vergleichsweise günstiger Potentiale geben. Aufgrund der besonderen Rolle einzelner Standortfaktoren für die Konkurrenzfähigkeit und der überschaubaren Anzahl von Anlagen bzw. Standorten erscheint für die Großwasserkraft ein Fördermechanismus auf Grundlage einer Einzelfallprüfung am sinnvollsten, wobei dann diese Anlagengruppe aus weiteren Förderinstrumenten ausgeschlossen werden sollte.

Bei Kleinwasserkraft mit Stromgestehungskosten zwischen 5 und 11 Pf/kWh$_{el}$ stellt sich die Situation so dar, dass mit Einsetzen einer Förderung die vorhandenen Potentiale vollständig zur Erzeugung Grünen Stroms eingesetzt werden. Bei Kleinwasserkraftanlagen ist anhand der im Allgemeinen höheren Stromgestehungskosten nur in Ausnahmefällen ein wirtschaftlicher Anlagenbetrieb ohne Förderung möglich. Daher sowie aufgrund der größeren Anlagenzahl ist eine Einzelfallprüfung nicht zu realisieren. In diesem Fall wäre eine Integration in ein allgemeines Förderinstrument, wie z. B. eine Quotenregelung, zu empfehlen.

6.3.2.3 Die Nutzung fester Biobrennstoffe vor dem Hintergrund der Emissionsentwicklung

Die energetische Nutzung von Biomasse kann aufgrund der umfangreichen Potenziale einen bedeutenden Beitrag zur Erfüllung von Förderzielen für Grünen Strom leisten. Als bezüglich der Stromgestehungskosten günstigste Technologieoption ist die kombinierte Verbrennung von fester Biomasse und Steinkohle in einer Anlage zu nennen. Diese Option bietet die Möglichkeit mit nur geringen zusätzlichen Investitionen Grünen Strom zu erzeugen[135]. Allerdings ist dabei zu beachten, dass aufgrund technischer Restriktionen Biobrennstoff nur bis zu einem fixen maximalen Anteil zugegeben werden kann. Eine Förderung dieser Option ist daher auch immer mit einer indirekten Förderung der Steinkohleverstromung verbunden. Daraus können sich Rückwirkungen auf den Bereich der konventionellen Stromerzeugung ergeben, weil aufgrund des in Kuppelproduktion mit gefördertem Grünen Strom erzeugten fossilen Stroms andere fossile Kraftwerke vom Markt verdrängt werden können.

Die durchgeführten Systemanalysen zeigen, dass im Zeitraum bis 2020 eine Förderung der Biomassezufeuerung zu einer Zunahme des aus Steinkohle erzeugten Stromanteils im Vergleich zum Fall ohne Förderung führt. Diese Ausweitung der Steinkohlenutzung geht vor allem zu Lasten von erdgasbefeuerten GuD-Kraftwerken. Da die Steinkohleverbrennung im Vergleich zur Erdgasnutzung mit höheren CO_2- und SO_2-Emissionen verbunden ist, bedeutet diese Entwick-

[135] Siehe z. B. [Ott 1997]

lung, dass auch die spezifischen Emissionen der Stromerzeugung im Vergleich zum Fall einer geringen Nutzung der Biomassezufeuerung ansteigen können. Das heißt, dass im Zuge einer Förderung der Biomassezufeuerung in Steinkohlekraftwerken auch ein Emissionsanstieg eintreten kann, was letztlich den Umweltzielen einer Förderung regenerativer Energieträger zuwider läuft. Vor diesem Hintergrund ist diese Option zur Erzeugung von Grünem Strom kritisch zu bewerten.

Aufgrund dieser Verdrängungsproblematik kann bei ambitionierten Förderzielen ein Anstieg der spezifischen Emissionen im Vergleich zu einem geringeren Förderziel eintreten. Dies wird z. B. anhand der Modellergebnisse verschiedener Szenarios für das Jahr 2015 deutlich (siehe Abbildung 11). Bei einem Förderziel von 10 % für Grünen Strom wird eine Reduktion der spezifischen CO_2-Emissionen gegenüber dem Referenzfall von 62 kt/PJ_{el} auf 57 kt/PJ_{el} erreicht (Szenario I in Abbildung 11). Bei einer Erhöhung des Förderziels für den gleichen Zeitpunkt auf 15 % beläuft sich der spezifische CO_2-Emissionswert auf rund 60,5 kt/PJ_{el} (Szenario II in Abbildung 11). Der Grund für diesen Anstieg trotz höherer Förderzielsetzung liegt darin, dass vor dem Hintergrund der begrenzten verfügbaren Potentiale anderer regenerativer Energieträger, wie z. B. Wind- oder Wasserkraft, zu diesem Zeitpunkt unter Berücksichtigung ökonomischer Kriterien in großem Maße Zufeuerungsanlagen eingesetzt werden sollten, um das 15 %-Ziel zu erreichen. Zu einem späteren Zeitpunkt, wenn davon ausgegangen werden kann, dass z. B. aufgrund der Beseitigung von bestehenden administrativen und technischen Hemmnissen weitere Potentiale emissionsfreier regenerativer Energieträger zur Verfügung stehen[136], kann im Gegensatz zu dem dargestellten Fall bereits eine vergleichsweise geringe Anhebung der Zielsetzung eine deutliche Minderung der spezifischen Emissionen bewirken.

Damit zeigt sich, dass mit einer Erhöhung der Zielvorgaben einer Förderregelung für grünen Strom nicht unbedingt auch Emissionsminderungen einhergehen müssen. Sehr ambitionierte Ziele können auch dem eigentlichen Ziel des umweltpolitischen Instruments, einer Emissionsminderung, zuwider laufen. Für die Ausgestaltung einer Förderregelung bedeutet dies, dass emissionssteigernde Effekte nur dann vermieden werden können, wenn der Entwicklungspfad für die Zielgröße entsprechend der Potenzialverfügbarkeit für regenerative Energieträger ausgestaltet wird.

[136] Z. B. Offshore-Windkraft (siehe Abschnitt 6.3.2.4) oder die Nutzung weiterer Wasserkraftstandorte.

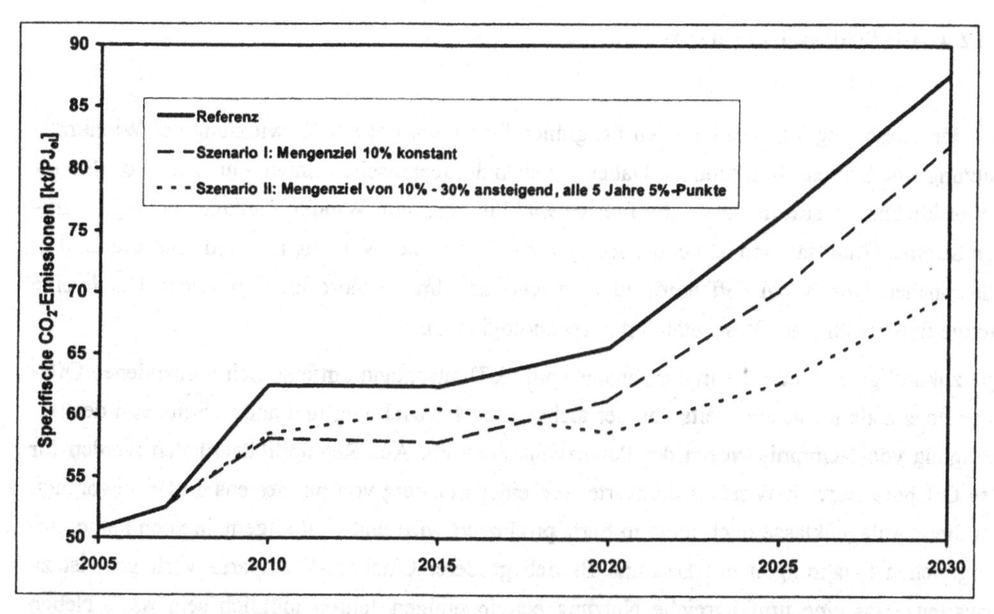

Abbildung 11: Entwicklung der spezifischen CO_2-Emissionen der Region Baden-Württemberg

Weiterhin wird deutlich, dass im Rahmen einer durch ein Förderinstrument unterstützten umfangreichen Kuppelproduktion von grünem und fossilem Strom in Zufeuerungsanlagen der durch den Kernenergieausstieg induzierte Wachstumstrend bei den CO_2-Emissionen kaum vermieden werden kann. Um eine Reduktion der spezifischen CO_2-Emissionen der Stromerzeugung zu erreichen ist der Einsatz emissionsfreier Alternativen, wie z. B. Photovoltaik-, Wasser oder Windkraftanlagen, erforderlich.

Ein wesentliches Ergebnis der durchgeführten Analysen ist, dass auch bei ambitionierten Zielen, die einen Anteil von grünem Strom von bis zu 45 % vorsehen, die Emissionswerte für keine der untersuchten Emissionen unter den Ausgangswert vor dem Kernenergieausstieg gesenkt werden können. Ausschlaggebend hierfür ist vor allem die für die Jahre nach 2015 zu erwartende umfangreiche Steinkohlenutzung aufgrund des auch langfristig günstigen Kohlepreises bei gleichzeitigem Anstieg der Erdgaspreise[137].

[137] Siehe [Prognos 2000a]

6.3.2.4 Die Schlüsselrolle der Windkraft

Bei der Erreichung von Förderzielen für grünen Strom kommt der Entwicklung der Windkraftnutzung eine Schlüsselfunktion zu. Dabei ist neben der technischen Entwicklung auch die Standorterschließung bestimmend für die Preisentwicklung des von Windkraftanlagen erzeugten grünen Stroms. Grundsätzlich ist bei der Analyse zwischen einer Nutzung an Land (onshore) und in küstennahen Gewässern (offshore) zu unterscheiden. Im Onshore-Bereich zeichnet sich eine stetige Entwicklung auf Basis etablierter Technologien ab.

Die zukünftige Nutzung der in der Bundesrepublik Deutschland umfangreich vorhandenen Offshore-Potenziale hängt einerseits von der technischen Entwicklung und andererseits von der Beseitigung von Hemmnissen bei der Potenzialnutzung ab. Aus Rentabilitätsgründen werden für den Offshore-Bereich Windkraftkonverter mit einer Leistung von mindestens 3 MW bevorzugt. Da diese Anlagenklasse noch nicht in Serie produziert wird und weil allgemein noch keine umfangreichen Erfahrungen mit Bau und Betrieb größerer Offshore-Windparks vorliegen, ist zu erwarten, dass eine umfangreiche Nutzung erst in einigen Jahren möglich sein wird. Neben diesen technischen Rahmenbedingungen verzögern auch die erforderlichen Planungsverfahren sowie Bürgerproteste die Nutzung von Offshore-Standorten. Diesen Hemmnissen stehen die im Vergleich zu anderen Optionen zur Erzeugung von grünem Strom günstigen Erzeugungskosten von ca. 6 – 8 Pf/kWh_{el} gegenüber.

Aus diesen skizzierten Rahmenbedingungen für die Nutzung der Offshore-Windkraft ergeben sich folgende Rückwirkungen auf eine Förderregelung für regenerative Stromerzeugungsanlagen. Für den Fall, dass bei Einführung des Förderinstruments aufgrund der genannten Hemmnisse eine Installation von Offshore-Windkraftanlagen nicht oder nur sehr eingeschränkt möglich ist, wird die Nutzung von anderen regenerativen Stromerzeugungstechnologien, die sich durch höhere Stromgestehungskosten auszeichnen, erforderlich. Der Umfang des Einsatzes dieser teueren Optionen steigt mit der Höhe der Förderzielsetzung. Mit zunehmender Potenzialverfügbarkeit und technischer Weiterentwicklung der Offshore-Windkraftanlagen tritt die Offshore-Technologie aufgrund der geringeren Erzeugungskosten in Konkurrenz zu den bereits installierten regenerativen Stromerzeugungsanlagen. Diese Situation kann zu einem ausgeprägten Preiswettbewerb zwischen geförderten Anlagen und schließlich zu „Stranded Investments“ führen. Eine solche Situation kann aus Gründen der Planungs- und Investitionssicherheit zu einer mangelnden Akzeptanz einer Förderregelung bei Investoren führen.

Die durchgeführten Energiesystemanalysen lassen deutlich werden, dass bereits bei einem beabsichtigten Anteil von grünem Strom in Höhe von 10 % eine solche Situation eintreten kann. In diesem Fall sieht das PERSEUS-REG^2 Modell bei einer geringen Offshore-Verfügbarkeit eine umfangreiche Nutzung von Biomassezufeuerungsanlagen vor. Bei einem Anstieg der nutzbaren Offshore-Potenziale wird aufgrund der geringeren Stromgestehungskosten von Offshore-

Anlagen die Biomasseverbrennung in den Zufeuerungsanlagen verringert oder ganz eingestellt. Die zusätzlichen Investitionen für die Biomassemitverbrennung entsprechen dann „Stranded Investments“. In Extremfällen kann die Anlage auch im reinen Steinkohlebetrieb nicht mehr konkurrenzfähig sein. Diese Rahmenbedingungen machen es grundsätzlich erforderlich, dass die Entwicklungspotenziale der Offshore-Windkraft bei der Definition von Förderzielen berücksichtigt werden.

Eine umfangreiche Verfügbarkeit vorhandener Offshore-Potenziale erlaubt auch die Erfüllung hoher Förderziele, ohne dass die Grenzkosten der Erzeugung grünen Stroms stark ansteigen. Aus diesem Zusammenhang ergibt sich auch ein Einfluss auf die Bedeutung eines internationalen Marktes für grüne Zertifikate. Für einen internationalen Zertifikatemarkt bedeutet dies, dass, falls die Offshore-Potenziale in Deutschland zu einem großen Maß genutzt werden können, sich durch einen internationalen Zertifikatehandel nur geringe Kosteneinsparungen bei der Erfüllung auch von hohen Förderzielen für grünen Strom realisieren lassen. Im umgekehrten Fall einer restriktiven Potenzialausnutzung kommt dem internationalen Markt aufgrund der bestehenden Einsparungsmöglichkeiten eine größere Bedeutung zu.

Aufgrund dieser entscheidenden Einflüsse von Offshore-Windkraftanlagen auf die Kosten der Zielerreichung eines Förderinstruments für grünen Strom ist es erforderlich, die Potentialverfügbarkeit bei der Festlegung des Entwicklungspfades des Instrumentenziels zu berücksichtigen. Dies erfordert eine in regelmäßigen Zeitabständen durchzuführende Anpassung der Instrumentenvorgaben. In diesem Zusammenhang kommt der Abschätzung der Hemmnisse bei der Potentialnutzung eine entscheidende Rolle zu.

6.3.2.5 Entwicklung der Erzeugungsgrenzkosten im Rahmen einer Förderregelung

Zur Bewertung der Auswirkungen einer Förderregelung für regenerative Energieträger in der Stromproduktion soll im Folgenden die Entwicklung der durchschnittlichen Stromgestehungskosten im Referenzfall, das heißt ohne weitere Fördermaßnahmen, den im Falle einer Förderung zu erwartenden Erzeugungsgrenzkosten der eingesetzten regenerativen Stromerzeugungsanlagen gegenüber gestellt werden. Bei diesem Vergleich ist grundsätzlich zu beachten, dass die Erzeugungskosten einer bestimmten regenerativen Kraftwerksoption (z. B. Windkraftanlagen) aufgrund von technischen Weiterentwicklungen in Abhängigkeit des Installationsjahres unterschiedlich sein können. Nach [BMU 2000] können durch Lerneffekte vor allem bei noch jungen regenerativen Kraftwerkstechnologien für die kommenden Jahre teilweise erhebliche Kostensenkungen realisiert werden.

Anhand der Modellergebnisse können für die Region Baden-Württemberg für das Basisjahr durchschnittliche Stromgestehungskosten zwischen 4,2 und 4,7 Pf/kWh bestimmt werden. Auf Grundlage der Rechungen des PERSEUS-REG^2 Modells ist zu erwarten, dass ab etwa 2007 aufgrund der im Zuge des Kernenergieausstiegs erforderlichen umfangreichen Ersatzinvestitionen ein teilweise sprunghafter Anstieg der Stromgestehungskosten eintreten wird. Dieser wird sich ab 2020 etwas abschwächen, so dass sich die Gestehungskosten im Zeitraum 2025 - 2030 bei etwa 6,2 - 6,7 Pf/kWh stabilisieren werden (siehe auch [Dreher 2001 S. 141 ff.]).

Im Zuge einer Förderung regenerativer Energieträger ist mit einem teilweise deutlichen Anstieg der durchschnittlichen Stromgestehungskosten und damit letztlich auch der Strompreise zu rechnen, der auf die im Vergleich zu fossilen Anlagen höheren Erzeugungskosten regenerativer Anlagen zurück geht. Diese Auswirkungen werden im Folgenden anhand der Erzeugungsgrenzkosten der geförderten regenerativen Anlagen dargestellt.

Im Fall eines konstanten Förderziels, das einen Anteil von 10 % für grünen Strom vorsieht, sind Kleinwasserkraftanlagen sowie die Biomassezufeuerung in fossilen Kraftwerken ausschlaggebend für die Erzeugungsgrenzkosten. Diese liegen in der Periode ab 2010 bei ungefähr 6,1 Pf/kWh, in der Periode ab 2030 bei 8,2 – 11 Pf/kWh. Entscheidend für diese Preissteigerung ist der Anteil bereits bestehender und abgeschriebener kleiner Wasserkraftanlagen. Mit einem zunehmenden Anteil der Anlagen, bei denen wesentliche Anlagenteile erneuert werden müssen[138], steigen die Erzeugungsgrenzkosten gegen 2030 an. Des weiteren spielt der Ausnutzungsgrad von Anlagen zur Zufeuerung von Biomasse eine Rolle. Wird gegen Ende des Analysezeitraumes, z. B. aufgrund größerer verfügbarer Windkraftpotenziale, die in früheren Perioden installierte Leistung von Biomassezufeuerungsanlagen nicht mehr in vollem Umfang genutzt, so kann auch dies zu steigenden Erzeugungsgrenzkosten führen. Darüber hinaus ist bei dieser Option auch die Entwicklung des Brennstoffpreises zu berücksichtigen.

Bei höheren Mengenzielen für grünen Strom entwickeln sich die Erzeugungsgrenzkosten wie folgt:

- Bei Vorgaben von 15 %: Die Grenzkosten werden durch Windkraftanlagen an Standorten mit schwachen Windgeschwindigkeiten bestimmt (z. B. Binnenlandstandorte). Sie liegen z. B. im Jahr 2015 bei bis zu 20,6 Pf/kWh.
- Im Zuge einer Erhöhung der Zielsetzungen auf über 20 % werden Biogasanlagen sowie reine Biomassekraftwerke (z. B. mit Stroh befeuert) eingesetzt. Dies hat einen Anstieg der Grenzkosten auf rund 26 Pf/kWh zur Folge.

---

[138] Z. B. neue Maschinensätze.

- Unter der Voraussetzung einer auch zukünftig restriktiven Nutzung der Offshore-Windkraftpotenziale[139] ist ab Zielvorgaben von etwa 25 % der Einsatz von Photovoltaikanlagen erforderlich. Für die Grenzkosten ist dann nach derzeitigem Kenntnisstand – auch bei Realisierung umfangreicher Kostensenkungspotentiale bei der Produktion von Photovoltaikmodulen – ein Wert von mindestens 51 Pf/kWh zu erwarten.
- Durch Aktivitäten auf einem europäischen Markt für grünen Strom beziehungsweise entsprechende Zertifikate bestehen bei Zielvorgaben ab ca. 15 % teilweise erhebliche Kostensenkungspotentiale im Vergleich zur Realisierung der Zielvorgaben ausschließlich im nationalen Rahmen.

Grundsätzlich ist an dieser Stelle anzumerken, dass die hier gemachten Angaben zur Entwicklung der Erzeugungsgrenzkosten für grünen Strom sehr stark von den für eine energetische Nutzung verfügbaren Potentialen regenerativer Energieträger sowie der technologischen Entwicklung regenerativer Kraftwerkstechnologien abhängen. Die Werte sind vor diesem Hintergrund lediglich als Richtwerte für die zukünftige Entwicklung zu interpretieren.

6.4 Empfehlungen für zukünftige Förderregelungen

Anhand der in den vorangegangenen Abschnitten dargestellten Ergebnisse der am Beispiel Baden-Württembergs durchgeführten Energiesystemanalyse wird deutlich, dass im Rahmen einer Förderregelung für Grünen Strom den zukünftigen Entwicklungen der Rahmenbedingungen, welche die Nutzung der verschiedenen Optionen beeinflussen können, Rechnung getragen werden sollte. Nur dann ist es möglich, die Förder- und Umweltwirkung des eingesetzten Instruments sinnvoll zu steuern und die beschriebenen negativen Seiteneffekte, wie z. B. „Stranded Investments“ oder einen Anstieg der Emissionen, zu vermeiden. In diesem Zusammenhang sind primär solche Faktoren zu berücksichtigen, welche die Stromgestehungskosten regenerativer Erzeugungsanlagen stark beeinflussen können, wie die Preisentwicklung bei Inputenergieträgern – besonders relevant bei festen Biobrennstoffen -, technologische Weiterentwicklungen sowie die Potentialverfügbarkeit, z. B. bei Offshore-Windkraft. Für die Ausgestaltung eines umweltpolitischen Förderinstruments bedeutet dies, dass im Rahmen einer regelmäßigen Überprüfung der Zielvorgaben und der Rahmenbedingungen Anpassungsmechanismen in das Instrument integriert werden sollten. Vor dem Hintergrund der durchgeführten Systemanalysen ist dies vor

[139] Die Annahme einer restriktiven Nutzung der vorhandenen Offshore-Potentiale erscheint vor dem Hintergrund langer Genehmigungsverfahren, der noch nicht kommerziell verfügbaren Technologie sowie vermehrter Anwohnerproteste durchaus gerechtfertigt.

allem für den Bereich der Biomassezufeuerung sowie für die Offshore-Windkraft erforderlich. Dies kann über die Berücksichtigung technologie- oder energieträgerspezifischer Elemente realisiert werden. Weiterhin wird dadurch ein regelmäßiger Abstimmungs- und Analyseprozess zur periodischen Definition der Zielvorgabe notwendig. Der Vorteil dieser Vorgehensweise liegt in der gezielten Steuerungsmöglichkeit der Förderwirkung des Instruments. Ein wesentlicher Nachteil ist die aus der variablen Gestaltung erwachsende erhöhte Planungsunsicherheit für Investoren. Als Alternative ist auch eine bewusst einfach gehaltene Instrumentengestaltung möglich, die lediglich eine Zieldefinition ohne weitere spezifische Elemente vorsieht. Dann besteht aber die Gefahr, dass die im Rahmen dieser Arbeit ermittelten, teilweise negativen Seiteneffekte, wie z. B. „stranded Investments", auftreten können.

Vor allem vor dem Hintergrund der Diskussion um eine gezielte aber zeitlich begrenzte Förderung einzelner Optionen, z. B. im Zusammenhang mit einer angedachten Begrenzung verschiedener Fördermittel, wird anhand der Ergebnisse dieses Beitrags deutlich, dass die Förderung regenerativer Energieträger kontinuierlich erfolgen sollte. Bei einer intensiven, aber zeitlich eng begrenzten Förderung besteht das Problem, dass nach dem Ende der Förderung das erreichte hohe Zubauniveau üblicherweise ohne weitere Unterstützung nicht gehalten werden kann. Spätestens am Ende der Nutzungsdauer der geförderten Anlagen ist dann ein deutlicher Rückgang der installierten Anlagenleistung zu verzeichnen. In solchen Fällen konnte das Instrument keine langfristige Wirkung entwickeln. Darüber hinaus ist im Allgemeinen ein Aufrechterhalten einer intensiven Förderung über längere Zeitintervalle nur sehr schwer zu finanzieren. Für den Fall der hier diskutierten Förderregelung für grünen Strom bedeutet dies, dass eine langfristig angelegte, kontinuierliche Förderung vorzuziehen ist, da es im Bereich regenerativer Stromerzeugungstechnologien noch eine Reihe von Alternativen gibt, für die ein kurzfristiger Förderimpuls nicht ausreicht, um die Konkurrenzfähigkeit zu etablierten fossilen Kraftwerkstechnologien zu erreichen (z. B. Photovoltaik). Für den Fall einer zu kurzen Förderung würde die Gefahr bestehen, dass sich mit dem Ende des Instrumenteneinsatzes die bisherige Situation einer überwiegenden Stromerzeugung auf Grundlage fossiler Energieträger wieder einstellt.

Anhand der ermittelten Modellergebnisse zeigt sich, dass ab 2010 aufgrund des beschlossenen Ausstiegs aus der Kernenergienutzung ein starker Anstieg der spezifischen CO_2-Emissionen der Stromerzeugung zu erwarten ist. Vor diesem Hintergrund ist das mit dem Einsatz der diskutierten umweltpolitischen Instrumente verfolgte Ziel einer Minderung der CO_2-Emissionen nur unter der Vorgabe hoher Mengenziele im Bereich von über 40 % für grünen Strom zu erreichen. In diesem Zusammenhang sind auch die negativen Auswirkungen einer Förderung der Biomassezufeuerung in Steinkohlekraftwerken auf die CO_2-Emissionen zu erwähnen, durch die der beschriebene Trend wachsender Kohlendioxidemissionen noch verstärkt werden kann. Aus dieser Situation folgt, dass zur Erreichung einer CO_2-Minderung neben Mengenvorgaben für grünen

Strom auch weitere flankierende Maßnahmen eingesetzt werden sollten, wenn nicht bewusst hohe Zielvorgaben für grünen Strom vorgegeben werden sollen.

Ein internationaler Handel mit grünen Zertifikaten/grünem Strom kann zu Einsparungen im Vergleich zu einer nationalen Lösung führen, wenn die zu erwartenden Grenzkosten der internationalen Zertifikate unter den Grenzkosten von in Deutschland erzeugten Zertifikaten liegen. Die durchgeführten Modellanalysen zeigen, dass bei den für das Jahr 2010 angestrebten Zielen aus ökonomischen Gründen eine Ankopplung des bundesdeutschen Marktes an einen europaweiten Markt nicht zwingend erforderlich ist. Vor dem Hintergrund der noch erforderlichen und vermutlich langwierigen europaweiten Abstimmung der verschiedenen nationalen Förderinstrumente bedeutet dies für die Bundesrepublik Deutschland, dass unter ökonomischen Gesichtspunkten die nationalen Ziele für grünen Strom erst dann deutlich über die zunächst anvisierten Ziele[140] angehoben werden sollten, wenn Bezugsmöglichkeiten für grüne Zertifikate oder grünen Strom aus anderen europäischen Ländern bestehen.

Aus der Sicht von binnenländischen Regionen ist eine Einführung von handelbaren grünen Zertifikaten zum Nachweis der Erfüllung der Instrumentenvorgaben sinnvoll. Dies ist vor allem vor dem Hintergrund der besonderen Rolle der Offshore-Windkraft und der sich daraus ergebenden Produktionsmöglichkeiten für Zertifikate und grünen Strom in den Küstenregionen von Bedeutung. Der Transfer des Umweltnutzens dieser Stromproduktion ist so einfach wie möglich zu gestalten, um die bestehenden Kostenvorteile für alle Akteure zugänglich zu machen. Falls ein solches System nicht existiert, kann dies Wettbewerbsnachteile für binnenländische Akteure sowie Effizienzverluste bei der Förderung nach sich ziehen.

6.5 Zusammenfassung

Die aktuelle Diskussion um den Einsatz umweltpolitischer Instrumente zur Förderung der Stromerzeugung aus regenerativen Energieträgern stellt den Ausgangspunkt dieses Beitrags dar. Die Diskussion um das Förderinstrumentarium ist dabei auf nationaler wie auch auf europäischer Ebene zu führen, weil einerseits die europäischen Emissionsminderungsziele auf nationale Verpflichtungen heruntergebrochen werden müssen und andererseits aufgrund der Grundsätze des Europäischen Vertrages (z. B. freier Warenverkehr, Verbot staatlicher Beihilfen, usw.) eine Harmonisierung der nationalen Förderinstrumente erforderlich ist. Dies bedeutet, dass die Diskussion um Instrumente zur Förderung der Stromerzeugung aus regenerativen Energiequellen

[140] Die Ziele orientieren sich überwiegend an den Kyoto-Verpflichtungen zur Minderung der Treibhausgasemissionen (siehe z. B. [EC 1997]).

nicht mit der Implementierung nationaler Instrumente in den einzelnen Mitgliedsländern beendet ist. Die Situation stellt sich vielmehr so dar, dass aufgrund der erforderlichen Abstimmung der Förderinstrumente die Diskussion um die Vor- und Nachteile der verschiedenen Alternativen fortgeführt werden muss. Die Entscheidung für einen Förderansatz wird auch von den zu erwartenden Auswirkungen auf bestehende Energiesysteme abhängen. Daher ist es notwendig, die Rückwirkungen eines Instrumenteneinsatzes auf existierende Energieversorgungssysteme zu untersuchen und daraus Empfehlungen für die Ausgestaltung eines Förderansatzes abzuleiten. Im Rahmen dieses Beitrags werden die Ergebnisse einer vor diesem Hintergrund durchgeführten Energiesystemanalyse sowie die daraus abgeleiteten Schlussfolgerungen vorgestellt.

Zur Durchführung der Energiesystemanalyse wird das Energie- und Stoffflussmodell PERSEUS-REG[2] eingesetzt. Dieses Modell ist ein mehrperiodisches, lineares Optimiermodell zur Abbildung von Energiesystemen und zur Entwicklung zukünftiger Gestaltungsstrategien. Dieses Modell erlaubt die Analyse der Auswirkungen einer Förderregelung für grünen Strom innerhalb einer abgegrenzten Region unter gleichzeitiger Berücksichtigung der Rahmenbedingungen des liberalisierten Strommarktes. Dabei ist neben einer sehr detaillierten Modellierung der Potentiale regenerativer Energieträger sowie der entsprechenden Kraftwerkstechnologien auch die Abbildung von handelbaren grünen Zertifikaten sowie die Differenzierung einzelner Energieträger nach zusätzlichen Qualitätsmerkmalen möglich. Auf Grundlage dieses Modellansatzes wird beispielhaft das Energiesystem der Region Baden-Württemberg abgebildet und bezüglich der Auswirkungen einer Förderung regenerativer Stromerzeugung detailliert untersucht.

Aus den durchgeführten Analysen umweltpolitischer Instrumente zur Förderung der Stromerzeugung aus regenerativen Energiequellen können folgende Ergebnisse abgeleitet werden:

- Die durchgeführten Analysen zeigen, dass Anlagen zur Klär- und Deponiegasverwertung auch ohne Förderung auf dem Strommarkt wettbewerbsfähig sind. Aus diesem Grund scheint eine Ausnahme dieser Optionen aus der weiteren Förderung regenerativer Energieträger sinnvoll. Im Fall von Großwasserkraftanlagen wird üblicherweise argumentiert, dass diese Anlagen allgemein konkurrenzfähig sind und daher keiner weiteren Förderung bedürfen. Da es aber auch hier eine deutliche Abhängigkeit der Wettbewerbsfähigkeit vom einzelnen Anlagenstandort gibt, wäre in diesem Fall eine Förderung auf der Grundlage von Einzelfallprüfungen empfehlenswert.

- Im Rahmen der Förderung regenerativer Energieträger zur Stromerzeugung kommt der Erschließung von Offshore-Standorten für Windkraftanlagen aufgrund der umfangreichen Potentiale und der vergleichsweise geringen Stromgestehungskosten eine Schlüsselrolle zu. Die Verfügbarkeit der vorhandenen Potentiale beeinflusst die Nutzung anderer regenerativer Energieträger im Rahmen einer Mengenvorgabe für grünen Strom deutlich. Aufgrund dieser Situation können in Abhängigkeit der Potentialverfügbarkeit und der zeitlichen Entwicklung der Mengenvorgabe für grünen Strom negative Auswirkungen auf den Betrieb konkurrierender Anlagen entstehen. Aus diesem Grund sollte im Rahmen der Definition einer Mengenvorgabe die aktuelle Entwicklung bei der Nutzung von Offshore-Standorten für Windkraftanlagen berücksichtigt werden. Dies bedeutet weiterhin, dass die Vorgaben in regelmäßigen Abständen überprüft und gegebenenfalls angepasst werden müssen.

- Die Zufeuerung von biogenen Festbrennstoffen in Steinkohlekraftwerken stellt ebenfalls eine unter ökonomischen Kriterien erfolgversprechende Option zur Erzeugung von grünem Strom dar. Allerdings führt die Förderung dieser Technologie zu einer gleichzeitigen Unterstützung des in Kuppelproduktion erzeugten fossilen Stroms. Daraus kann eine Verdrängung von fossilem Strom aus Erdgaskraftwerken mit den damit verbundenen negativen Folgen für die Emission von CO_2 resultieren. Diese Seiteneffekte sind bei der Förderung der Biomassezufeuerung zu berücksichtigen. Die ebenfalls in diesem Zusammenhang erkennbare Problematik einer CO_2-Minderung bei gleichzeitigem Anstieg der Emissionen verschiedener Luftschadstoffe verdeutlicht grundsätzlich die Notwendigkeit der Entwicklung kombinierter Minderungsstrategien für Treibhausgase und Luftschadstoffe.

- Der beschlossene Ausstieg aus der Nutzung der Kernenergie führt unter anderem zu einem hohen Anstieg der spezifischen CO_2-Emissionen der produzierten Elektrizität. Um diese Entwicklung ausschließlich durch die Nutzung regenerativer Energieträger in der Stromproduktion zu vermeiden, sind langfristig Mengenvorgaben für grünen Strom von über 40 % erforderlich.

- Die Förderinstrumente sollten flexibel gestaltet werden, so dass auf zukünftige Entwicklungen bei den geförderten regenerativen Energieträgern reagiert werden kann. Dies ist vor allem vor dem Hintergrund der zahlreichen Faktoren, welche die Verfügbarkeit und Vorteilhaftigkeit regenerativer Energieträger beeinflussen können, von Bedeutung (z. B. Akzeptanzprobleme bei Offshore-Windparks oder die beschriebene Problematik der Emissionen bei der Biomassezufeuerung). Die Berücksichtigung der Entwicklung dieser Faktoren ist allerdings mit einem hohen Kontroll- und Anpassungsaufwand verbunden. Weiterhin besteht die Gefahr, dass dadurch die für Investoren erforderliche Planungssicherheit nicht in ausreichendem Maße gewährleistet ist.

- Die Modellergebnisse zeigen des weiteren, dass aufgrund der berechneten Grenzkosten der Erzeugung von grünem Strom eine Berücksichtigung von Potentialen in anderen Ländern der Europäischen Union erst bei Mengenzielen für grünen Strom von über 15 % zu nennenswerten Einsparungen führt. Dies bedeutet, dass für das im Rahmen der Erreichung der Kyoto-Ziele auf europäischer Ebene angestrebte Mengenziel im Jahr 2010 eine Ankopplung des deutschen Marktes für grünen Strom beziehungsweise grüne Zertifikate an einen europäischen Markt nicht erforderlich ist. Dadurch erhöht sich der zeitliche Spielraum bei der Abstimmung der verschiedenen nationalen Förderansätze.

6.6 Quellen

[Ardone 1999] Ardone, A.: *Entwicklung einzelstaatlicher und multinationaler Treibhausgasminderungsstrategien für die Bundesrepublik Deutschland mit Hilfe von optimierenden Energie- und Stoffflußmodellen.* Frankfurt/Main: Peter Lang Verlag, 1999.

[BMU 2000] Bundesministerium für Umwelt Naturschutz und Reaktorsicherheit (Hrsg.): *Klimaschutz durch Nutzung erneuerbarer Energien.* Berlin, 2000.

[Brecht et al. 1995] Brecht, Ch.; Goethe, H. G.; Klatt, H. J.; Middelschulte, A.; Reintges, H.; Riemer, H. W.; Sondermann, H. (Hrsg.): *Jahrbuch 1996 Bergbau Erdöl und Erdgas Petrochemie Elektrizität Umweltschutz.* Essen: Verlag Glückauf, 1995.

[Brooke et al. 1998] Brooke, A.; Kendrick, D.; Meeraus, A.; Raman, R.: *GAMS A User's Guide.* Washington: GAMS Developmet Corporation, 1998.

[BWE 2000] BWE (Hrsg): *Installationszahlen 1988-1999, laufend aktualisiert,* http://www.wind-energie.de/statistik/deutschland.html.

[Diekmann et al. 1995] Diekmann, J.; Horn, M.; Hrubesch, P.: *Fossile Energieträger und erneuerbare Energiequellen.* Jülich: Forschungszentrum Jülich, 1995.

[Dreher et al. 2000] Dreher, M.; Wietschel, M.; Rentz, O.: *Evaluation of Effects of Environmental Policy Instruments on Energy Systems*, in: Catania, P; Golchert, B.; Zhou, C. Q. (Hrsg.): Energy 2000 - The Beginning of a New Millennium. L' Aquila: Balaban International, 2000, S. 730-735.

[Dreher 2001] Dreher, M.: *Analyse umweltpolitischer Unstrumente zur Förderung der Stromerzeugung aus regenerativen Energieträgern im liberalisierten Strommarkt*, 2001.

[Drillisch 1999] Drillisch, J.: *Quotenregelung für erneuerbare Stromerzeugung.* Zeitschrift für Energiewirtschaft, 4, 1999, S. 251-274.

[EC 1997] European Commission (Hrsg.): *Energy for the Future: Renewable Sources of Energy - White paper for a Community Strategy and Action Plan*, 1997.

[EC 2000] European Commission (Hrsg.): *Vorschlag für eine Richtline des europäischen Parlamentes und des Rates zur Förderung der Stromerzeugung aus erneuerbaren Energiequellen im Elektrizitätsbinnenmarkt.* Brüssel: European Commission, 2000.

[Fichtner 1999] Fichtner, W.: *Strategische Optionen der Energieversorger zur CO_2-Minderung.* Berlin: Erich Schmidt Verlag, 1999.

[Göbelt et al. 2000] Göbelt, M.; Fichtner, W.; Dreher, M.; Wietschel, M.; Rentz, O.: *A decision support tool for electric utility planning in liberalised energy markets under environmental constrains*, in: Khosrowpour, M. (Hrsg.): Challanges of Information Technology Management in the 21st Century, Proceedings of the IRMA 2000 Conference. Hershey: Idea Group Publishing, 2000, S. 674-675.

[Grawe et al. 1995] Grawe, J.; Wagner, E.: *Nutzung erneuerbarer Energien durch die Elektrizitätswirtschaft, Stand 1994.* Elektrizitätswirtschaft, 94, 1995, S. 1600-1616.

[Markard et al. 2000] Markard, J.; Timpe, Ch.: *Ist Ökostrom ein Auslaufmodell?* Zeitschrift für Energiewirtschaft, 4/00, 2000, S. 201-212.

[Ott 1997] Ott, M.: *Biomassemitverbrennung in Heizkraftwerken - eine Möglichkeit zur effizienten CO2-Minderung.* Elektrizitätswirtschaft, 24, 1997, S. 1455-1460.

[Prognos 2000a] Prognos AG (Hrsg.): *Energiereport III.* Stuttgart: Schäffer-Poeschel, 2000a.

[Prognos 2000b] Prognos AG (Hrsg.): *Energiereport III.* Stuttgart: Schäffer-Poeschel, 2000b.

[Staiß et al. 1994] Staiß, F.; Böhnisch, H.; Pfisterer, F.: *Photovoltaische Stromerzeugung - Import solarer Elektrizität - Wasserstoff*: Akademie für Technikfolgenabschätzung Baden-Württemberg, 1994.

[VdEW 1997a] Verband der Elektrizitätswerke Baden-Württemberg e.V. (Hrsg.): *Statistik der öffentlichen Elektrizitätsversorgung in Baden-Württemberg für das Jahr 1996*: Verband der Elektrizitätswerke Baden-Württemberg e.V., 1997a.

[VDEW 1997b] Verband der Elektrizitätswirtschaft (VDEW e.V.) (Hrsg.): *VDEW Jahresstatistik Teil II: Betriebsmittel 1996.* Frankfurt/Main: VWEW-Verlag, 1997b.

[Wagner 1998] Wagner, E.: *Nutzung erneuerbarer Energien durch die Elektrizitätswirtschaft, Stand 1997.* Elektrizitätswirtschaft, 97, 1998, S. 13-26.

[Wagner 1999] Wagner, E.: *Nutzung erneuerbarer Energien durch die Elektrizitätswirtschaft, Stand 1998.* Elektrizitätswirtschaft, Heft 24, 1999, S. 12-22.

[Wietschel 2000] Wietschel, M.: *Produktion und Energie.* Frankfurt/Main: Peter Lang Verlag, 2000.

7 Entwicklung einer kombinierten Minderungsstrategie für Treibhausgase und die Massenluftschadstoffe SO_2 und NO_X - Eine Energiesystemanalyse für Baden-Württemberg

W. FICHTNER, A. FLEURY

7.1 Problemstellung und Zielsetzung

Aus Gründen des Klimaschutzes existieren für die Bundesrepublik Deutschland Minderungsziele für die anthropogen-verursachten Emissionen klimarelevanter Spurengase. Zusätzlich zur politischen Absichtserklärung, die CO_2-Emissionen in Deutschland bis zum Jahre 2005 um 25 %, bezogen auf das Basisjahr 1990, zu verringern, hat sich die Bundesregierung im Kyoto-Protokoll dazu verpflichtet, die Emissionen an CO_2-Äquivalenten bis zur Zeitperiode 2008 –2012 um 21 %, wiederum bezogen auf 1990, zu mindern. Aber auch hinsichtlich Emissionen der Massenluftschadstoffe SO_2 und NO_X existieren neue nationale Obergrenzen auf EU-Ebene wie auch auf UN-ECE-Ebene. In den letzten Jahren konzentrierten sich Emissionsminderungsstrategien für Luftschadstoffe zumeist auf einen Stoff, was dazu führen konnte, dass Emissionen von anderen Schadstoffen bzw. Treibhausgasen (THG) anstiegen und Emissionen in andere Medien verlagert wurden. Aus diesem Grunde sollten aus Effekitivtäts- und Effizienzgründen in zukünftigen Luftreinhalte- und Klimaschutzstrategien die Auswirkungen auf sämtliche Schadstoffe / Treibhausgase berücksichtigt werden.

Weiterhin treten neue Rahmenbedingungen auf den Energiemärkten z. B. aufgrund der Liberalisierung und des Kernenergieausstiegs auf, deren Einfluss auf die Emissionen von Schadstoffen und THG in Betracht zu ziehen ist. Insbesondere für Baden-Württemberg mit seinem hohen Anteil Kernenergie an der Elektrizitätserzeugung (vgl. Tabelle 10) stellt sich die Frage, welche Auswirkungen der Kernenergieausstieg auf Klimaschutzstrategien sowie eine weitere Minderung der Massenluftschadstoffe hat. Dabei ist zu berücksichtigen, dass neue umweltpolitische Ansätze zur Reduzierung von Emissionen an Treibhausgasen auf der Umsetzung eines internationalen Zertifikatshandels basieren [COM 2000]. Unter Berücksichtigung dieser Rahmenbedingungen ist die Zielsetzung dieses Beitrags, den Einfluss einer Klimaschutzstrategie auf die SO_2- und NO_X-Emissionsentwicklung für Baden-Württemberg zu ermitteln und eine kombinierte Treibhausgas-, SO_2- und NO_x-Emissionsminderungsstrategie zu entwickeln. Hieraus sollen Empfehlungen zur effizienten Gestaltung der künftigen Energieversorgungsstruktur sowie zu anderen treibhausgas-relevanten Sektoren abgeleitet werden. Während in Kapitel 6 handelbare grüne Zertifikate als Mechanismus zur Flexibilisierung einer Vorgabe für regenerativ erzeugten Strom berücksichtigt worden sind, soll in diesem Kapitel die Möglichkeit eines internationalen CO_2-Zertifikatshandels mit analysiert werden.

7.2 Methodik

7.2.1 Das PERSEUS-BW Modell

Wie in Kapitel 6 bereits ausgeführt, bietet sich der Einsatz von Optimierungsmodellen immer dann an, wenn bei der Entwicklung von Emissionsminderungsstrategien Interdependenzen berücksichtigt werden müssen. Aufgrund der vielfältigen Möglichkeiten Energiesysteme detailliert nachzubilden (bspw. Verwendung von Lastkurven zur Beschreibung der Energienachfrage) wird dazu wiederum auf die Methodik der PERSEUS-Modellfamilie zurückgegriffen (vgl. mathematische Darstellung in Kapitel 6). In Erweiterung zum PERSEUS-REG^2 Modell ist zur Erreichung der Zielsetzung dieses Beitrags der gesamte Energiebereich von den Ressourcen über verschiedene Energieumwandlungsstufen bis hin zur Bereitstellung von End- bzw. Nutzenergie in einem konsistenten Ansatz abzubilden (vgl. Abbildung 12).

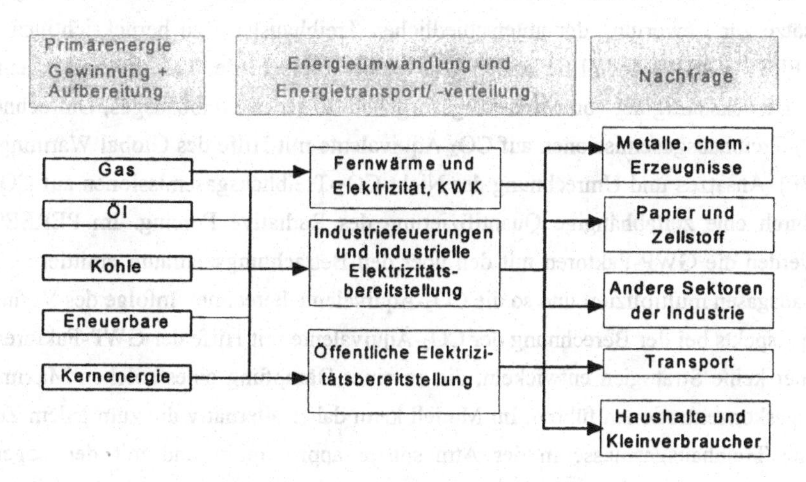

Abbildung 12: Struktureller Aufbau des Energiesektors im PERSEUS-Modell

Entwicklung einer kombinierten Minderungsstrategie

Des weiteren wurde im Rahmen dieses Beitrags der prinzipielle Modellansatz weiterentwickelt, da anthropogene Treibhausgase inklusive derer Vorläufersubstanzen beispielsweise durch anaerobe Zersetzungsprozesse in der Massentierhaltung, in industriellen Produktionsprozessen oder bei der Verwendung von Lösungsmittel entstehen. Aus diesem Grunde sind in dem entwickelten Modell für Baden-Württemberg (PERSEUS-BW) Sektoren wie Land- und Viehwirtschaft, Abfallwirtschaft und Produktionsprozesse mit entsprechenden Technologien und Minderungsoptionen integriert. Im Modell werden existierende sowie zukünftige Anlagen anhand technischer (z. B. Wirkungsgrad), ökonomischer (z. B. Investitionen) und ökologischer (z. B. Emissionsfaktoren) Charakteristika beschrieben. Über modellierte Transport- und Verteilungsanlagen sind die Anlagen durch Energie- und Stoffflüsse miteinander verknüpft. Auf Basis der Kapitalwertmethode wird zwischen den Investitionsalternativen in den unterschiedlichen Sektoren eine Entscheidung gefällt, wie die vorgegebene Nachfrage über den Betrachtungszeitraum zu minimalen Ausgaben gedeckt werden sollte. Hierbei werden für existierende Anlagen fixe und variable Ausgabenbestandteile, für neu zu bauende Anlagen zusätzlich die jeweilige Investition in die Zielfunktion integriert.

7.2.2 Berücksichtigung mehrerer Treibhausgase im PERSEUS-BW Modell

Zur Analyse von Treibhausgasminderungsstrategien sind im Modell nicht nur die verschiedenen Sektoren, in denen durch anthropogenen Aktivitäten Treibhausgase emittiert werden, sondern auch Ansätze zur Bewertung der unterschiedlichen Treibhausgase zu berücksichtigen. Hierzu sind im PERSEUS-BW Modell für Baden-Württemberg verschiedene Methoden implementiert: Simultane Berücksichtigung von Minderungsvorgaben für jedes Treibhausgas, Umrechnung der Nicht-CO_2-Treibhausgasemissionen auf CO_2-Äquivalente mit Hilfe des Global Warming Potentials (GWP)–Ansatzes und Umrechnung der Nicht-CO_2-Treibhausgasemissionen auf CO_2-Äquivalente durch eine zeitabhängige Quantifizierung des Radiative Forcing. Im PERSEUS-BW Modell werden die GWP-Faktoren mit den über den Betrachtungszeitraum emittierten Massen an Treibhausgasen multipliziert und so die CO_2-Äquivalente berechnet. Infolge des Verlustes des zeitlichen Aspekts bei der Berechnung der CO_2-Äquivalente mit Hilfe der GWP-Faktoren lassen sich so aber keine Strategien entwickeln, die zu einer Dämpfung eines solchen Maximums an Treibhausgaskonzentrationen führen. Im Modell kann daher alternativ die zum jedem Zeitpunkt vorhandene Treibhausgasmasse in der Atmosphäre approximiert und mit den sogenannten Forcing-Faktoren der jeweiligen Treibhausgase multipliziert werden, wodurch sich ein vorgegebenes maximales Radiative Forcing als Obergrenze berücksichtigen lässt.

7.2.3 Kopplung an ein internationales Strom- und Zertifikatmarktmodell

Zur Berücksichtigung von Möglichkeiten zum nationalen und internationalen Stromaustausch sowie Zertifikatshandel, wird der Elektrizitätsteil des PERSEUS-BW Modells mit einem Strom- und Zertifikatmarktmodell [Enzensberger et al. 2001] gekoppelt. Dieses Strom- und Zertifikatmarktmodell basiert auf einer detaillierten Technologiedatenbank, mit deren Hilfe das europäische Elektrizitätsversorgungssystem entsprechend der ehemaligen Netzgebiete der Verbundunternehmen bzw. Staatsgebiete nachgebildet wird. Über 500 Technologieklassen beschreiben die verschiedenen regionalen Erzeugungsstrukturen. Interregionale Übertragungsmöglichkeiten sind gemäß den realen Kapazitäten der Kuppelleitungen, Übertragungsverlusten und Durchleitungsentgelten parametrisiert. Das implizite Marktverständnis des Modells geht von einem vollständigen Wettbewerbsmarkt aus und trägt damit den neuen Marktgegebenheiten nach der Liberalisierung Rechnung. Alle abgebildete Sektoren stehen neben dem physischen Energiemarkt auch auf einem mit ersterem direkt gekoppelten Zertifikatshandel in Verbindung. Der Softlink zwischen den europäischen Marktmodell und dem technologisch deutlich stärker differenzierten, regionalen PERSEUS-BW Modells gestattet es damit, die jeweiligen Stärken beider Modelle effektiv zu nutzen.

7.3 Input Daten

7.3.1 Kraftwerkspark in Baden-Württemberg[141]

In Baden-Württemberg wurden 1998 etwa 56 MWh nutzbare elektrische Arbeit an Endverbraucher abgegeben. Die Kernenergie mit einer Engpassleistung (brutto) von 4605 MWel und einer Produktion von ca. 38 MWh ist die wichtigste Quelle für die Stromerzeugung. Die Abbildung des Kernenergieausstiegs im Modell erfolgt durch Vorgabe der kumulierten Produktionsmenge von 587,84 TWh (Reststrommenge nach der „Kernenergieausstieg" Vereinbarung [Bundesministerium für Umwelt 2000]). Diese Menge kann innerhalb des Planungszeitraumes, bei Berücksichtigung der Lebensdauern der Anlagen, beliebig zwischen den Kernkraftwerken in Baden-Württemberg aufgeteilt werden. Wie im PERSEUS-REG^2 Modell werden zur detaillierten Analyse der Auswirkungen einer Anlagenstilllegung Großanlagen (>100 MWel) nach Standorten

[141] Vgl. hierzu auch die Ausführungen in Kapitel 6.2.5

differenziert, während kleinere Anlagen nach Anlagentypen zu Kraftwerkklassen und Standorten zusammengefasst sind. Die Daten beruhen u.a. auf Statistiken des Verbands der Elektrizitätswirtschaft (u.a. [Verband der Elektrizitätswirtschaft (VDEW e.V.) (Hrsg.) 2000]) sowie Geschäftsberichten unterschiedlicher Energieversorgungsunternehmen. Zukünftige Optionen zum Ausbau des Kraftwerks-, Heizkraftwerks- und Heizwerkparks basieren u.a. auf der GEMIS- und IKARUS-Technologiedatenbank, die nach Absprache mit Anlagenbauer (u.a. Siemens KWU) angepasst worden sind. Emissionsfaktoren für die künftigen Anlagen stammen im wesentlichen aus [Rentz et al. 2001]. Das Wind- und Biomassekraftwerkpotential ist [Kaltschmitt et al. 1993] entnommen. Preisprognosen basieren vor allem auf [Prognos AG - EWI 2000]. Die Energienachfrage wird im Modell auf Basis der Nachfragemenge und der Nachfrageganglinie modelliert. Die Gesamtnachfrage und der Lastverlauf ist nach Gruppen differenziert: Sondervertragkunden, Privathaushalte und Kleinverbraucher für die Stromnachfrage [Verband der Elektrizitätswirtschaft (VDEW e.V.) (Hrsg.) 1985], [Fritsche 1993] sowie Privathaushalte, Kleinverbraucher und Industrie für die Fernwärmenachfrage. [Arbeitsgemeinschaft Fernwärme 1998]. Für die zukünftige Entwicklung der Stromnachfrage wird für die Strom- sowie die Fernwärmenachfrage der in [Prognos AG - EWI 2000] dargestellte Wachstumspfad unterstellt.

7.3.2 Raumwärme und Warmwasser in Haushalten und Kleinverbraucher

In Baden-Württemberg wird mehr als 30 % des Endenergiebedarfs zur Beheizung von Gebäuden benötigt. Zur adäquaten Modellierung wird im Haushaltssektor eine Unterteilung zwischen alten und neuen Ein/Zwei- und Mehrfamilienhäuser berücksichtigt. Der Bestand an Wohngebäude und Wohnungsfläche nach Alterklasse in Baden-Württemberg wurde auf der Grundlage von [Statistisches Landesamt Baden-Württemberg 2001] ermittelt. Die Beheizungsstruktur des Wohnungsbestands nach Energieträger und System (gekoppelte oder getrennte Raumwärme und Warmwassererzeugung, Einzelgeräte oder Zentralheizung) basiert auf Daten aus u.a. [WMBW 2000]. Zubau- und Ersatzoptionen für Raumwärme- und Warmwasserversorgungsanlagen beruhen auf der Datenbank Gemis. Die Optionen sind nach Energieträger und Technologie (zum Beispiel Gas-Brennwertkessel) mit ihren jeweiligen technischen und wirtschaftlichen Parametern und Emissionsfaktoren unterteilt. Dämmmaßnahmen werden nach Potential und Ausführungszeitpunkt - innerhalb oder außerhalb des Renovationszyklus - klassifiziert. Des weiteren ist die Sanierungshäufigkeit [Prognos AG - EWI 2000] sowie der Wohnungsneu- und Ersatzbedarf [Walla et al. 1997] berücksichtigt.

7.3.3 Industrie

Im Industriesektor wird zwischen Energiebedarf zur Bereitstellung von Raum- und Prozesswärme, Stromerzeugung für den Eigenverbrauch sowie prozessbedingten Energiebedarf (z.B. Brennstoffverbrennung in der Zementindustrie) unterschieden. Der gesamte Brennstoffverbrauch der Industrie lag im Jahr 1998 bei ca. 132 PJ, darunter etwa 28 TJ Fernwärme. Im Raffineriesektor werden zur der Gewinnung von Endprodukten rund 34 PJ eingesetzt [Wirtschaftsministerium Baden-Württemberg 2000]. Im Jahr 1991 lag die installierte Leistung der Kraft-Wärme-Kopplung (KWK) im Baden-Württemberg bei 1200 MW_{el} [Nitsch 1994]. 90% des Stroms aus der Industrie wird in KWK-Anlage produziert und 96% davon wird selbst genutzt. Die Stromproduktion in 1999 in der Industrie lag bei rund 3050 GWh [Verband der industriellen Energie- und Kraftwirtschaft e.V.(VIK) (Hrsg) 2001]. Rund 20% des gesamten Wärmeverbrauchs der Industrie werden mit KWK und 60% mit Kesselanlagen gedeckt. Der restliche Verbrauch wird mit Fernwärme befriedigt. Technische und wirtschaftliche Parameter sowie Emissionsfaktoren von Zubau- und Ersatzoptionen werden auf der Grundlage von [Energiereferat der Stadt Frankfurt am Main et al. 1999] für Müllheizkraftwerke, [Fachinformationszentrum Karlsruhe (Hrsg.) 2000] für Gasanlagen und [Fritsche et al. 1999] für Kesselanlagen erfasst.

7.3.4 Verkehr und Landwirtschaft

Bei der Modellierung des Verkehrssektors wird in Fern- und Nahverkehr sowie Straßen-, Schiene-, Wasser- und Luftverkehr differenziert. Die Situation im Baden-Württemberg basiert auf [Statistisches Landesamt Baden-Württemberg 2000] für den Güterverkehrsleistung und auf [Ministerium für Umwelt und Verkehr Baden-Württemberg et al. 2001] sowie [Bundesministerium für Verkehr 1998] für die Personenverkehrsleistung. Die Entwicklung des Verkehrsaufkommen ist aus Daten für Deutschland [Prognos AG - EWI 2000] abgeleitet. Bei neuen Verkehrsmittel wird die aktuelle Entwicklung der unterschiedlichen Antriebsmaschinen, deren Energiequelle, und Kraftstoffsqualitäten, sowie die kommenden Euro-Normen berücksichtigt. Die Preisentwicklung der Einsatzstoffe ist [Prognos AG - EWI 2000] entnommen.

Drei Hauptemissionsquellen sind in der Landwirtschaft zu beachten: N_2O-Emissionen aus dem Boden, CH_4-Emissionen aus der Fermentation im Verdauungstrakt vom Vieh, CH_4- und N_2O-Emissionen von der Güllebehandlung [Bates 2001]. Die N_2O-Emissionen aus dem Boden können durch einen, dem Pflanzenverbrauch angepassten, optimalen Einsatz vom Düngemittel reduziert werden. Dies kann durch effektivere Technologien und Optimierung der Düngerverteilung erreicht werden, die im Modell hinterlegt sind. Optionen zur Minderung der CH_4-Emission beruhen auf der Erhöhung der Fermentationseffizienz durch optimierte Ernährungsweise und Zusatz von Ernährungsadditiven. Zur Minderung der CH_4- und N_2O-Emissionen aus der Güllebehandlung werden unterschiedliche Techniken berücksichtigen wie Biogasreaktoren, Biofilter oder Güllelagerung. Potentiale, Kosten und Wirksamkeit basieren auf Daten von [Bates 2001].

7.4 Ergebnisse

7.4.1 Szenariodefinition

Im folgenden werden Modellergebnisse vorgestellt, bei denen nur stationäre Quellen, d.h. die öffentliche Energieversorgung, Raumwärme und Warmwasser in Haushalten und Wärme- und Stromerzeugung in der Industrie (in Szenario 5 zusätzlich die Landwirtschaft) berücksichtigt worden sind. Im Rahmen dieser Analyse werden unterschiedliche Szenarien mit einem Betrachtungszeitraum 2000-2020 analysiert: der Referenzfall (ohne Emissionsobergrenze) und Szenarien mit vorgegebener Emissionsobergrenze für CO_2 und/oder NO_x und SO_2.

7.4.2 Szenario 1: Referenzfall

Da Kernkraftwerke im Vergleich zu Konkurrenztechnologien geringe variable Ausgaben aufweisen, ist es unter den unterstellten Rahmenbedingungen sinnvoll, die gesetzlich vereinbarten Volllaststunden bei den Kernkraftwerken möglichst schnell zur Stromproduktion zu verwenden. Deshalb werden Kernkraftwerkskapazitäten nur noch bis zur Periode ab 2010 genutzt. Die im Grundlastbereich hierdurch ab dem Jahre 2010 fehlenden Kapazitäten werden zunächst sukzessive durch erdgasbefeuerte GuD-Anlagen ersetzt. Da unterstellt wurde, dass die Erdgas- und Erdölpreise im weiteren Verlauf stärker als die Kohlepreise steigen, sind ab etwa 2015 unter ökonomischen Kriterien Steinkohlekraftwerke vorzuziehen. Im geringeren Umfang trägt auch ein erhöhter Stromimport zur Deckung der entfallenden Kernkraftwerkskapazitäten bei. Die Kopplung des PERSEUS-BW Modells an das internationale Strommarktmodell zeigt, dass Kraftwerkskapazitäten auf Kohlebasis aufgrund von Standortvorteilen vor allem außerhalb Baden-Württembergs zugebaut werden und es zu einem erhöhtem Stromimport in Baden-Württemberg kommt. Im Bereich der Fernwärme zeigt sich ein leichter Anstieg des Einsatzes der Kraft-Wärme-Kopplungsanlagen. Insgesamt ergibt sich aufgrund des verstärkten Einsatzes von fossilen Kraftwerken ein deutlicher Anstieg der CO_2, SO_2 und NO_x-Emissionen (vgl. Tabelle 11).

Tabelle 11: Emissionsentwicklung im Energieversorgungssektor, Referenzfall

Jahr	2005	2010	2015	2020
CO_2-Emissionen [kt]	16.900	19.000	30.400	36.100
NO_x-Emissionen [t]	14.200	15.600	21.400	25.300
SO_2-Emissionen [t]	11.000	12.000	19.500	23.800

Im Haushaltssektor sinkt - trotz einer Steigerung der Wohnfläche - der Energiebedarf durch bessere Dämmung des Altbaus innerhalb des Renovationszyklus und besser gedämmten Neubau. Die Umsetzung dieser Maßnahmen ist ohne Emissionsbeschränkungen wirtschaftlich und geht mit einer Emissionsreduzierung einher. Die Ergebnisse im Industriesektor hingegen zeigen, dass der Endenergiebedarf in der Industrie um ca. 8 % zwischen 2000 und 2020 steigt und vorwiegend mit Steinkohle als Brennstoff gedeckt wird. Damit nehmen hier die SO_2-, CO_2- und NO_x-Emissionen zu.

Die Modellergebnisse verdeutlichen des weiteren, dass Erneuerbare Energien in allen analysierten Energiebereichen eine untergeordnete Rolle spielen und ihr Beitrag zur Deckung des Energiebedarfs bis zum Jahr 2020 ohne Berücksichtigung umweltpolitischer Ziele (vgl. Kapitel 6) zurückgehen würde.

7.4.3 Szenario 2: Vorgabe einer CO_2-Obergrenze

In diesem Szenario wird eine konstante Obergrenze für die CO_2-Emissionen ab 2008 bis 2020 unterstellt, die einer Minderung von 21% bezüglich der CO_2-Emissionen von 1990 in den drei betrachteten Sektoren entspricht. Dieses Szenario ist dadurch geprägt, dass anstelle der Steinkohle verstärkt Erdgas in neu zu errichtenden GuD-Anlagen zur Verstromung eingesetzt wird, um die CO_2-Obergrenze einhalten zu können. Im Jahr 2010 ist mehr Kapazität installiert als eigentlich benötigt wird, was darauf zurückzuführen ist, dass in diesem Jahr zur Einhaltung der CO_2-Minderungsvorgabe neue GuD-Anlagen zugebaut und noch vorhandene Kraftwerkskapazitäten (vornehmlich auf Kohlebasis) kaum genutzt werden. Des weiteren zeigt das Modell im CO_2-Minderungsszenario den verstärkten Einsatz von Windkraftanlagen, deren Potential an Standorten mit hohen Windgeschwindigkeiten im Jahr 2020 voll genutzt wird. Eine Verlagerung der Kernkraftwerknutzung im Rahmen der vorgegebenen Restnutzungsdauer und Reststrommenge in die Perioden ab 2010 trägt ebenfalls dazu bei, wirtschaftlich die CO_2-Emissionsobergrenze einzuhalten. Aufgrund des stärkeren Einsatzes der Kernkraftwerke im Jahre 2010 wird in dieser Periode deutlich weniger Strom nach Baden-Württemberg importiert (vgl. Abbildung 13).

Infolge dieser Entwicklungen sinken die SO_2-Emissionen im Vergleich zum Referenzfall im Jahre 2010 und 2020 um über 95%. Die NO_x-Emissionen sinken ebenfalls, aber deutlich geringer. Im Haushaltsektor wird zur Einhaltung der CO_2-Obergrenze verstärkt in Erdgas-Zentralheizungen mit Gebläsebrenner und effiziente Dämmmaßnahmen investiert, was auch hier zu einem Sinken der SO_2- und NO_x-Emissionen führt. Die Modellergebnisse zeigen, dass die Nahwärmeversorgung eine interessante Alternative zur Wärmebereitstellung in Neubaugebieten darstellt. In der Industrie erhöht sich die Nutzung von Erdgas zur Wärme- und Stromerzeugung, was zu einem Anstieg der NO_x-Emissionen führt. Die SO_2-Emissionen hingegen sinken wegen des geringeren Öl- und Steinkohleeinsatzes. Die Grenzkosten im Jahr 2010 liegen in diesem Szenario bei rund 100 DM/tCO_2.

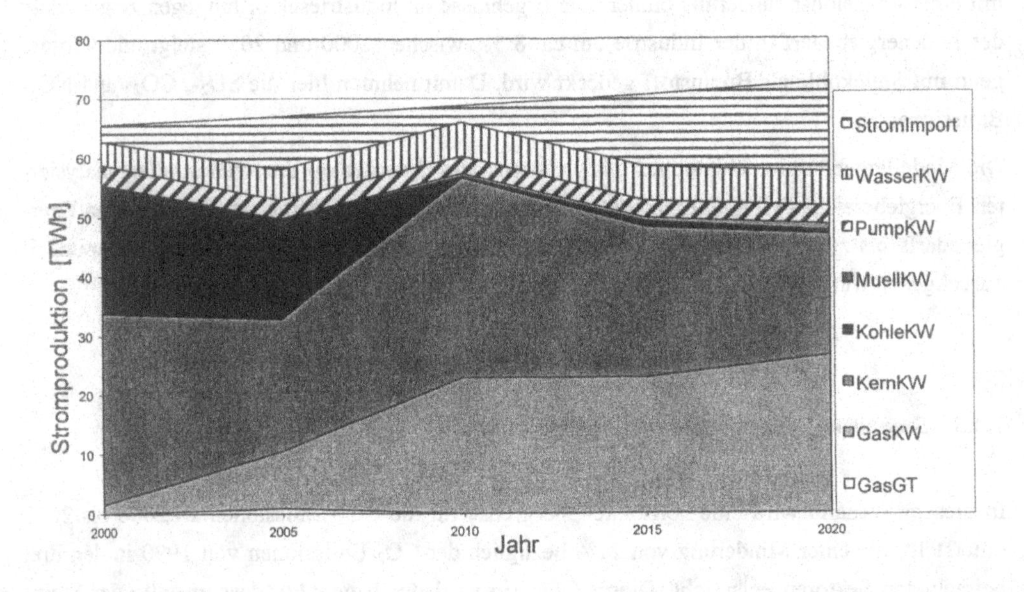

Abbildung 13: Entwicklung der Stromproduktion im CO_2-Minderungsszenario

7.4.4 Szenario 3: Vorgabe einer CO_2, NO_x und SO_2-Obergrenze

In diesem Szenario wird die kombinierte Minderung von Emissionen analysiert. Hierzu wird eine konstante Obergrenze für NO_x und SO_2 von 24.000 t bzw. 10.000 t (Reduzierung von ca.

60% bzw. 90% bezogen auf 1990, in Anlehnung an neue Minderungsziele) und CO_2 (Minderung von 21% bezogen auf 1990) ab 2008 vorgegeben. Dies führt gegenüber Szenario 2 insbesondere im Haushaltsektor zu Veränderungen, da nun nochmals deutlich mehr und effizientere Dämmmaßnahmen realisiert werden: ab 2005 wird in Maßnahmen investiert, die zu einem Wärmebedarf von 0,175 kWth/m^2 führen (0,285kWhth/m^2 im Szenario 2). Der Brennstoffbedarf wird so um 30% in 2010 und 25% in 2020 verglichen mit Szenario 2 reduziert. Aufgrund der dadurch erreichten Minderung kann im Elektrizitätssektor auf die Realisierung sehr kostenintensiver Maßnahmen (bspw. Einsatz von Windkraftkonvertern an Standorten mit geringen Windgeschwindigkeiten) verzichtet werden, auch wird die Verlagerung der Nutzungsstunden der Kernkraftwerk gegenüber Szenario 2 reduziert.

7.4.5 Szenario 4: Vorgabe einer CO_2-Obergrenze und Zertifikatshandel

Wird im internationalen Strommarktmodel der Handel mit CO_2-Zertifikaten integriert, so zeigen die Modellergebnisse, dass sich im Jahre 2010 ein Zertifikatspreis von unter 20 Euro/tCO_2 einstellen wird, wenn ein gleichmäßiges Herunterbrechen der EU-Burden-Sharing-Verpflichtung auf alle Sektoren und alle THG (ab 2008 bis 2020 konstante Minderungsverpflichtung) unterstellt wird. Diese relativ geringe Zertifikatspreis lässt sich auf europäischer Ebene vor allem durch den verstärkten Einsatz von Erdgas in Gas- und Dampfanlagen erreichen. Insbesondere bei höheren Minderungsvorgaben stellt auch die Nutzung von Windkraftkonvertern im Offshore-Bereich eine wichtige Minderungsoption dar (vgl. hierzu auch Ausführungen in Kapitel 6). Während der Großteil der deutschen Bundesländer als Verkäufer von CO_2- Zertifikaten agiert, d.h. mehr mindert als aufgrund der bundesdeutschen Verpflichtung nötig, fungiert Baden-Württemberg als Käufer von CO_2-Zertifikaten. Dies lässt sich unter anderem auf den Ausstieg aus der Kernenergie zurückführen, da Baden-Württemberg mit einem Anteil der Kernenergie an der Stromerzeugung von deutlich über 60 % hiervon besonders betroffen ist. Im Vergleich zum Szenario 2 führt der Bezug von CO_2-Emissionsrechten einerseits zu geringeren Ausgaben, andererseits aber zu höheren CO_2-Emissionen in Baden-Württemberg. Des weiteren zeigen die Ergebnisse, dass die NO_x- und SO_2-Emissionen in diesem Szenario deutlich höher sind als im Szenario 2 (vgl. Abbildung 14).

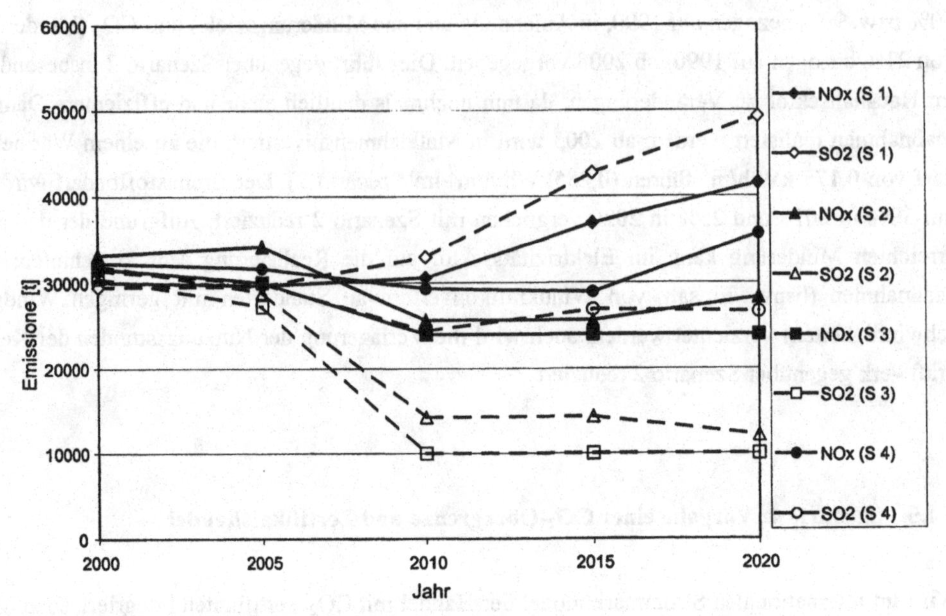

Abbildung 14: NO_X- und SO_2-Emissionen in den unterschiedlichen Szenarien

7.4.6 Szenario 5: Berücksichtigung mehrerer Treibhausgase

Werden bei den Minderungsstrategien mehrerer Treibhausgase mit Hilfe der GWP-Methode berücksichtigt, so zeigen erste Analysen, dass sich die Emissionen an CH_4 und N_2O durch die prognostizierte Entwicklung in der Abfallwirtschaft deutlich reduzieren und so bei Anwendung der GWP-Methode gegenüber der ausschließlichen Betrachtung von Kohlendioxid auf die Realisierung kostenintensiver CO_2-Minderungstechnologien verzichtet werden kann. Zur Verringerung der Methan–Emissionen tragen insbesondere die Nutzung von Deponie- und Klärgasen, die Biogasproduktion aus Exkrementen der Tierhaltung sowie der Ersatz von Graugussleitungen. Neben effizienterer Düngung werden auch Emissionen aus tierischen Exkrementen durch Realisierung von Einrichtungen zur emissionsarmen Güllelagerung reduziert. Ebenso nehmen durch den Einsatz von Nitrifikationshemmern die N_2O-Emissionen der Stickstoffdüngung ab.

Wird das Radiative Forcing als Bewertungsansatz für Treibhausgasemissionen gewählt, erfolgt für Betrachtungszeitpunkte nach dem Jahr 2080 auch bei hohen Minderungszielen noch keine Realisierung von CH_4-Minderungsoptionen. Dies liegt darin begründet, dass dieser Zeitpunkt mehr als 55 Jahre nach dem Ende des Untersuchungszeitraums liegt und somit rund 98 % der Methanemissionen durch natürliche Prozesse abgebaut wurden.

7.5 Zusammenfassung und Ausblick

Zur Vermeidung transmedialer Problemverlagerungen und zur Gewährleistung einer optimalen Allokation der finanziellen Mittel, sind kombinierte Minderungsstrategien für Treibhausgase und Luftschadstoffe notwendig. Um in diesem Sinne eine Entscheidungsunterstützung für Emissionsminderungsstrategien in Baden-Württemberg, das u.a. aufgrund des Kernenergieausstieges vor eine Umwälzung des Kraftwerkparks steht, zu bieten, wird das Energie- und Stoffflussmodells PERSEUS-BW entwickelt und eingesetzt.

Die Modellergebnisse Baden-Württemberg zeigen, dass eine CO_2-Minderung eine beachtliche Minderung des Schadstoffes SO_2 und im geringeren Umfang des Schadstoffes NO_x bedingt. Die wesentliche Maßnahme zur Emissionsbegrenzung ist der stärkere Einsatz von Erdgas als Energieträger. Weiterhin kann eine zeitliche Verschiebung der gesetzlich-limitierten Restnutzungsstunden für Kernkraftwerke in die Perioden, für die Emissionsminderungsziele gelten, die Ausgaben zur Emissionsminderung reduzieren. Im Haushaltsektor ist die Emissionsminderung im wesentlichen mit einer Energiebedarfsminderung, insbesondere durch bessere Dämmung, zu realisieren. Innerhalb der Erneuerbaren Energien spielt in Baden-Württemberg bei CO_2-Minderungsvorgaben neben der Nutzung von Deponie- und Klärgas die Windenergie eine wichtige Rolle. Wenn der zur Zeit diskutierte internationale CO_2-Emissionsrechtehandel zugelassen wird, hat dies deutliche Auswirkungen auf eine Minderungsstrategie in Baden-Württemberg. In diesem Fall würden Emissionsrechte von Akteuren aus Baden-Württemberg gekauft werden, was die Minderungsausgaben mindert, aber die lokalen Emissionen erhöht.

7.6 Quellen

[AGFW 1998] Arbeitsgemeinschaft Fernwärme: *Hauptbericht der Fernwärmeversorgung 1997.* Frankfurt/Main: Arbeitsgemeinschaft Fernwärme AGFW- e.V., 1998.

[Bates 2001] Bates, J.: *Economic evaluation of emission reductions of nitrous oxises and methane in agriculture in the EU - Bottom-up analysis*: AEA Technology Environment, 2001.

[BMU 2000] Bundesministerium für Umwelt, N. u. R. H.: *Vereinbarung zwischen der Bundesregierung und den Energieversorgungsunternehmen vom 14. Juni 2000*, 2000, http://www.bmu.de/sachthemen/atomkraft/konsens_download.htm.

[BMV1998] Bundesministerium für Verkehr: *Verkehr in Zahlen 1998.* Hamburg: Deutscher Verkehrs-Verlag, 1998.

[COM 2000] Commission of the European Communities: *Green Paper on greenhouse gas emissions trading within the European Union*, COM (2000) 87 final, Brussels: COM, 2000

[Enzenberger 2001] Enzensberger, N.; Wietschel, M.; Rentz, O.: *PERSEUS-ZERT*. Karlsruhe: Institut für Industriebetriebslehre und Industrielle Produktion (IIP), Universität Karlsruhe (TH), 2001.

[FIZ 2000] Fachinformationszentrum Karlsruhe (Hrsg.): *IKARUS-Datenbank Version 3.2*. Karlsruhe: Fachinformationszentrum Karlsruhe, 2000.

[Fritsche 1993] Fritsche, U. H.: *Least-Cost Planning Fallstudie Hannover*. Freiburg/Darmstadt/ Wuppertal: Öko-Institut, 1993.

[Fritsche et al. 1999] Fritsche, U.; Rausch, L.: *Gesamt-Emissions-Modell Integrierter Systeme (GEMIS 3.1)*. Darmstadt: Öko-Institut, 1999.

[Kaltschmitt et al. 1993] Kaltschmitt, M.; Wiese, A.: *Erneuerbare Energieträger in Deutschland - Kosten und Potentiale*. Berlin/Heidelberg: Springer-Verlag, 1993.

[MHKW 1999] Energiereferat der Stadt Frankfurt am Main; Dezernat Umwelt, E. u. B.: *Energiereferat - Richtpreisübersicht MHKW-Anlagen*. Frankfurt: Energiereferat der Stadt Frankfurt am Main; Dezernat Umwelt, Energie und Brandtschutz, 1999.

[MUV BW 2001] Ministerium für Umwelt und Verkehr Baden-Württemberg; Büro für angewandte Statistik (BAS), A.: *Straßenverkehr in Baden-Württemberg - Jahresvergleich 2000/1999*. Stuttgart: Ministerium für Umwelt und Verkehr Baden-Württemberg, 2001.

[Nitsch 1994] Nitsch, J.: *Wirtschaftliches und ausschöpfbares Potential der Kraft-Wärme-Kopplung in Baden-Württemberg*. Stuttgart: Deutsche Forschungsanstalt für Luft- und Raumfahrt e.V. (DLR), 1994.

[Prognos 2000] Prognos AG - EWI: *Energiereport - Die längerfristige Entwicklung der Energiemärkte im Zeichen von Wettbewerb und Umwelt*. Stuttgart: Schäffer-Poeschel Verlag, 2000.

[Rentz et al.2001] Rentz, O.; Karl, U.; Peter, H.: *Ermittlung und Evaluierung von Emissionsfaktoren für Feuerungsanlagen in Deutschland für die Jahre 1995, 2000 und 2010*. Karlsruhe: Deutsch-Französisches Institut für Umweltforschung (DFIU), Universität Karlsruhe (TH), 2001.

[Stat. Land. 1994] Statistisches Landesamt Baden-Württemberg: *Statistische Berichte Baden-Württemberg - Artikel-Nr. 3624 92004*, 1994.

[Stat. Land. 2000] Statistisches Landesamt Baden-Württemberg: *Baden-Württemberg in Wort und Zahl 12/2000 - Entwicklung des Güterverkehrs in Baden-Württemberg in den 90er-Jahren. Stuttgart*: Statistisches Landesamt, 2000.

[Stat. Land. 2001] Statistisches Landesamt Baden-Württemberg: Statistische Berichte Baden-Württemberg - Bestand an Wohngebäuden, Wohnungen und Räumen in Baden-Württemberg 2000. Stuttgart: Statistisches Landesamt, 2001.

[VDEW 1985] Verband der Elektrizitätswirtschaft (VDEW e.V.) (Hrsg.): *Ermittlung der Lastganglinien bei der Benutzung elektrischer Energie durch die bundesdeutschen Haushalte während eines Jahres*. Frankfurt/Main: VDEW, 1985.

[VDEW 2000] Verband der Elektrizitätswirtschaft (VDEW e.V.) (Hrsg.): *Statistik der öffentlichen Elektrizitätsversorgung in Baden-Württemberg für das Jahr 1998*. Stuttgart: Verband der Elektrizitätswirtschaft e.V., 2000.

[VIK 2001] Verband der industriellen Energie- und Kraftwirtschaft e.V.(VIK) (Hrsg): *Statistik der Energiewirtschaft 1999/2000*: VIK - Verband der industriellen Energie- und Kraftwirtschaft e.V., 2001.

[Walla et al. 1997] Walla, W.; Bracht-Schwarz, W.; Richter, H.: *Statistik und Landeskunde - Jahrbuch 1995/96 - Regionalisierte Wohnungsbedarfsprognose*. Stuttgart: Statistisches Landesamt Baden-Württemberg, 1997.

[WM BW 2000] Wirtschaftsministerium Baden-Württemberg: *Energiebericht 99*. Stuttgart: Wirtschaftsministerium Baden-Württemberg, 2000.

8 Nutzung regenerativer Energieträger – Eine Prozesskettenanalyse am Beispiel der energetischen Holznutzung in Baden-Württemberg

U. KARL, F. WOLFF

Da der energetischen Nutzung von Alt- und Restholz[142] im Rahmen des verstärkten Einsatzes erneuerbarer Energien und der Einsparung an Kohlendioxid-Emissionen fossilen Ursprungs ein hoher Stellenwert eingeräumt wird, soll dieser Energieträger im folgenden Beitrag detailliert betrachtet werden. Das technische Potential der Primärenergieeinsparung durch Holz als alternativer Energieträger für Deutschland wird auf rund 2,8 % geschätzt [Forstabsatzfonds 1998].

Neben den Vorteilen der Einsparung fossiler Primärenergieträger und der Reduktion der damit verknüpften Kohlendioxid-Emissionen bringen die Holzfeuerungen jedoch auch im Vergleich zu Öl- und Gasfeuerungen höhere spezifische Emissionen an Staub - insbesondere Feinstaub - und Stickoxiden mit sich. Durch entsprechende Feuerungs- und Rauchgasreinigungstechniken lassen sich diese Emissionen minimieren. Dadurch und durch die nötigen Maßnahmen zur Brennstoffaufbereitung, -lagerung und –zuführung, sowie Ascheaustrag werden die Holzenergieanlagen jedoch meist teuerer als entsprechende Feuerungsanlagen für fossile Brennstoffe. Die zusätzlichen Investitionen sind ein wichtiger Grund dafür, dass die bestehenden Potenziale der Holzenergie derzeit nicht ausgenutzt werden.

Durch die spezielle Problematik der Holzbereitstellung und Ascheentsorgung ist es bei der Bewertung von Holz und anderer fester Biomasse als Energieträger wichtig, die gesamte Prozesskette zu betrachten. Im Rahmen der Prozesskettenanalyse wird daher für jeden Prozessschritt der Kumulierte Energieaufwand (KEA), Emissionen an Kohlendioxid und Luftschadstoffen sowie die Gesamtkosten der Strom- bzw. Wärmeerzeugung berechnet und in einer Bilanz über die gesamte Kette zusammengefasst.

---

[142] Darunter wird Restholz aus der Durchforstung des Waldes, aus der primären und sekundären Holzverarbeitung und nach dem Produktgebrauch anfallendes Altholz verstanden, sowie bei der Pflege von Grünflächen und Straßenbegleitgrün anfallendes Landschaftspflegeholz

8.1 Holzsortimente zur energetischen Nutzung

Zur energetischen Nutzung sind vor allem solche Holzsortimente interessant, die für die stoffliche Nutzung nicht geeignet sind bzw. möglichst niedrige Preisniveaus haben, um die Brennstoffkosten der Feuerungsanlagen möglichst gering zu halten. Es liegt daher ein besonderes Augenmerk auf Alt- und Restholzsortimenten.

Eine Charakterisierung dieser Holzsortimente lässt sich mittels folgender Kenngrößen vornehmen [Stockinger u. Obernberger 1998]:

- *chemische Kenngrößen:* Wassergehalt, Elementzusammensetzung, Anteil an anorganischen und organischen Schadstoffen und Fremdstoffen (Verunreinigungen), Aschengehalt, auswaschbarer Anteil, mikrobieller Abbau bei der Lagerung
- *energetische Kenngrößen:* Brennwert, Heizwert, Energiedichte
- *verbrennungstechnische Kenngrößen:* flüchtige Bestandteile, Ascheschmelzverhalten, Depositions- und Korrosionsverhalten, Aerosolbildung, Emissionen
- *physikalische Kenngrößen:* Abmessungen und Form, Dichte, Schüttdichte, Stapeldichte, Rieselfähigkeit, Brückenbildungsneigung, Staubbildung, Wärmeleitfähigkeit, Abriebfestigkeit
- *hygienische Kenngrößen:* Pilz- und Sporenbildung bei der Lagerung

Größere Schwankungen von Parametern wie Wassergehalt, Schüttdichte, Heizwert und damit auch Energiedichte verursachen nicht nur technische Probleme, sondern bringen auch Schwierigkeiten bei der Abrechnung zwischen Hackschnitzellieferant und Abnehmer bzw. Feuerungsbetreiber mit sich. Der Qualitätskontrolle von Holzbrennstoffen kommt daher eine große Bedeutung zu.

Eine Übersicht über Beispielwerte von Schadstoffbelastungen verschiedener Holzsortimente ist in Tabelle 12 dargestellt. Deutlich erkennbar ist an diesen Zahlen auch das Problem, dass die Zusammensetzung der einzelnen Holzsortimente sehr stark schwanken kann. Insbesondere bei den Althölzern ist es schwierig, Hölzer, die aufgrund unterschiedlicher Vorbehandlungen und Lebenswege in ihrer Zusammensetzung differieren, ohne aufwendige Analytik zu charakterisieren. Die derzeit gängige Praxis der Sortierung nach Augenschein und Herkunft führt also dazu, dass die Althölzer stark unterschiedlich belastet sind.

Tabelle 12: Beispielwerte für Anteile an emissionsrelevanten Elementen in mg/kg TS von Holzsortimenten [Marutzky u. Seeger 1999], [Klenk 1998], [MLR 1999], [Rösch 1996], [Wienhaus und Börtitz 1995]

Element	Altholzgemisch	Baustellenrestholz	Rinde	Waldholz	Späne	Grüngut	Straßenbegleitgrün	Straßenlaub
Stickstoff	7.900	11.000-16.000	2.000-3.100	5.600	1.500-4.100	6.800	7000	90.800-141.000
Schwefel	2.000	100-200	k.A.	400	60	500	800	7.800-14.800
Chlor	890-1.370	<100-3.380	k.A.	72,0	50	<300	<300	56.900-19.800
Fluor	21-110	<10-159	k.A.	<20,0	k.A.	k.A.	k.A.	k.A.
Arsen	<1-27	0,5-1,6	0,3-0,5	<0,1	0,1-0,3	k.A.	k.A.	k.A.
Cadmium	<0,1-3	0,7-4,4	1-2	0,04	0,1-0,4	<2,2	<2,2	0,6-2
Chrom	0,3-108	6-192	1-4	0,7	2-5	54	37	12-33
Blei	2-1.410	4-1.776	4-10	4,2	0,4-40	<6,6	<6,6	95-215
Kupfer	2-1.430	2-6.844	8-11	2,8	1-5	10	12	25-54
Zink	14-5.110	20-3.144	120-147	120	11-60	57	50	310-385

Bei der Holzverbrennung bleiben feste Rückstände zurück, die aus den anorganischen Bestandteilen des Brennstoffs bestehen, je nachdem, wie unvollständig die Verbrennung abläuft jedoch auch organische Substanzen aufweisen. Drei Fraktionen der Holzasche fallen an:

- Die Grob- oder Rostasche bleibt als fester Rückstand im Brennraum zurück und besteht vorwiegend aus mineralischen Rückständen und den mit dem Brennstoff eingetragenen Verunreinigungen, wie Sand, Steine oder Metallteile.
- Die Flugasche besteht ebenfalls vorwiegend aus anorganischen Partikeln, die jedoch so fein sind, dass sie mit dem Rauchgas zu den Wärmetauschern (Verunreinigungen der Wärmetauscherrohre, die regelmäßig beseitigt werden müssen) und bis zu den Partikelabscheidern getragen werden.
- Die Feinstflugasche kann von den Zyklonen nicht vollständig abgeschieden werden. Emissionen dieser Partikelfraktion im Abgas können nur durch Gewebefilter oder Elektroabscheider gemindert werden [Verscheure 1998].

Die Menge der anfallenden Holzasche hängt außer von der Qualität des Ausbrands auch von den eingesetzten Brennstoffen und deren physikalischen Eigenschaften (Span-/ Partikelgrößenverteilung) ab. Sehr feine Bestandteile können zum Beispiel bereits durch die Verbrennungsluft aus dem Brennraum ausgetragen werden und gelangen nur leicht angekohlt bis zu den Partikelabscheidern.

Wie sich der Ascheanfall auf die verschiedenen Aschefraktionen aufteilt, ist ebenfalls von der Beschaffenheit des eingesetzten Brennstoffs abhängig. Während bei dem Einsatz von Hackschnitzeln der Anteil der Grobasche deutlich überwiegt, kann bei einer Sägespänefeuerung die Flugasche auf über 50 Gew.-% des Ascheanfalls ansteigen.

Im Hinblick auf die möglichen Verwertungs- bzw. Entsorgungswege der Holzaschenfraktionen sind vor allem folgende Parameter interessant:

- Nährwert der Aschen, ausgedrückt durch den Gehalt an Nährstoffen und Verfügbarkeit dieser Nährstoffe für die Pflanzen;
- Gefährdungspotenzial der Aschen, charakterisiert durch die Gehalte an anorganischen und organischen Schadstoffen, sowie deren Mobilität, welche durch Eluierbarkeit, pH-Wert und Leitfähigkeit beschrieben werden können.

Nachfolgend werden die verschiedenen Holzsortimente, die für eine energetische Nutzung potenziell zur Verfügung stehen, näher charakterisiert.

8.1.1 Waldholz und Rinde

Das Hauptziel der Waldbewirtschaftung ist die Produktion von möglichst hochwertigem Stammholz für die stoffliche Nutzung. Dabei fällt eine Vielzahl von minderwertigen Sortimenten und Rückständen an, die unter anderem als Brennstoff genutzt werden können. Dazu gehören Bäume, die während Durchforstungsmaßnahmen gefällt werden, für die stoffliche Nutzung jedoch wegen geringer Stammdurchmesser oder Schädlingsbefall noch nicht bzw. nicht mehr nutzbar sind. Aber auch bei der eigentlichen Ernte fallen minderwertige Baumteile an, wie Wurzelstock und Zopf, sowie Rinde, Äste, Laub und Spreißel und Kappholz. Erhebliche Mengen an Derb- und Schwachholz werden derzeit aus ökonomischen Gründen im Wald belassen und verrotten dort [Marutzky u. Seeger 1999].

Als Hackschnitzel aufgearbeitetes Waldrestholz hat üblicherweise Spangrößen von 20-80 mm [Stockinger u. Obernberger 1998]. Wassergehalt und Verunreinigungsanteil sind je nach Behandlung, Lagerplatz und Lagerdauer sehr unterschiedlich. Ein mittlerer Wert für den Wassergehalt von Waldrestholzschnitzeln liegt bei etwa 30 Gew.-% [Rentz et al. 2001]. Verunreinigungen des Waldholzes können in Form von Steinen und Erde bei Ernte und Bringung, sowie Aufbereitung zu den Waldhackschnitzeln gelangen. Da der Großteil dieser Fremdstoffe an der Rinde haftet, hängt jedoch der Verunreinigungsanteil stark davon ab, ob die Rinde getrennt verwertet wird oder nicht [Stockinger u. Obernberger 1998]. Der Aschegehalt von Waldholz ohne Rinde liegt im Schnitt bei 1,6 Gew.-%.

Die Entrindung findet meist im Sägewerk oder in der Papierfabrik statt. Dabei fällt die Rinde häufig streifenförmig an, wobei die Streifenlänge je nach Entrindungsanlage, Holzart (Nadel- oder Laubholz) und Rohholzdurchmesser zwischen einigen Zentimetern bis über einen halben Meter variiert [Stockinger u. Obernberger 1998]. Vor der Verwertung der Rinde wird diese oft noch in einem stationären Hacker nachzerkleinert. Der Wassergehalt des Brennstoffs liegt dabei zwischen 38 und 55 Gew.-% [Rentz et al. 2001]. Aufgrund der vorangegangenen Bearbeitungsschritte der Holzernte, Rückung, Transport und Lagerung ist der Verunreinigungsgrad mit Steinen, Erde und dergleichen bei Rinde relativ hoch. Durch staubfreie Lagerplätze mit befestigtem Untergrund kann der Anteil der Verunreinigungen auf ein Minimum reduziert werden.

Während sich der erhöhte Schadstoffgehalt in behandelten und beschichteten Althölzern leicht auf den Einfluss der holzfremden Stoffe zurückführen lässt, zeigen auch naturbelassene Waldhölzer und insbesondere die Rinde erhöhte Schadstoffbelastungen. Besonders die Elemente Blei und Zink sind hier in leicht erhöhtem Maße zu finden.

Dies kann zum einen auf die erhöhte Waldbodenbelastung hindeuten – nach [Zollner et al. 1997] enthalten etwa ein Drittel der bayrischen Waldböden erhöhte Werte für Blei, Cadmium, Zink und Kupfer. Zum anderen nehmen die Bäume aufgrund der filternden Wirkung der großen Baumkronenoberflächen aus den bodennahen Luftmassen Schadstoffe auf [Zollner et al. 1997]. Ein dritter Aufnahmepfad führt über die zunehmende Versauerung der Waldböden, durch die die im Boden immobilisierten Schwermetalle freigesetzt werden. Diese freigesetzten Schadstoffe werden ebenfalls verstärkt über die Wurzeln von den Bäumen aufgenommen.

8.1.2 Gebrauchtholz

Nach den Regelungen der Altholzverordnung werden Gebrauchtholzsortimente in folgende Kategorien eingeteilt [Gegusch 2001], [Marutzky u. Seeger 1999]:

Kategorie A I: Unbehandelte Hölzer (in der Einteilung nach [Berghoff 1998] zugehörig zu H1)

- naturbelassenes, d.h. lediglich mechanisch bearbeitetes, aber nicht verleimtes, beschichtetes Altholz. Zu den naturbelassenen Althölzern zählen nach der Tabelle 1 der LAGA [Meinhardt et al. 2000] folgende Holzabfälle: Paletten (Euro-, Einweg-, Industrie- aus Vollholz, Brauerei-, Brunnen-, CHEP-, CP-Paletten), Transportkisten, Verschläge aus Vollholz, Obstkisten aus Vollholz und Holzabfälle aus dem Baubereich. Zu den Baustellensortimenten zählen naturbelassenes Vollholz, Möbel, Küchen und sonstige Inneneinrichtungen aus naturbelassenem Vollholz. Nach [Meinhardt et al. 2000] sind etwa 20 % des Altholzaufkommens naturbelassen.

Kategorie A II: behandelte Hölzer (nach [Berghoff 1998] zugehörig zu H2.1)

- Verleimte, beschichtete, lackierte, gestrichene und sonstige behandelte Holzabfälle ohne halogenorganische Verbindungen in der Beschichtung und ohne Holzschutzmittel und ohne halogenorganische Beschichtung

Kategorie A III: behandelte Hölzer (nach [Berghoff 1998] zugehörig zu H2.2)

- Holzabfälle mit halogenorganischen Verbindungen in der Beschichtung und ohne Holzschutzmittel

Kategorie A VI: behandelte Hölzer (nach [Berghoff 1998] zugehörig zu H2.3/H3)

- Mit Holzschutzmitteln behandelte Holzabfälle, die Wirkstoffe wie Quecksilber-, Arsen- und/oder Kupfer-Verbindungen oder Teeröle enthalten, wie z.B. Bahnschwellen, Leitungsmasten, Hopfenstangen.

Kategorie PCB-Altholz (nach [Berghoff 1998] zugehörig zu H3)

- Altholz, das PCB im Sinne der PCB/PCT-Abfallverordnung ist.

Während der Wassergehalt von Gebrauchthölzern durch die Trocknung während Herstellung und Gebrauch der Materialien einheitlich niedrig liegt (durchschnittlicher Wassergehalt etwa 13 Gew.-%, [Rentz et al. 2001]), ist die stoffliche Zusammensetzung ansonsten sehr unterschiedlich. Die Bandbreite reicht von kaum verunreinigten, naturbelassenen Palettenhölzern, über Span- und Faserplatten mit bis zu 15 % Anteil an Bindemitteln bis hin zu mit Holzschutzmitteln belasteten Hölzern, die mit inzwischen verbotenen quecksilberhaltigen Substanzen behandelt wurden.

Beispiel: Gebrauchtholzmarkt in Baden-Württemberg

In einer Erhebung der Landesanstalt für Umweltschutz Baden-Württemberg wurden im Jahre 1999 insgesamt 80 Gebrauchtholzaufbereiter in Baden-Württemberg identifiziert, wobei etwa die Hälfte der Anlagen stationär betrieben werden und die restlichen semimobile oder mobile Anlagen darstellen [LfU 1999]. Damit sind die stationären Anlagen und die Betreiber, deren Hauptgeschäft in der Holzverwertung besteht weitgehend vollständig erfasst. Daneben gibt es jedoch noch viele Gebrauchtholzannahmestellen bei z.B. Bauschuttverwertern oder auf andere Abfallströme wie z.B. auf Papier spezialisierte Recyclingunternehmen, welche ebenfalls Gebrauchtholz annehmen, z.T. auch vorsortieren oder grob vorbrechen, um das Holz dann an die eigentlichen Altholzverwerter weiterzugeben. Oft wird dabei ein Tausch der „Nebenprodukte" durchgeführt: die Altholzreste der Altpapierverwerters werden z.B. gegen die Altpapierreste des Altholzverwerters „eingetauscht". Der Weg des Gebrauchtholzes kann durch diese Aktionen unüberschaubar kompliziert werden und deutlich mehr Transportwege umfassen, als jene zum Altholzaufbereiter, der die verwertbaren Hackschnitzel oder Späne herstellt, und seinen Abnehmern.

Sammlung und Transport der Gebrauchthölzer werden z.T. von den Abfallverursachern, wie z.B. Bauabbruchunternehmen selbst, meist jedoch mittels Containerdiensten durchgeführt. Die Containerdienste sammeln das Gebrauchtholz je nach Auftrag an verschiedenen Orten im Umkreis um einen oder mehrere Gebrauchtholzverwerter. Der Wertstoff wird mittels Containerfahrzeugen direkt zur Aufbereitungsanlage geliefert. Durch dieses System besteht kein direkter Kontakt zwischen dem Betreiber der Aufbereitungsanlagen und den eigentlichen Anfallorten der Gebrauchthölzer. Die genaue Herkunft verschiedener Holzteile wird durch das Sammeln an verschiedensten Orten schwer nachvollziehbar.

Eine Alternative dazu sind Gebrauchtholzaufbereiter, die über eigene Transportsysteme verfügen und somit Sammlung, Aufbereitung und Transport zum Abnehmer in einer Hand liegt. Teilweise beschäftigen auch reine Transportunternehmen Subunternehmer, die mit mobilen Zerkleinerungsmaschinen die Aufbereitung von z.B. Waldresthölzern übernehmen.

Einige der Aufbereitungsanlagen haben sich auf spezielle Altholzsortimente, wie z.B. Paletten, Altfenster oder Bau- und Abbruchholz spezialisiert, die sie ausschließlich aufbereiten. Diese Anlagen haben meist sehr geringe Durchsatzmengen und z.B. bei Abbruchholz oder Altfenstern große jahreszeitlich bedingte Schwankungen der zu verarbeitenden Holzmengen zu verzeichnen.

Neben den einzelnen Altholzaufbereitern, von denen nur wenige größere Unternehmen überregional agieren, gibt es noch Unternehmen wie z.B. GROW, Montan Entsorgung, Interseroh, welche Altholz vermarkten und zwischen Aufbereitern und Abnehmern vermitteln, ohne selbst Aufbereitungsanlagen zu betreiben. Diese Unternehmen binden meist mehrere regional ansässige Altholzaufbereiter an sich und versuchen, bei größerem Bedarf an Altholz wie z.B. für größere

Feuerungsanlagen, die notwendigen Brennstoffkapazitäten zu vermitteln bzw. zu organisieren, im Fall von Montan Entsorgung z.B. auch die Transporte für mehrere Altholzaufbereiter durch Verhandlungen mit Transportunternehmen.

Dadurch, dass von vielen verschiedenen Stellen Gebrauchtholz gesammelt und angenommen wird und Transport und Aufbereitung der verschiedenen Altholzfraktionen nochmals in verschiedenen Händen liegen können, ergeben sich z. T. sehr komplexe Strukturen für die Verwertung der Hölzer. Für den Landkreis Calw ist dies beispielhaft in Abbildung 15 dargestellt.

Herkunft der Schadstoffe bei Gebrauchtholzsortimenten

Eine Übersicht über typische holzfremde Gebrauchtholzbestandteile und deren Auswirkungen bezüglich der zu erwartenden Emissionen findet sich in [Marutzky u. Seeger 1999].

Die zu den Holzwerkstoffen gezählten Span- und Faserplatten und Sperrhölzer enthalten zwischen 5 und 15 % Bindemittel und 85 bis 95 % Holzteile, wie Späne, Fasern, Furniere. Daneben werden häufige Härtungsbeschleuniger (Ammoniumchlorid bzw. Ammoniumsulfat) zugegeben und Paraffin zu Hydrophobierung verwendet. Flammschutzmittel werden dagegen nur in speziellen Anwendungsfällen eingesetzt – laut [Marutzky u. Seeger 1999] enthalten weniger als 2 % der Holzwerkstoffe brandhemmende Substanzen. Bei der Verarbeitung zu Möbeln und Bauteilen werden viele Holzwerkstoffe beschichtet oder lackiert.

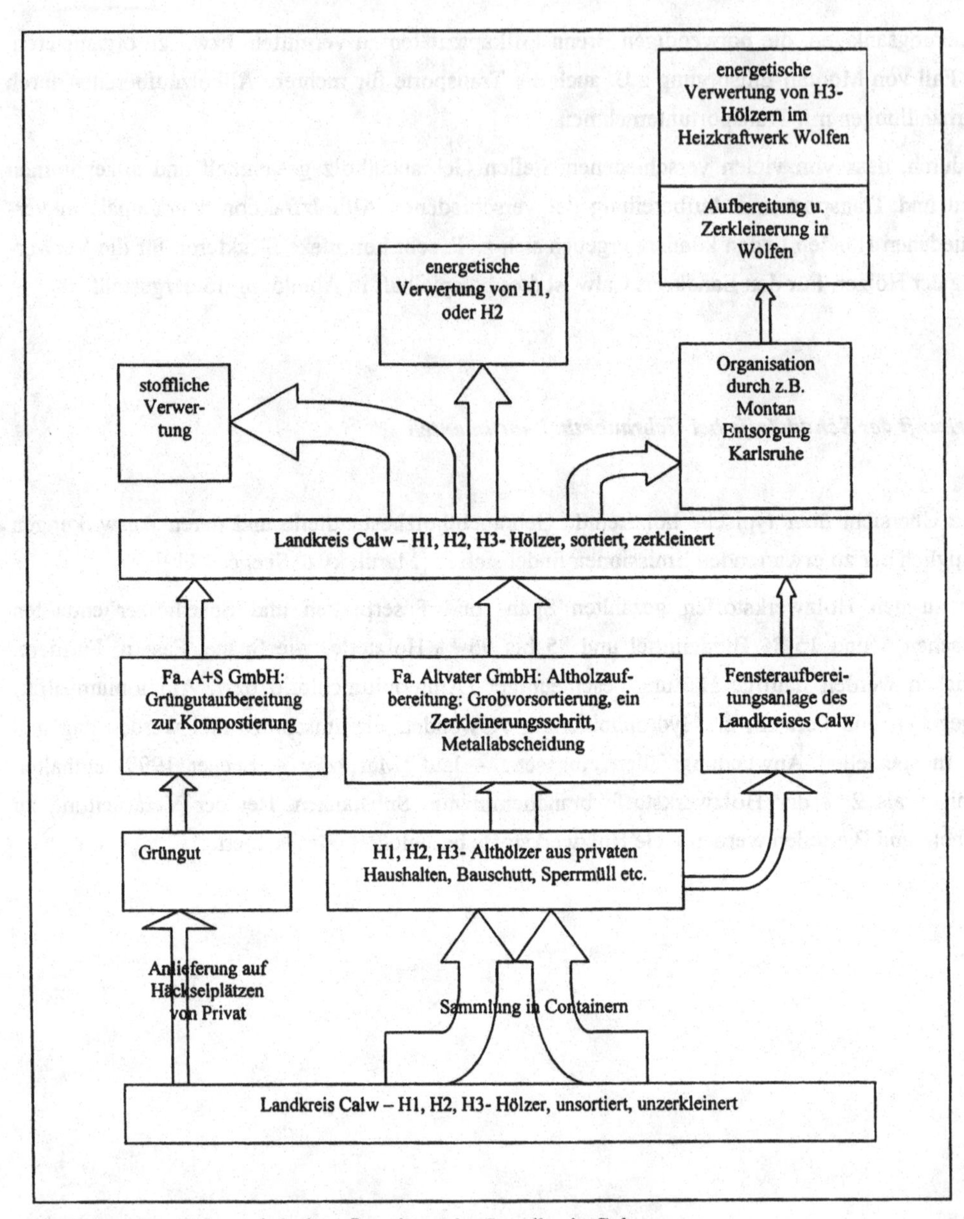

Abbildung 15: Gebrauchtholzaufbereitung im Landkreis Calw

Emissionsrelevant sind bei gutem Ausbrand und effektiver Entstaubung vor allem Substanzen, die nicht nur zu den Hauptbestandteilen des Holzes (Kohlenstoff, Sauerstoff, Wasserstoff) gehören, sondern insbesondere größere Anteile an Stickstoff, Chlor und Schwermetallen enthalten. Dies sind z.B. stickstoffhaltige Klebstoffe (wie Harnstoff-Formaldehyd-Leimharze

(UF)), chlorhaltige Beschichtungen aus PVC oder mit Härtbeschleuniger (Ammoniumchlorid) versehene Holzwerkstoffe [Marutzky u. Seeger 1999].

Nicht emissionsrelevant sind demnach bei gutem Ausbrand z.B. Polyvinylacetat („Weißleim"), Kunststoffteile auf Polyolefinbasis, Tannin-Formaldehyd-Leimharze, Wachse, nicht-pigmentierte Lacke auf Basis von Polyestern, Polyacrylaten, Alkydharzen und einigen Naturstoffen [Marutzky u. Seeger 1999].

Chemische Holzschutzmittel werden nach [Marutzky u. Seeger 1999]eingeteilt in:

(1) wässrige oder salzartige Holzschutzmittel aus den Elementen Arsen (A)[143], Bor (B), Chrom (C), Fluor (F), Kupfer (K) und Zink (Z), sowie in älteren Stücken Quecksilber

(2) lösemittelbasierte Holzschutzmittel

(3) Steinkohlenimprägnieröle und Carbolineen

Während die wässrigen und salzartigen Holzschutzmittel vorwiegend für den Eintrag von Schwermetallen in die Feuerungsanlagen verantwortlich sind, werden mit den organischen Holzschutzmitteln vor allem chlororganische Substanzen – emissionsrelevant für Dioxine/Furane und Chlorwasserstoff - und mit den Teerölen und Carbolineen Polyzyklische Aromatische Kohlenwasserstoffe in den Prozess eingebracht. Nach [Marutzky u. Seeger 1999] liegen bei den zurzeit eingesetzten Holzschutzmitteln deutlich geringere Chloranteile vor und sie werden auch in kleineren Mengen ins Holz eingetragen.

8.1.3 Landschaftspflegeholz

Unter Landschaftspflegeholz ist das Holz aus öffentlichem und privatem Baum-, Hecken- und Strauchverschnitt zu verstehen. Holzschnitt fällt bei Straßengehölz- und Gewässerrandpflege, auf Friedhöfen, in öffentlichen Grünanlagen, in der freien Landschaft – z.B. Hecken, Feldgehölze und Streuobst – und in der Landwirtschaft im Intensivobstbau und Weinbau an [Meinhardt et al. 2000]. Zu der kommunalen Verwertung dieses Materials kommt meist noch der Grünabfall (Laub, Baum- und Strauchschnitt) aus privaten Kleingärten. Straßenbegleitgrün ist durch die verkehrsbedingten Emissionen stärker mit Schadstoffen belastet. Friedhofabfälle und Weihnachtsbaumsammlungen müssen oft als Sondermüll behandelt werden, da durch die mitentsorgten Schmuckteile wie z.B. Friedhofslichter, Lametta etc., unter anderem erhöhte Schwermetallbelastungen vorliegen.

---

[143] Kurzbezeichnung

Die Anlieferung an den kommunalen Annahmestellen erfolgt in sehr unterschiedlichen Zerkleinerungsgraden – von unzerkleinertem, relativ großvolumigem Gestrüpp bis hin zu Feinteilen, wodurch eine Zerkleinerung und Homogenisierung in jedem Fall nötig ist.

Der Wassergehalt ist vergleichsweise hoch, kann aber ebenfalls sehr variabel sein. In Analysen im Rahmen von Mitverbrennungsversuchen im Heizkraftwerk „Schwörer Haus" wurde zum Beispiel ein mittlerer Wassergehalt von 42 Gew.-% festgestellt [MLR 1999].

8.1.4 Sägenebenprodukte

Bei der Aufarbeitung der Holzstämme zu Schnittholz fallen mehrere Nebenprodukte an: Schwarten, Spreißel, Hackschnitzel, Kappscheiben, Säge- und Hobelspäne, Sägemehl und Schnittholzreste. Sie werden zumeist in Hackschnitzel ohne/mit Rindenanteil und Sägemehl nachzerkleinert und zur Verwertung in die Papier- und Zellstoffindustrie (rindenfreie Hackschnitzel), die Spanplattenherstellung oder zur thermischen Nutzung weiterverkauft.

Hackschnitzel aus Sägewerken können als naturbelassenes Holz ohne nennenswerte Verunreinigungen betrachtet werden, das in der Feuchte in etwa im Bereich des frischen Waldholzes liegt – je nach Lagerung vor dem Einschnitt im Sägewerk. Als Anhaltswerte für den Wassergehalt kann z.B. für Sägespäne von 8 Gew.-% (Messungen bei der Mitverbrennung Schwörer Haus [MLR 1999]) und für naturbelassene Hackschnitzel von 35 Gew.-% ausgegangen werden [Rentz et al. 2001].

Sägespäne und Hobelspäne entstehen bei der spanenden Verarbeitung von Holz (Gatter, Kreissägen, Hobelmaschinen), während Holzstäube bei mechanischer Oberflächenbehandlung wie beim Schleifen anfallen.

Spangröße und –form sind abhängig von Art und Schärfe des Werkzeuges sowie von Holzart, Wassergehalt und Schnittrichtung. Im Allgemeinen haben Späne keine festen Größen. Für Sägespäne kann von einer Korngröße kleiner 5 mm ausgegangen werden, Holzstäube haben definitionsgemäß eine Korngröße kleiner 0,315 mm [Stockinger u. Obernberger 1998].

8.1.5 Industrierestholz

Industrierestholz fällt als Produktionsrückstand bei der Holzbe- und -verarbeitung an. Es handelt sich um meist unbehandelte, stückige Holzteile wie Holzschnitzel, Kappholz oder Ablängstücke aus Massivholz, Schwarten und Spreißel. Industrierestholz fällt vor allem bei Zimmereien,

Schreinereien, Möbel- und Fertighausherstellern an [BIZ 2000]. Im Unterschied zu den Produktionsresten aus Sägewerken, sind bei Resthölzern des Handwerks, der Holzwerkstoffindustrie und der Möbelindustrie auch zum Teil Reste von Bindemitteln, Anstrichstoffen und Folienbeschichtungen enthalten. Restholzsortimente aus diesem Bereich sind Verschnitte, Abschnitte, Säge- /Gatterspäne, Hackschnitzel, Säge- und Hobelspäne, Säumlinge, Schwarten und Spreißel. Nach Ergebnissen einer Umfrage von [Meinhardt et al. 2000] liegt der Anteil an naturbelassenen Nebenprodukten bei etwa 30 %.

8.2 Prozesskettenanalyse

Da bei der Nutzung von Holz als Energieträger nicht allein mit der Feuerung bzw. Energieumwandlung Einflüsse auf die Umwelt verknüpft sind, sondern dies auch vor- oder nachgelagerte Prozesse betrifft, wie z.B. die Entsorgung der Aschen, ist es sinnvoll, eine ganzheitliche Betrachtungsweise zur Bewertung der verschiedenen Optionen zu verwenden. Dabei bietet sich die Methodik der Prozesskettenanalyse an, bei der die Prozessschritte zunächst detailliert einzeln betrachtet werden, um dann in einer abschließenden Gesamtbetrachtung zusammengefasst zu werden.

8.2.1 Methodik der Prozesskettenanalyse

Die Prozesskettenanalyse ist eine Form der Systemanalyse, bei der vor- und nachgelagerte Prozesse mit in die Betrachtung integriert werden. Erster Schritt dieser Analyse ist die Festlegung der Systemgrenzen. Im nächsten Schritt wird die Prozesskette in einzelne Teilabschnitte aufgeteilt, die meist über Transportvorgänge miteinander verknüpft sind.

Die detaillierte Betrachtung dieser einzelnen Prozessschritte erlaubt es, verschiedene Optionen für z.B. die Ascheentsorgung zunächst untereinander zu vergleichen – ebenso, wie bei der abschließenden Gesamtbilanz die Bedeutung der einzelnen Prozesskettenelemente für die gesamte Prozesskette verdeutlicht und mehrere Prozessketten einander gegenüber gestellt werden können.

Systemgrenzen der hier durchgeführten Prozesskettenanalyse für die energetische Nutzung von Holz sind so gewählt, dass die Bereitstellung des Brennstoffs ab Anfall als Alt- und Restholz mit einbezogen wird und bis zur Entsorgung der Aschen durch Deponierung oder Verwertung gerechnet wird. Ebenso mit einbezogen werden zur Deckung des Energiebedarfs zu Spitzenlastzeiten zusätzlich installierte Öl- und Gaskessel oder Blockheizkraftwerke. Von der Berechnung ausgeschlossen sind die Belastungen durch die Herstellung der Anlagen.

Für die Betrachtung von Prozessketten zur Energieumwandlung auf der Basis von Biomasse werden hier Bilanzen des kumulierten Energieaufwands, der Emissionen von Stickoxiden, Kohlenmonoxid, Staub, Schwefeldioxid und Kohlendioxid durchgeführt, sowie ökonomische Parameter wie Brennstoffpreise, Investitionen und Wärmegestehungskosten betrachtet.

Der Kumulierte (Primär-) Energieaufwand (KEA) ist die Summe aller aufzuwendenden Primärenergiemengen, die zur Herstellung, Nutzung und Entsorgung eines Gutes oder einer Dienstleistung nötig sind. Dabei wird der KEA differenziert nach dem Anteil an erneuerbarem, fossilem und nicht-fossilem Primärenergieaufwand. Da viele Umweltauswirkungen direkt mit dem aufzuwendenden Energieinput verbunden sind, wird der KEA oft als Indikator einer „Kurz-Ökobilanz" verwendet, bei der die Umweltrelevanz eines Gutes oder einer Dienstleistung anhand der KEA-Werte vorabgeschätzt wird.

Im Fall der Wärme- bzw. Stromerzeugung aus Alt- und Restholz kann als funktionelle Bezugseinheit entweder die erzeugte Wärmemenge dienen, was den Aspekt der Energieumwandlung in den Mittelpunkt rückt. Alternativ dazu können die Parameter aber auch auf die Gewichtseinheit verwertetes Alt- und Restholz bezogen werden, wodurch der Aspekt der Entsorgung der Reststoffe in den Vordergrund tritt.

Bei den Emissionen sind insbesondere die Stickoxide und Staubemissionen interessant, da diese bei den Feuerungsanlagen selbst im Vergleich zu den alternativen Technologien mit Öl- und Gasfeuerungen bei Holzfeuerungen deutlich höher liegen und somit einen Problembereich bei der Anwendung von Holz als erneuerbaren Energieträger darstellen. Die Emissionsbilanz für Kohlendioxid zeigt, wie viel der klimarelevanten Emissionen durch den Einsatz des CO_2-neutralen Holzes tatsächlich eingespart werden kann.

Die Investitionen für Holzfeuerungsanlagen liegen meist deutlich über jenen der konventionellen Systeme mit Öl oder Gas. Je nach Brennstoffkosten können jedoch die resultierenden Wärmegestehungskosten dennoch in vergleichbarer Höhe sein. Für die ökonomische Bewertung unterschiedlicher Energieumwandlungssysteme mit Holz und fossilen Energieträgern ist also die detaillierte Analyse der einzelnen Beiträge zu den Wärmegestehungskosten nötig.

8.2.2 Auswahl typischer Prozessketten

Einen Überblick über die üblichen Einsatzgebiete der Holzenergie gibt Abbildung 16. Im untersten Leistungsbereich von Holzfeuerungen wird die Holzenergie vorwiegend zur Wärmebereitstellung in privaten Haushalten genutzt und für diese Anwendung - Raumheizungen, Etagenheizungen oder Zentralheizungen – reine Holzfeuerungen für den Einsatz von unbehandeltem Holz installiert. Dabei werden Scheitholz, Hackschnitzel oder Pellets aus Waldholz verwendet, die von Holzhandel und Schreinereien bereit gestellt werden. Etwa 60 % des in diesem Bereich verbrannten Holzes entstammt jedoch nach einer Markterhebung der Rheinbraun AG [Rentz et al. 2000] nicht dem Brennstoffhandel, wird also über direkte Kontakte zu Wald- oder Obstbaumbesitzern oder aus eigenen Gärten bezogen. Im Bereich von einigen hundert Kilowatt Feuerungsleistung bis über 1 MW liegen Anlagen der kommunalen Nahwärmeversorgung, Wärmeversorgung größerer Gebäudekomplexe und der Werkstatt- oder Verwaltungsgebäude kleinerer und mittlerer Industriebetriebe, wie z.B. Schreinereien, Zimmereien. Hier sind meist zur Spitzenlastversorgung noch zusätzlich Gas/Öl- Kessel (bzw. Kombikessel für beide Brennstoffe) bzw. auch Blockheizkraftwerke installiert, wodurch teilweise auch der Strombedarf der Gebäude gedeckt werden kann. Durch die deutlich größeren Brennstoffmengen wird hier neben dem Waldholz auch möglichst günstiges unbehandeltes Holz verwendet, wie z.B. den Kommunen ohnehin zur Verfügung stehendes Landschaftspflegeholz bzw. Grünschnitt, unbehandeltes Gebrauchtholz oder Säge- und Industrieresthölzer von örtlich ansässigen Betrieben.

Fernheizwerke im Bereich einiger MW Feuerungswärmeleistung werden ebenfalls noch überwiegend mit unbehandelten Hölzern, Rinde usw. zur Grundlastversorgung und Gas/Öl- Kesseln zur Spitzenlastversorgung betrieben.

Durch die bei der Verbrennung behandelter und kontaminierter Hölzer notwendigen zusätzlichen Emissionsminderungsmaßnahmen steigt das spezifische Investitionsvolumen an, weshalb solche Anlagen auch erst bei größeren Leistungen und verbunden mit günstigem, evtl. im eigenen Betrieb anfallendem Brennstoff oder gleichzeitiger Entsorgung von heizwertreichen Reststoffen lohnend werden.

So gibt es inzwischen einige Industrieheizkraftwerke – oft mit Wirbelschichtfeuerungen, was eine größere Bandbreite an eingesetzten Brennstoffen erlaubt, die die Wärme-, Prozessdampf- und Stromversorgung der Standorte weitgehend abdecken können und dabei in der Produktion anfallende Schlämme und feste Reststoffe thermisch verwerten können.

Im Bereich der Großfeuerungsanlagen zur überwiegenden Stromerzeugung ist die Holzenergienutzung in Form von Mitverbrennung eine wirtschaftlich interessante Option. Dabei werden aufgrund der großen Mengen nur die kostengünstigsten Holzsortimente eingesetzt. Je nach genehmigungs- bzw. immissionsrechtlichen Vorgaben sind die Sortimente in Einzelfällen auch bei diesen großen Anlagenleistungen auf das zumeist teurere, unbehandelte Holz beschränkt. Die kostengünstigsten Potenziale bestehen dabei im Bereich Gebrauchtholz und Landschaftspflegeholz. Seit Einführung der festen Stromabnahmepreise zwischen 17 und 20 Pf/kWh im Rahmen des Erneuerbare-Energien-Gesetzes werden aber auch viele in Kraft-Wärme-Kopplung betriebenen größere Anlagen mit reiner Biomassefeuerung geplant.

Aus den oben beschriebenen Anwendungsfällen der Holzenergienutzung wurden in [Rentz et al. 2001] einzelne Beispiel betrachtet, anhand derer die jeweils vollständige Prozesskette berechnet wurde. Die Auswahl der Anlagenbeispiele richtete sich nach typischen Anwendungen in Baden-Württemberg. Dabei wurde ausgehend von der Holzfeuerungsanlage auch die Bereitstellung der verschiedenen, jeweils verwendeten Holzsortimente charakterisiert und hinsichtlich Energiebedarf, Emissionen und Kosten analysiert. Ebenso wurde die Ascheentsorgung in die Gesamtbetrachtung mit einbezogen. Außer verschiedenen Anlagengrößen und Wärme- bzw. Stromversorgungsaufgaben wurden noch Anlagen mit unterschiedlichen Feuerungstechniken und Alt- und Restholzsortimente ausgewählt.

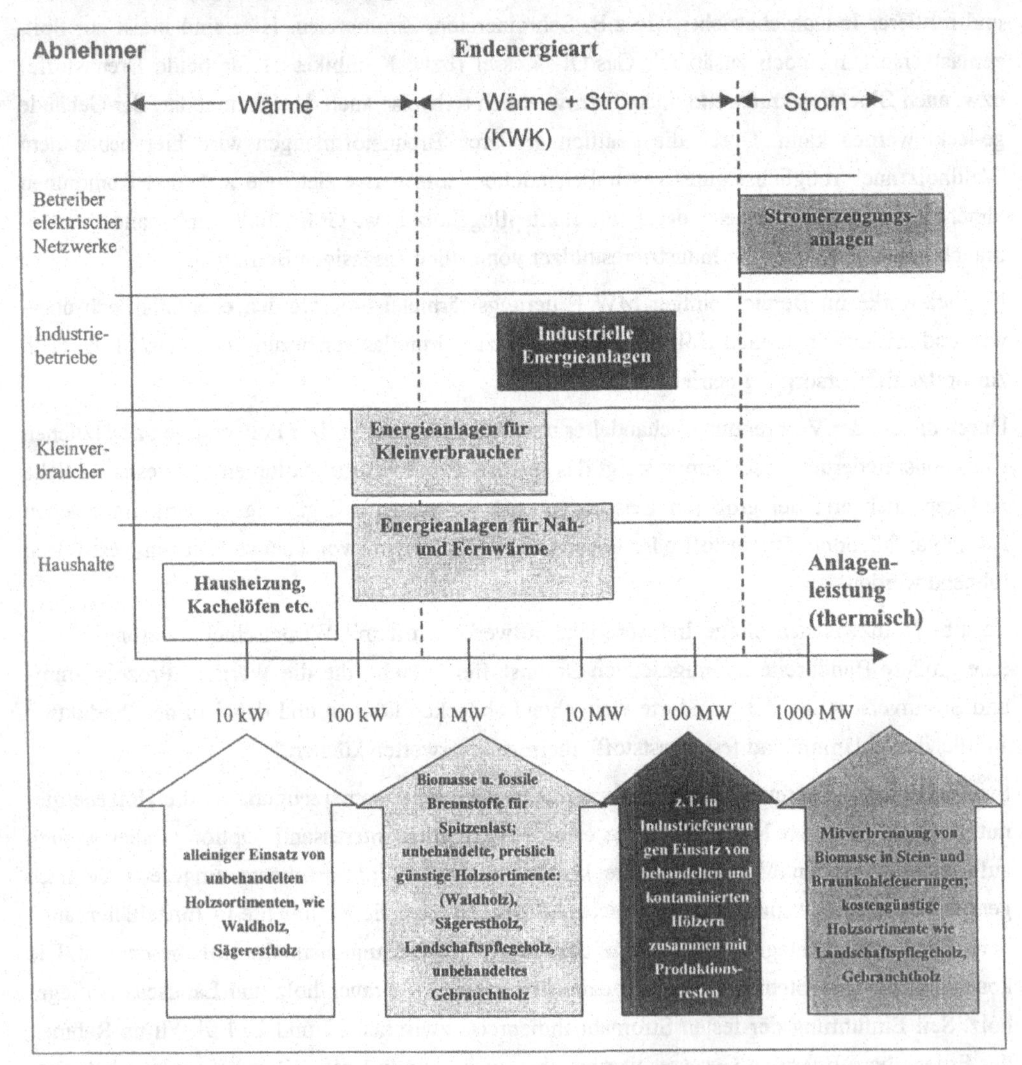

Abbildung 16: Einsatzgebiete der Holzenergie nach [FNR 2000]

8.2.2.1 Holzfeuerungen aus dem Bereich der kommunalen Nahwärmeversorgung

Im Bereich der kommunalen Nahwärmeversorgung wurden in den letzten Jahren eine Vielzahl von Holzfeuerungsanlagen installiert, die meist auch von den Förderprojekten des Landes Baden-Württemberg unterstützt wurden.

Die hier gewählten Beispiele sind in Tabelle 13 näher beschrieben. Betrachtet wurden zwei Unterschub- und vier Rostfeuerungen. Von den Unterschubfeuerungen wurde in einer nur Waldholz verbrannt (Nahwärme III), während in der anderen fast die gesamte Bandbreite der in dieser Anlagengröße verwendbaren Holzsortimente verwendet wurde (Nahwärme I). Die Feuerungsanlage „Nahwärme II" zeichnete sich besonders dadurch aus, dass hier fast ausschließlich Grüngut verfeuert wurde. Die Feuerungsanlage „Nahwärme IV" ist dagegen ein Beispiel für eine Rostfeuerung, in der überwiegend Waldholz genutzt wird.

Tabelle 13: Charakterisierung der Anlagenbeispiele kommunale Nahwärmeversorgung

	Nahwärme I	**Nahwärme II**	**Nahwärme III**	**Nahwärme IV**	**Nahwärme mit BHKW I**	**Nahwärme mit BHKW II**
FWL Holzkessel, Feuerungstechnik	440 kW_{th} Unterschubf.	500 kW_{th} Vorschubrostf.	300 kW_{th} Unterschubf.	460 kW_{th} Vorschubrostf.	790 kW_{th} Rostf.	300 kW_{th} Rostf.
Lastbereich Holzkessel	Grundlast, Betrieb September bis Juni	Grundlast, Betrieb ganzjährig	Grundlast, Betrieb ganzjährig	Grundlast, Betrieb ganzjährig	Mittellast, Betrieb ganzjährig	Mittellast, Betrieb ganzjährig
sonst. Kessel	Öl: 390 kW_{th}	Öl/Gas: 900 kW_{th}	Öl/Gas: 700 kW_{th}	Öl: 1.000 kW_{th}	BHKW: 110 kW_{th} 2 Ölk. 1.750 kW_{th} und 1.160 kW_{th}; solartherm. Anlage	BHKW: 110 kW_{th} Öl/Gas: 900 kW_{th}
Rauchgasreinigung	Multizyklon	Multizyklon	Multizyklon	Multizyklon	Multizyklon, Rauchgaswäscher mit Kondensation	Multizyklon
Brennstoffsortimente	Industrierestholz, Gebrauchtholz naturbelassen, Waldholz, Grünschnitt, Sägemehl	Waldholz Grünschnitt	Waldholz	Gebrauchtholz naturbelassen, Waldholz	Industrierestholz, Grünschnitt	Industrierestholz Waldholz Grünschnitt

Die beiden Anlagen zur „Nahwärmeversorgung mit BHKW" sind Beispiele für die Kombination von einem Blockheizkraftwerk zur Deckung des Grundlastwärmebedarfs, einem Holzkessel für den Mittellastwärmebedarf und einem zusätzlichen Öl/Gas- Kessel zur Deckung der Spitzenlasten. Die Anlage „Nahwärme mit BHKW I" zeichnet sich besonders durch die Installation eines Rauchgaswäschers mit Nutzung der Kondensationswärme im Waschwasser aus.

8.2.2.2 Fernheizwerke

Zur Beschreibung der Holzenergienutzung für die Fernwärmeversorgung wurden zwei Heizwerke herangezogen. Sie sind in Tabelle 14 näher charakterisiert.

Tabelle 14: Charakterisierung der Anlagenbeispiele für Fernheizwerke

	Fernwärme I	**Fernwärme II**
FWL Holzkessel, Feuerungstechnik	3 MW_{th} Vorschubrostfeuerung	3,25 MW_{th} Rostfeuerung
Lastbereich Holzkessel	Grundlast	Grundlast
sonst. Kessel	2 Ölkessel à 1,8 MW_{th} = 3,6 MW_{th}	3 Gas/Ölkessel à 7 MW_{th} = 21 MW_{th}
Rauchgasreinigung	Multizyklon (evtl. in Zukunft Nachrüstung mit Elektroabscheider)	Multizyklon und Elektroabscheider
Brennstoffsortimente	Waldholz	Industrierestholz, Rinde, Grünschnitt
Trassenlänge	2,2 km	5 km

Bei den beiden Beispielanlagen handelt es sich um Rostfeuerungen, die zur Grundlast- und Mittellastversorgung betrieben werden und durch Öl- bzw. Öl/Gas- Kombinationskessel für die Spitzenlastversorgung ergänzt werden. Eingesetzt wird bei „Fernwärme I" ausschließlich Waldholz, während bei „Fernwärme II" überwiegend Industrieresthölzer und Rinde verwendet werden. Zur Rauchgasreinigung wird bei „Fernwärme I" bislang lediglich ein Multizyklon betrieben, bei „Fernwärme II" ist dagegen zusätzlich ein Elektroabscheider zur Minderung der Staubemissionen installiert.

8.2.2.3 Industrieheizkraftwerke mit reinen Holzfeuerungen

Zur Bereitstellung der in holzbe- und verarbeitenden Betrieben benötigten Prozesswärme werden oft die anfallenden Produktionsreste verwendet. In den beiden Beispielanlagen wird sowohl Prozessdampf, als auch Wärme und Strom für den Industriestandort erzeugt und dafür Restholz bzw. Rinde aus der Holzverarbeitung verwendet (vgl. Tabelle 15).

Tabelle 15: Charakterisierung der Anlagenbeispiele für Industrieheizkraftwerke mit reiner Holzfeuerung

	Industriefeuerung I	**Industriefeuerung II**
FWL Holzkessel, Feuerungstechnik	2*18 MW_{th}, 4,9 $MW_{el, brutto}$ Rostfeuerung, Einblasfeuerung für Späne	15 MW_{th}, 3,28 MW_{el} Vorschubrostfeuerung, Einblasfeuerung für Späne, 2 Ölbrenner im Kessel
sonst. Kessel	-	-
Rauchgasreinigung	Multizyklon und Elektroabscheider	Multizyklon und Elektroabscheider
Brennstoffsortimente	Industrierestholz, Rinde, Sägemehl	Industrierestholz, Rinde, Sägemehl
Wärmeauskopplungen	Dampf : Hochdruck- 420°C, 42 bar Mitteldruck- 220°C, 12 bar Niederdruck- 150°C, 2 bar	Industriewärme 120 °C Heizwärme 90°C Sattdampf für Industriepressen 170 °C

8.2.2.4 Mitverbrennung im Heizkraftwerk

Hier wurde als Beispiel die Mitverbrennung von Holz mit Kohle in einem Heizkraftwerk ausgewählt. Bei der Anlage handelt es sich um zirkulierende Wirbelschichtfeuerung, für die eine Mitverbrennung geplant ist. In Tabelle 16 ist die Anlage charakterisiert.

Tabelle 16: Charakterisierung der Industrieheizkraftwerke mit Mischfeuerung

	Mitverbrennung im Kohle-HKW
FWL Holzkessel, Feuerungstechnik	max. 42 MW_{th} Fernwärme, max. 29,7 MW_{el}, zirkulierende Wirbelschichtfeuerung
sonst. Kessel	Ölkessel
Rauchgasreinigung	Multizyklon und Gewebefilter
Brennstoffsortimente	Steinkohle, Heizöl EL, Erdgas, Klärgas, Industrierestholz, Gebrauchtholz (H1/H2), Waldholz, Grünschnitt

8.2.3 Charakterisierung typischer Prozessketten

Die Elemente der Prozessketten sind Transport, Bereitstellung, Nutzung in Feuerungsanlagen mit dazugehörigen Rauchgasreinigungsmaßnahmen und schließlich die Entsorgung der festen Rückstände. Die Einzelschritte sind in Abbildung 17 zusammengefasst.

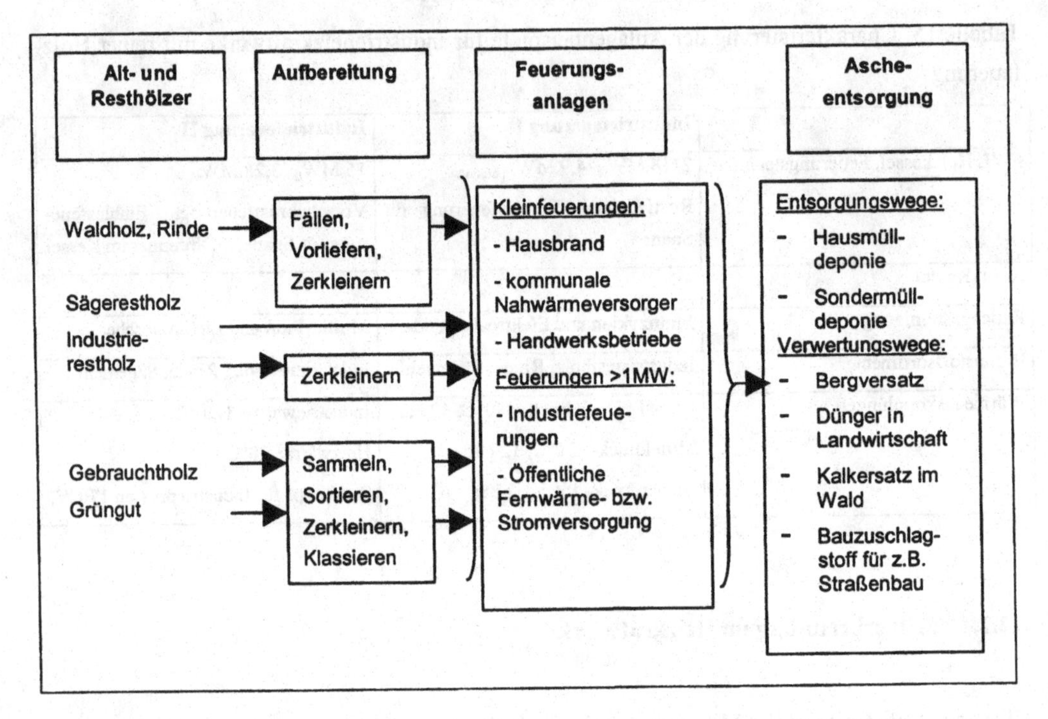

Abbildung 17: Prozessketten der energetischen Holznutzung

8.2.4 Transport

Innerhalb einer Prozesskette zur energetischen Nutzung von Alt- und Restholz werden mehrere Transportwege mit z.T. sehr unterschiedlichen Anforderungen an das jeweilige Transportmittel zurückgelegt.

Für Gebrauchtholz gibt es je nachdem, ob das Holz direkt in dem Betrieb, in dem es anfällt, verwertet wird oder nicht, verschiedene Wege. Im ersten Fall sind nur kurze Wege zwischen Produktion, Aufbereitung und Verbrennung nötig. Oft wird jedoch das Gebrauchtholz – insbesondere Holzpaletten aus dem Handel oder Sperrmüll – zunächst in Containern gesammelt. Nicht selten werden auch von Recyclingunternehmen, die selbst kein Holz aufbereiten oder verwerten,

Holzfraktionen angenommen und zu einem anderen, auf Holz spezialisierten Unternehmen gebracht. Vom Aufbereiter zum Haupt- oder Zwischenlager für die energetische Nutzung legt dann das bereits zerkleinerte Brenngut einen weiteren Transportweg zurück.

Für den Transport von Schüttgütern kommen zum Beispiel Allzweckkipper, Hochkipper, Silieranhänger oder Sattelkipper als Fahrzeuge zum Einsatz. Für den Transport von Feingut über weitere Strecken sind Spezialfahrzeuge, wie z.B. Silofahrzeuge mit Vorrichtungen zum Explosionsschutz nötig. Pellets können aufgrund der sehr ähnlichen Eigenschaften zum Beispiel in Futtermitteltankwagen transportiert und mit den pneumatischen Ein- und Austragsvorrichtung be- und entladen werden. Unproblematischer ist jedoch die Verpackung des Feingutes in Big Bags, welche als normales Stückgut transportiert werden können.

8.2.5 Bereitstellung des Brennstoffs Holz

8.2.5.1 Bereitstellung von Waldholz

Die allgemein für die Bereitstellung von Waldhackschnitzeln nötigen Schritte sind:

- Entasten, um beim Fällen evtl. hinderliche Äste zu beseitigen
- Fällen des Baumes
- Aufarbeitungsschritte, z.B. Abzopfen, grobes Entasten
- Vorliefern zur Rückegasse
- Rücken zur Waldstraße, dort Poltern
- Zerkleinerung
- Transport zum Verbraucher

Je nach eingesetzter Technik und Mechanisierungsgrad können mehrere Schritte miteinander kombiniert durchgeführt werden (z.B. Vorliefern/Rücken oder Aufarbeiten/Zerkleinern) bzw. kann sich die Reihenfolge des Ablaufs ändern.

8.2.5.2 Aufbereitung von Gebrauchtholz, Industrierestholz

Für die Aufbereitung von Gebrauchtholz werden in variabler Reihenfolge Arbeitsschritte zur Sortierung, Abtrennung von Fremdstoffen, Zerkleinerung und Klassierung der Hölzer durchgeführt. Zwischen den einzelnen Schritten sind Transportmittel (Förderbänder etc.) nötig. An Stellen mit hohen Staubemissionen (Übergabestellen, Austrag aus Zerkleinerern) werden z.T. Entstaubungseinrichtungen installiert.

Ein Beispiel für ein allgemeines Ablaufschema für Holzaufbereitungsanlagen ist in Abbildung 18 skizziert [Flamme u. Walter 1998].

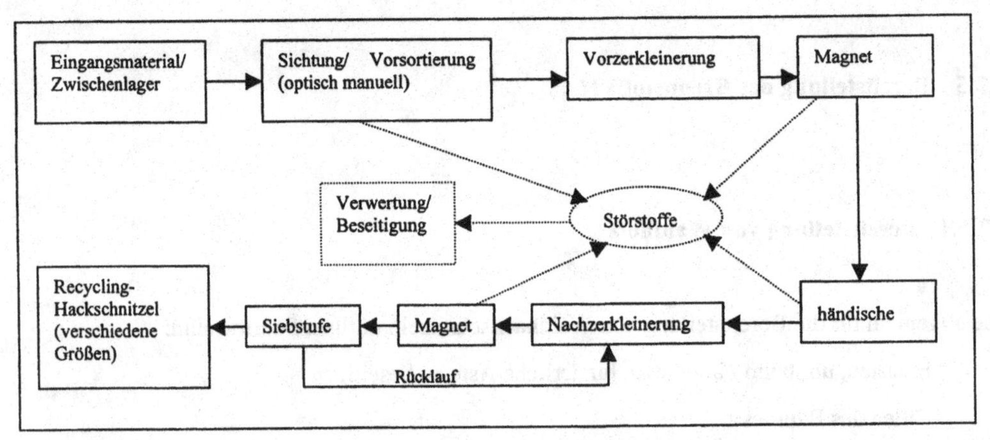

Abbildung 18: Schema für Holzaufbereitungsanlage [Flamme u. Walter 1998]

8.2.5.3 Aufbereitung von Landschaftspflegeholz und Grünschnitt

Der Einsatz der jeweiligen Bearbeitungsverfahren zur Landschaftspflege hängt davon ab, wie gut das Gelände zugänglich ist und welche Maßnahmen durchgeführt werden sollen.

Beim Rückschnitt von Randbäumen und Hecken, die regelmäßig auf den Stock zu setzen sind, werden meist motormanuelle Verfahren angewandt. Zum Hacken und Sammeln des Holzes werden zumeist die gleichen Maschinen verwendet, wie in der konventionellen Forstwirtschaft. Daneben gibt es noch spezielle Systemfahrzeuge, auf denen ein Sammelbunker für das Hackgut aufgesattelt ist [BIZ 2000].

Bei Kompostmaterial werden in neueren Anlagen zum Teil Verfahren eingesetzt, um Feinmaterial, das sich durch den hohen Feinanteil und Wassergehalt zum Kompostieren eignet, von für Feuerungsanlagen tauglichem holzartigen Material abzutrennen [Groll 2000].

8.2.5.4 Aufbereitung von Sägespänen und –mehl zu Pellets oder Briketts

Beim Einschnitt und der spanenden Oberflächenbehandlung entsteht immer auch ein sehr feiner Restholzanteil. Dieses Material bringt wegen der Gefahr der Staubexplosion, Transportschwierigkeiten und der Brückenbildung in Silos einige Probleme mit sich. Um einen einfacher handhabbaren und feuerungstechnisch unproblematischen Brennstoff zu erzeugen, können diese Feinanteile zu Pellets oder Briketts verarbeitet werden.

Für die Brikettierung und Pelletierung sind sehr geringe Feuchten nötig, die sich durch einfache Lagerung auch mit Zwangsdurchlüftung und Überdachung nicht erreichen lassen. Zum Einsatz kommen hier meist die aus der Futtermittelindustrie bekannten Bandtrockner.

Die Verarbeitung in Brikettieranlagen oder Pelletieranlagen führt zur Verminderung des nötigen Lagervolumens. Neben dem Ziel einer höheren Energiedichte der Produkte wird dadurch außerdem erreicht, dass das Material besser dosierbar, handlicher, (bei Pelletierung: riesel- und blasfähig) wird und Staubemissionen etwa bei Lade- und Entladevorgängen geringer werden. Durch die geringen Wassergehalte - nach DIN 51721 maximal 12% bezogen auf die Gesamtmasse – werden biologische Abbauprozesse unterbunden und damit die Lagerstabilität des Brennstoffs erhöht [Marutzky u. Seeger 1999], [BIZ 2000].

8.2.6 Lagerung

Für den Betrieb von Holzfeuerungen müssen im Vergleich zu Ölfeuerungen große Lagerräume zur Verfügung stehen. Grund dafür ist zum einen die geringe Energiedichte des Holzes, besonders im zerkleinerten Zustand. Zum anderen fällt das Gebrauchtholz zum Beispiel aus der holzverarbeitenden Industrie ganzjährig an, während die damit befeuerten Heizkraftwerke jedoch vorwiegend im Winter betrieben werden. Oft wird für die Dimensionierung der Lager der Jahresbedarf an Brennstoff zugrunde gelegt, um ein Nachfüllen bei schlechten Witterungsbedingungen zu vermeiden. Der Aufwand für die Lagerung macht somit mit den dazugehörigen Austragssystemen oft bis zu 40% des Investitionsaufwands aus, was die Bedeutung einer sorgfältigen Planung verdeutlicht [Vhe 1996].

Mögliche Lagerungsformen sind Freilager (überdacht oder ganz frei; mit oder ohne Zwangsdurchlüftung), geschlossene Lagersysteme wie Schubbodenlagersysteme oder „Walking Floor"-Lagersysteme sowie Hochsiloanlagen und mobile Lagersysteme wie Container. Bei Systemen ohne Bedarf an großen Lagerräumen für Zwischenpuffer kann das Transportsystem gleichzeitig als Brennstofflager dienen. Hierzu kommen z.B. Spänecontainer zum Einsatz. Das Austragssystem, wie z.B. ein Schubbodensystem, kann dann so gewählt werden, dass der Austrag direkt an die Beschickungseinrichtung der Feuerung anschließt. Die bei der Umlagerung zwischen Transportbehälter, Lagerraum und Beschickungseinrichtung sonst auftretenden Staubemissionen können auf diese Weise vermieden werden [Marutzky u. Seeger 1999]. Solche Lagersysteme werden zunehmend auch dort eingesetzt, wo aufgrund des erst nachträglichen Einbaus einer Holzfeuerung nicht genug Platz für ein Brennstoffsilo vorhanden ist.

8.2.7 Feuerungsanlagen für Holz

Die Bestandteile einer Feuerungsanlage lassen sich in folgende Teile gliedern, welche jeweils in ihrer Gestaltung großen Einfluss auf die Effektivität der Energienutzung und auf die entstehenden Emissionen haben:

- Feuerungstechnik mit Zufuhreinrichtungen für den Brennstofftransport in den Feuerraum,
- Emissionsminderungseinrichtungen,
- Wärme- und ggf. Stromerzeugung.

Die verwendeten Feuerungsarten sind je nach Leistungsklasse unterschiedlich. Für Kleinfeuerungsanlagen kommen im Bereich des Hausbrands als Einzelöfen z.B. Heizkamine, Kaminöfen, Heizungsherde, Kachelgrundöfen oder –warmluftöfen und Pelletöfen zum Einsatz. Als Zentralheizkessel werden Unterbrandkessel oder Durchbrandkessel verwendet.

Im Bereich größerer Feuerungen werden dagegen Festbettfeuerungen (Rostfeuerungen, Unterschubfeuerungen, Vorofenfeuerung), Wirbelschichtfeuerungen (stationäre oder zirkulierende Wirbelschichtfeuerungen) oder Einblasfeuerungen (Muffeleinblasfeuerungen, Staubfeuerungen) eingesetzt (s. Tabelle 17).

Tabelle 17: Übersicht über Holzfeuerungsarten nach [VDI 3462]

Feuerungsart	geeigneter Brennstoff	Feuerungs-wärmeleistung	Vorteile	Nachteile
Durchbrandfeuerung	vorwiegend trockene, stückige Reste wie Scheitholz	Von 10 kW bis 100 kW (meist handbeschickt)	- keine Vorzerkleinerung nötig	- diskontinuierliche Brennstoffzufuhr, - schlechter Ausbrand, - Handregelung, dadurch hohe Emissionswerte
Unterbrandfeuerung	trockene Hackschnitzel, auch Scheitholz	Von 10 kW bis 150 kW	- gleichm. Abbrand, - befriedigendes Regelverhalten	- Brückenbildung im Füllschacht
Schachtfeuerung	stückige Reste wie Scheitholz, Hackschnitzel, Späne etc.	Von 20 kW bis 250 kW	- einfache Technik - keine Brennstoffaufbereitung nötig - geringe Investitionen	- Regelung nur durch Drosselung der Luftzufuhr möglich - hohe Emissionen
Unterschub-, Unterschubzyklon-Feuerung	trockene + feuchte Späne, Hackschn., <50% Staub	Von 100 kW bis 5.000 kW	- einfache Technik	- Probleme durch Brennstoff im System bei Abschaltung, - diskont. Entaschung
Vorofen-, Vergaser-Feuerung	Späne, Pellets, Hackgut	von 10 kW bis 6.000 kW	- niedrige CO- und Gesamt-C-Emissionen; - geringe Rauchgasstaubgehalte	- hohe NO_x-Werte
Rostfeuerung (stationärer Rost, Vorschubrost, etc.)	unzerkl. Rinde, großstückige, feuchte Brennst. mit hohem Aschegehalt	ab 1.000 kW	- breites Brennstoffspektrum, - keine Vorzerkleinerung nötig	- Schlierenbildung nicht auszuschließen, - relativ hohe Investitions- und Betriebskosten
Wirbelschichtfeuerung (zirkulierende)	Späne, Hackgut	ab 5.000 kW	- niedrige NO_x-Werte, - Additivzugabe möglich, - schnelle Regelbarkeit, - gute Ausbrandbed.	- hohe Investitions- und Betriebskosten, - erhöhter Ascheanfall, - erhöhte Ascheentsorgungskosten
Muffeleinblasfeuerung	Stäube, Späne	von 1.000 kW bis 8.000 kW	- gute und schnelle Regelbarkeit, - ideale Verbrennung von Stäuben, - sehr gute Emissionswerte	- empfindlich bei Brennstoffschwankungen hinsichtlich der Menge, Zusammensetzung und Feuchte, - Muffel muss mit Stützbrenner auf Temp. gebracht werden
Staubfeuerung	Stäube (< 0,5mm)	bis 15.000 kW	- gute Regelbarkeit, - gute Verwertungsmögl.	- Zünd- und Stützbrenner erforderlich

8.2.7.1 Emissionsminderungstechniken

Bei der Verbrennung von Holz entstehen drei Gruppen von Emissionen: Die Emissionen aus vollständiger Verbrennung (CO_2, H_2O, NO_x), Emissionen aus unvollständiger Verbrennung (CO, Kohlenwasserstoffe, Ruß, etc.) und Emissionen aufgrund von mit dem Brennstoff eingetragenen Substanzen (SO_2, NO_x, HCl, Schwermetalle, Feinpartikel PM10).

Primärmaßnahmen zur Emissionsminderung zielen vor allem darauf ab, einen möglichst vollständigen Ausbrand zu schaffen. Einen verbesserten Ausbrand kann man durch Optimierung der Feuerraumtemperaturen (>800°C), Gewährleistung einer ausreichenden Verweilzeit der Rauchgase im Bereich hoher Temperaturen (mindestens 2 Sekunden bei 800°C) und Optimierung der Durchmischung zwischen Verbrennungsluft und Rauchgas erreichen. Dazu müssen sowohl die Ausgestaltung des Brennraumes, als auch Luftzufuhr und Brennstoffzufuhr auf die jeweiligen Bedingungen angepasst sein. Wichtig ist auch eine Optimierung der Regelung im Betrieb. Für vollständigen Ausbrand werden in manchen Fällen auch Additive, meist Oxidationskatalysatoren, dem Brennstoff zugefügt. Zur Überprüfung der Güte des Ausbrands werden die CO-Emissionen überwacht.

Aufgrund der vergleichsweise niedrigen Verbrennungstemperaturen werden die Stickoxide bei Holzfeuerungen vorwiegend aus Brennstoff-Stickstoff gebildet. Die wichtigsten Parameter für die NO_x-Bildung sind dabei der Stickstoffgehalt des Brennstoffs, die Sauerstoffkonzentration im Brennraum und in der Ausbrandzone sowie die Ausbrandqualität der Rauchgase. Das größte Minderungspotential besteht daher bei Einsatz einer gestuften Verbrennungsluftzufuhr, bei der im Brennraum leicht unterstöchiometrisch gearbeitet wird, um in der Ausbrandzone mittels Sekundärluftzufuhr überstöchiometrisch einen optimalen Ausbrand zu erhalten. Bei der Verbrennung von naturbelassenen Hölzern kann so eine Emissionsreduktion von bis zu 50 % erreicht werden, bei Altholz mit hohem Stickstoffgehalt können die Emissionen um bis zu 75 % reduziert werden.

Die durch Abgasrezirkulation erreichbare Temperatursenkung hat bei gleicher Ausbrandqualität nur einen geringen Einfluss auf die NO_x- Emissionen, das Minderungspotential liegt bei ca. 10% [Marutzky 2000]. Sekundärmaßnahmen zur Entstickung sind für Holzfeuerungen derzeit nur bei Großfeuerungsanlagen (> 50 MW_{th}) Stand der Technik, während sie bei kleinen und mittleren Holzfeuerungen weder wirtschaftlich noch technisch ausgereift sind [Marutzky u. Seeger 1999].

Primärmaßnahmen zur Minderung von Dioxin-/Furan-Emissionen (PCDD/F) zielen vor allem darauf ab, die zur De-novo-Synthese dieser Substanzen erforderlichen Bedingungen zu vermeiden. So können die zur Bildung von PCDD/F nötigen Temperaturen von 250°C bis 450°C vermieden werden, indem das heiße Rauchgas durch Quenchen diesen Temperaturbereich sehr schnell durchläuft und die Elektroabscheider bei weniger als 220°C betrieben werden. Des weiteren kann die PCDD/F-Synthese verhindert werden, indem die Mengen der Vorläufersubstanzen reduziert werden. Durch einen möglichst geringen Anteil an Chlorverbindungen im Brennstoff und möglichst guten Ausbrand werden die zur Synthese erforderlichen Mengen an Chlor und organischen Verbindungen minimiert.

Partikelabscheider

Partikel aus der Holzfeuerung können durch Zyklone, Elektroabscheider, Gewebefilter oder Nassabscheider, z.B. Wäscher, aus dem Rauchgas abgeschieden werden. Nassabscheider werden bei Holzfeuerungen nur in Ausnahmefällen eingesetzt, etwa wenn aus Platzgründen ein Elektroabscheider nicht verwendet werden kann.

Der im Vergleich zu fossilen Brennstoffen hohe Anteil an Alkali- und Chlorverbindungen im Biomasse- Brennstoff führt zur Entstehung von Salzen (K-, Ca- Salze), die feinste Flugaschepartikel bilden mit aerodynamischen Durchmessern < 1 μm. Der vergleichsweise geringe Anteil an Kohlenwasserstoffen und Ruß aus unvollständiger Verbrennung von etwa 1 Gew.-% der Partikel kann bei schlechten Ausbrandbedingungen oder nicht optimaler Regelung erheblich ansteigen. Nach [Gaegauf 2000] liegen bei Holzfeuerungen rund 95% der Staubmasse im Bereich der Feinpartikelfraktionen bis 0,4 μm Mobilitätsdurchmesser. Die mittleren Korndurchmesser, die von den unterschiedlichen Staubabscheidern aus dem Rauchgasstrom abgetrennt werden können, sind sehr verschieden. Während mit Zyklonabscheidern nur gröbere Partikel (zwischen 2 μm und > 1.000 μm) abgeschieden werden, können mit Gewebefiltern bereits Partikel ab 0,1 μm bis 10 μm und mit Elektroabscheidern Teilchen zwischen 0,01 μm und 10 μm aus dem Abgas entfernt werden [FNR 2000]. Tabelle 18 zeigt Partikelgrößenverteilungen im Reingasstaub bei Einsatz unterschiedlicher Abscheider.

Tabelle 18: Partikeldurchmesser des Staubes im Reingas von Industrieholzfeuerungen [UMEG 1999]

Partikeldurchmesser	≤ 1 μm	≤ 2,5 μm	≤ 10 μm
mit Multizyklon	52 %	70 %	97 %
mit Elektroabscheider	62 %	68 %	88 %
mit Multizyklon und Elektroabscheider	41 %	55 %	80 %
mit Multizyklon und Rauchgaskondensation	95 %	96 %	100 %

8.2.7.2 Energieumwandlung

In dem der Feuerung nachgeschalteten Kessel findet der Wärmetausch zwischen dem Rauchgas und dem Wärmeträger statt. Bei der Ausgestaltung der Kessel müssen vor allem die Besonderheiten des jeweils eingesetzten Brennstoffs berücksichtigt werden. Der hohe Gehalt der Abgase einer Holzfeuerung an Fremdstoffen birgt eine erheblich größere Verschmutzungs-, Verschleiß- und Korrosionsgefahr als beim Öl- oder Gaskessel. Als Wärmeträgermedium wird meist Wasser verwendet, das gegebenenfalls verdampft wird. In Einzelfällen kommt auch Thermoöl zum Einsatz [Marutzky 2000].

Mithilfe einer Druckerhöhung bei der Dampferzeugung und nachfolgender Entspannung wird in einer Dampfturbine oder einem Dampfmotor (jeweils mit Generator) Strom erzeugt. Zur möglichst effektiven Dampfkraftnutzung müssen Druck und Temperatur möglichst hoch liegen. Bei Holzfeuerungsanlagen können Überhitzungstemperaturen von bis zu 450°C gefahren werden, wobei mit steigender Temperatur das Problem der Hochtemperaturchlorkorrosion zunimmt. Die Verdampfungswärme des Dampfes nach dem Kraftprozess kann noch zu Heizzwecken genutzt werden, oder muss in einem luft- oder wassergekühlten Kondensator abgeführt werden.

Bei der Kraft-Wärme-Kopplung mit konventionellem Dampfkreislauf werden Gegendruckturbinen verwendet – im Gegensatz zu den Kondensationsturbinen, die zur reinen Stromerzeugung eingesetzt werden.

Neuere Entwicklungen sind geschlossene Gasturbinen und Stirling-Motoren. Bei geschlossenen Gasturbinen wird mit einem Hochtemperaturwärmetauscher gearbeitet, der mit dem Rauchgas aus der Holzfeuerung betrieben wird. Die Erzeugung elektrischer Energie aus Biomasse mit geschlossenen Gasturbinen ist jedoch noch im Entwicklungsstadium. Das Hauptproblem bei der Umsetzung besteht in der Entwicklung des Hochtemperatur-Wärmetauschers.

Der Stirling-Prozess ist ein Prozess mit hohem thermodynamischen Wirkungsgrad, bei dem die Wärme aus der Verbrennung direkt in mechanische Energie umgesetzt wird. Derzeit betriebene Anlagen haben jedoch bedeutend niedrigere Wirkungsgrade, vorwiegend aufgrund von Reibungsverlusten. Daher liegen die aktuell erzielten elektrischen Wirkungsgrade bei unter 25 %. Wird Holz zur Wärmeerzeugung verwendet, so entstehen weitere Probleme aufgrund der hoch korrosiven Rauchgase und der niedrigen Abgastemperaturen (weitere Reduktion des erreichbaren Wirkungsgrads). Die derzeitige Entwicklung konzentriert sich auf Anlagen im Bereich zwischen 5 und 20 MW_{el}.

8.2.7.3 Mitverbrennung von Biomasse in Kohlefeuerungen

Die Mitverbrennung von Biomasse in Kohlefeuerungen wird meist in Erwägung gezogen, um die Betriebskosten durch den Einsatz des relativ günstigen Ersatzbrennstoffs zu senken. Es bietet noch weitere Vorteile, z.B. durch die Erhöhung des Gesamtwirkungsgrades im Vergleich zu zwei getrennten Feuerungen für Kohle bzw. Holz.

Zur Mitverbrennung von Holz in Kohlestaubfeuerungen muss das Holz auf eine mittlere Teilchengröße von 2-4 mm gemahlen werden [Hein et al. 1996]. Dabei kann das Holz sowohl in der Kohlemühle mitgemahlen, als auch in separaten Einrichtungen zerkleinert werden. Aufgrund des im Verhältnis zur Kohle großen Volumenstroms des Holzes werden bei größeren Biomasseanteilen separate Zerkleinerungseinrichtungen bevorzugt.

In Schmelzkammerfeuerungen wird der Holzstaub entweder bereits mit dem Kohlenstaub vermengt zugeführt oder über einen separaten Brenner verbrannt. In Trockenfeuerungen besteht zudem noch die Möglichkeit, das Holz auf einem zusätzlichen Rost zu verfeuern. Allgemein wird die Mitverbrennung bevorzugt bei Braunkohlenfeuerungen durchgeführt, da hier die Unterschiede im Heizwert zwischen Holz und Kohle geringer sind.

Der Abgasvolumenstrom ändert sich bei der Mitverbrennung nur geringfügig: so ändert sich der feuchte Abgasvolumenstrom je nach Biomasse und Feuchte um maximal ein Prozent bei einem Anteil der Biomasse an der thermischen Leistung bis zehn Prozent [Hein et al. 1996]. Bei Trockenfeuerungen können aufgrund des niedrigeren Schmelzbereichs der Biomasseaschen je nach Brennstoff verstärkt Probleme durch Verschlackungen im Feuerraum auftreten. Durch den erhöhten Chlorgehalt besonders bei Stroh oder bei Altholz mit entsprechender Beschichtung oder Behandlung kann es zu erhöhter Hochtemperaturkorrosion an den Heizflächen kommen. Ein weiteres Problem ist die Beschädigung oder Deaktivierung von Katalysatoren - z.B. bei der bei Trockenfeuerungen üblichen High-Dust-SCR - durch die erhöhten Alkali- und Erdalkalibestandteile und Phosphorverbindungen in den Biomasserauchgasen. Hierdurch kann der Katalysator „vergiftet" werden oder auch die Poren der aktiven Katalysatorzellen verstopft werden [Hein et al. 1996].

Die Emissionen der Hauptschadgase SO_2 und NO_x werden durch die Mitverbrennung von Biomassen im Roh-Rauchgas gemindert oder bleiben etwa gleich. Durch den geringeren Schwefelgehalt der Biomassen wird die Rauchgasentschwefelung entlastet. Trotz des höheren Gehalts an Stickstoff in Biomassebrennstoffen bleiben die NO_x- Emissionen im Rohgas gleich. Obwohl zum Beispiel für Stroh der auf den Heizwert bezogene Brennstoffstickstoff in der gleichen Größenordnung wie für Kohle liegt, verursacht die höhere Freisetzung von Pyrolyseprodukten und flüchtigen Stickstoffverbindungen eine geringere Stickoxidbildung [Hein et al. 1996]. Bei nicht ausreichender Aufmahlung bzw. zu geringer Verweilzeit des Biomasse-Brennstoffs im Feuer-

raum können die CO-Emissionen ansteigen. Insgesamt dürften bei Großfeuerungsanlagen die Emissionen im Großen und Ganzen gleich bleiben, da die Emissionsänderungen durch Nachregelung der Betriebsparameter aufgefangen werden können.
Probleme können für die Vermarktung der Aschen auftreten, da durch die Verbrennung von Biomassen ein erhöhter Anteil an Alkaliverbindungen und Unverbranntem auftreten können [Hein et al. 1996].

Während in Baden-Württemberg bisher Projekte zur Mitverbrennung von Holz und Biomasse noch im Planungsstadium sind, wird außerhalb Baden-Württembergs bereits in einigen Kohlefeuerungen Holz mitverbrannt. Als wirtschaftlich erweisen sich besonders solche Projekte, bei denen mit möglichst geringem Umrüstungsaufwand – z.B. ohne separate Zerkleinerungseinrichtungen oder separate Lagerung - Holz mitverbrannt werden kann.

8.2.8 Verwertung bzw. Entsorgung der festen Rückstände

Steigende Entsorgungskosten und neue rechtliche Rahmenbedingungen, wie die Einführung des Kreislaufwirtschafts- und Abfallgesetzes von 1996, legen seit langem den Gedanken nahe, die Holzaschen zu verwerten. Aufgrund der physikalischen Beschaffenheit und des Nährstoffgehalts sind prinzipiell folgende Verwertungswege möglich [Marutzky u. Seeger 1999]:

- Zusatz zu mineralischen Baustoffen
- Einsatz als Bodenverbesserungs- oder Düngemittel
- Kofferungsmaterial im Wege- und Straßenbau
- Streumaterial im Winter
- Schleif- und Strahlmittel
- Industrielle Verwertung, zum Beispiel Neutralisation oder Adsorption
- Füllstoff im Bergversatz

Wichtige Kriterien für den Einsatz der festen Rückstände in den unterschiedlichen Bereichen - aber auch für die Beseitigung kontaminierter Aschen - sind außer dem Nährstoffgehalt noch der Gehalt an Schadstoffen, das Eluierverhalten, das Schmelzverhalten und eventuell nötige Behandlungsverfahren zur Immobilisierung der enthaltenen Schadstoffe.

8.2.9 Ergebnisse der Prozesskettenanalyse für typische Anlagenbeispiele in Baden-Württemberg

Die Energiebilanz der Prozessketten (vgl. Abbildung 19) zeigt, dass für die Energieeffizienz der Holznutzung die Prozessschritte Holzbereitstellung und Ascheentsorgung von untergeordneter Bedeutung sind. Ihr Beitrag am gesamten Kumulierten Energieaufwand bleibt generell unter 5 % - unabhängig von den sehr unterschiedlich aufwändigen Bereitstellungsverfahren der verschiedenen Holzsortimente.

Einen erheblichen Beitrag stellt dagegen der Einsatz der fossilen Energieträger dar – nicht nur als fossiler Energieeinsatz in die Anlage selbst, sondern auch in Form von fossiler Energie, die in der vorgelagerten Prozesskette zur Bereitstellung von Öl, Gas oder Kohle nötig sind. Der Anteil der erneuerbaren Energie, die in Form des Brennstoffs Holz in die Anlage eingebracht wird, reduziert sich demnach auch entsprechend dem Einsatz an zusätzlichen fossilen Energieträgern in Spitzenlast- Öl- und Gaskesseln oder BHKWs zur Grundlastversorgung.

Im Vergleich zur Wärmebereitstellung mit konventionellen Öl- oder Gasheizwerken ist für die Wärmeversorgung mit Holz ein vergleichbarer kumulierter Energieaufwand zu verzeichnen (vgl. Abbildung 19) wobei über 60 % erneuerbarer Natur ist. Die CO_2- Emissionen können mit dem Einsatz von Holz auf ein Drittel oder weniger dessen reduziert werden, was durch ein Öl- oder Gasheizwerk emittiert werden würde. Die Emissionen an Stickoxiden, Staub und Kohlenmonoxid entstehen überwiegend beim Betrieb der Feuerungsanlagen selbst – die Holzbereitstellung und Ascheentsorgung spielen auch hier eine untergeordnete Rolle.

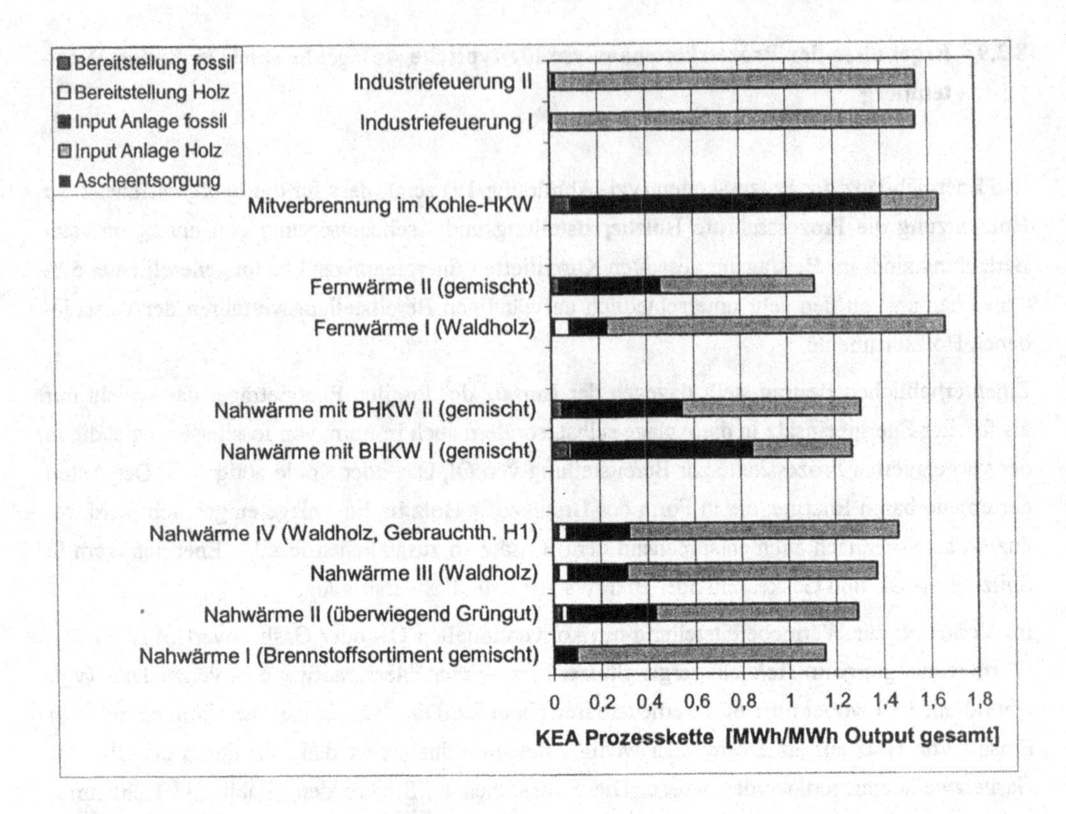

Abbildung 19: Kumulierter Energieaufwand der Prozessketten für energetische Holznutzung – Ergebnisse aus [Rentz et al. 2001]

Abbildung 20 zeigt, dass im Vergleich zu Öl- und Gaskesseln mit Holzkesseln grundsätzlich höhere Emissionen entstehen. Während die Kohlenmonoxid- und Stickoxidemissionen vorwiegend über die eingesetzte Feuerungstechnik sowie Stickstoffgehalt und Feuchte des Brennstoffs beeinflussbar sind, lassen sich die Staubemissionen nur über den Einsatz effektiverer sekundärer Staubminderungsmaßnahmen weiter reduzieren.

In Tabelle 19 werden die spezifischen Investitionen für verschiedene Staubminderungsmaßnahmen mit den damit durchschnittlich erreichten Reingaskonzentrationen den spezifischen Investitionen für die Gesamtanlage[144] gegenüber gestellt. Bei der Nachrüstung bestehender Anlagen mit effektiveren Staubabscheidern ergeben sich oft Platzprobleme bzw. ist das für die Nutzung der Kondensationswärme aus Rauchgaskondensatoren nötige Niedrigtemperaturwärmenetz nicht vorhanden. Der Einsatz effektiverer Staubabscheidungsapparate ist daher oft durch die örtlichen Gegebenheiten (z.B. Platzbedarf) begrenzt.

---

[144] Holzkessel mit Luftzufuhr, Zufuhreinrichtungen für den Brennstoff, Rauchgasreinigung und Ascheaustrag

Tabelle 19: Vergleich verschiedener Staubabscheider, Angaben für 1 MW_{th}[145]

	spezifische Investition [DM/kWth], (%-der spez. Gesamtinvestition)	spez. Gesamtinvestition [DM/kWth]	Reingaskonzentration [mg Staub/m³]
Multizyklon	30 (15%)	200	120
Gewebefilter	80 (29%)	280	10
Elektroabscheider	80 (29%)	280	30
Rauchgaskondensation	90 (31%)	290	60

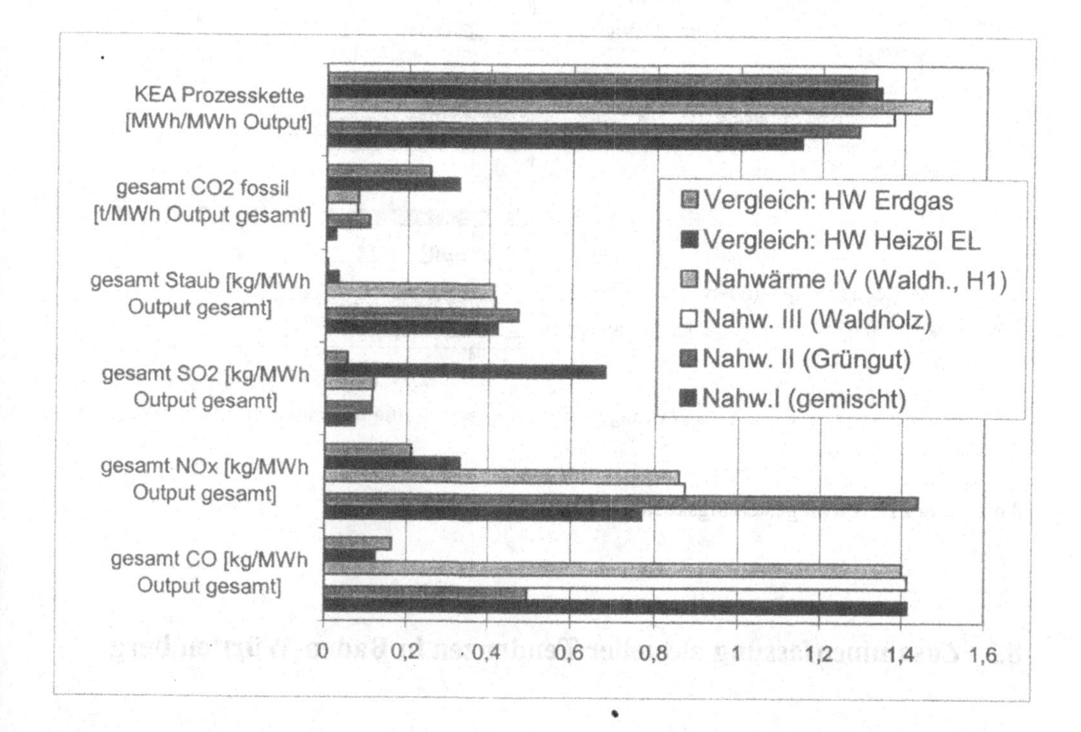

Abbildung 20: Vergleich der energetische Holznutzung mit konventionellen Alternativen [Rentz et al. 2001]

In Abbildung 21 sind die Wärmegestehungskosten nach den verschiedenen Beiträgen aufgeschlüsselt. Den größten Beitrag liefern demnach die aus den vergleichsweise hohen Investitionen resultierenden hohen Annuitäten. Die Brennstoffkosten für Holz haben mit bis zu 30 % ebenfalls einen erheblichen Anteil an den Kosten. Ascheentsorgungskosten spielen dagegen nur dann eine

[145] nach [FNR 2000]

Rolle, wenn aufgrund der Brennstoffeigenschaften vergleichsweise große Aschemengen produziert werden, wie z.B. bei der Verwendung von Landschaftspflegehölzern. Die große Differenz zwischen den beiden betrachteten Industriefeuerungen ergibt sich überwiegend aus den deutlich höheren spezifischen Investitionen[146], welche dadurch sehr stark variieren können, dass z.B. bereits vorhandene Lagerplätze, Infrastruktur etc. zum Teil genutzt werden können.

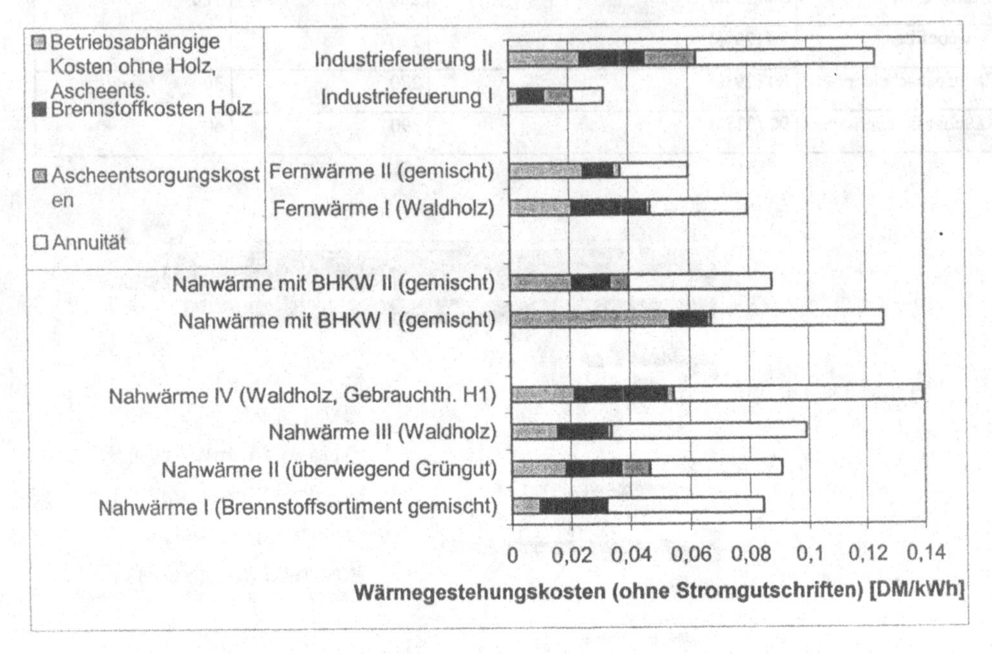

Abbildung 21: Wärmegestehungskosten der Anlagenbeispiele

8.3 Zusammenfassung aktueller Tendenzen in Baden-Württemberg

8.3.1 Marktsituation Alt- und Restholz

Das ökonomische Potenzial für Energieholz abzuschätzen ist derzeit sehr schwierig, da einige wichtige Randbedingungen, wie der Förderung von Biomasse als Energieträger gemäß dem Erneuerbaren-Energien- Gesetz und der Biomasseverordnung, erst seit kurzem endgültig festgelegt sind. Nicht abzusehen ist derzeit auch, wie groß die Kapazitäten der Mitverbrennung bzw. der

[146] da die betriebsabhängigen Kosten im Verhältnis zur spezifischen Investition abgeschätzt wurden, sind auch diese deutlich höher.

reinen Biomassefeuerungen in Zukunft sein werden. Die Entscheidung über die Durchführung einiger größerer Projekte, welche in ihrem regionalen Umkreis einen Großteil des verfügbaren Potenzials ausschöpfen würden, wie z.B. die Mitverbrennung von Biomasse im Heizkraftwerk Pforzheim, hängt direkt von den Ergebnissen der Diskussion um die Biomasseverordnung ab. Dazu kommt, dass im Bereich des unbehandelten Gebraucht- und Industrierestholzes noch die Konkurrenz der stofflichen Verwertung zu beachten ist. Ein Großteil dieser unbehandelten Hölzer (H1 und z.T. H2) werden derzeit zur Spanplattenherstellung, in der Zellstoff- oder Papierindustrie verwertet. Zur Abschätzung der regional verfügbaren Potenziale muss also auch immer die Anwesenheit dieser Industriezweige mit beachtet werden. Laut [Marutzky 2000] ist in den nächsten Jahren ein deutlicher Anstieg der Aktivitäten, besonders im Bereich der Zellstoffindustrie, zu erwarten. Dies könnte dazu führen, dass das ökonomisch erschließbare Potenzial an unbehandeltem Restholz allein durch die stoffliche Nutzung voll ausgeschöpft wird.

Aus all diesen Gründen sind die Preise für Gebrauchtholz derzeit sehr stark in Bewegung und können auch regional ein sehr unterschiedliches Niveau haben. Längerfristige Preiszusagen werden von den Betreibern von Altholzaufbereitungsanlagen zurzeit vermieden. Aussagen über die zukünftige Entwicklung des Gebrauchtholzmarktes und damit der ökonomischen Potenziale sind daher derzeit mit großen Unsicherheiten behaftet.

Aufgrund der festgelegten Stromabnahmepreise durch das Erneuerbare- Energien- Gesetz sind derzeit viele Planungen zum Bau größerer Biomassefeuerungsanlagen zur gekoppelten Erzeugung von Wärme und Strom im Gange. Ein wichtiges Kriterium für den Erfolg solcher Projekte ist jedoch die Versorgungssicherheit für den Brennstoff Holz: während einerseits Unternehmen mit Altholzaufbereitern langfristige Lieferverträge eingehen (z.B. EnBW mit der Konzerntochter U-Plus), werden andernorts die Planungen aufgegeben, da ein solcher langfristiger Liefervertrag in der Region nicht möglich bzw. nicht genug Altholz zu den erwarteten niedrigen Preisen verfügbar ist (vgl. [HZB 2001])

8.3.2 Pellets

Die Möglichkeit eines weitgehend wartungs- und störungsfreien Betriebs mit Pelletfeuerungen macht diese vor allem für den Gebrauch in dezentralen Anlagen, insbesondere bei privaten Haushalten interessant. In Baden-Württemberg ist der Markt für Pellets und Pelletkessel zunächst noch im Entstehen begriffen. Dadurch sind auch Informationen über Bezugsquellen, Qualitäten und dergleichen nur schwer erhältlich. Briketts sind dagegen für moderne Holzfeuerungen nicht mehr interessant, da sie keine Vorteile hinsichtlich des Ausbrands und damit hinsichtlich der Emissionen bieten und trotzdem aufwändig herzustellen sind. Angewendet werden

Brikettiermaschinen noch dort, wo noch ältere Stückholzkessel z.B. in Schreinereien vorhanden sind. Für diese kann mit den oft ebenfalls relativ alten Brikettiermaschinen das anfallende feine Restholz des Betriebs zu handhabbaren Stücken verpresst werden.

8.4 Zusammenfassung

Mittels der Prozesskettenanalyse konnte sowohl die Bedeutung einzelner Schritte der Holzenergienutzungskette für den Gesamtzusammenhang erfasst werden, als auch ein Vergleich unterschiedlicher Formen der Holznutzung angestellt werden.

Die Ergebnisse zeigten, dass der Einsatz von Holz als Brennstoff zur Einsparung fossiler Energieträger und zur Reduzierung von CO_2-Emissionen geeignet ist. Dabei sollte jedoch der Holzanteil an der Wärmebereitstellung möglichst groß sein, um tatsächlich einen positiven Effekt zu erreichen. Der Energieaufwand für vor- und nachgelagerte Prozesse ist von untergeordneter Bedeutung. Mit der energetischen Nutzung von Holz ist zugleich ein erhöhter Ausstoß an NO_x und Staub zu erwarten, dem je nach örtlichen Gegebenheiten mit effektiven Staubminderungsmaßnahmen bzw. mit entsprechender Feuerungstechnik entgegen gewirkt werden kann. Für dezentrale Kleinfeuerungen eignen sich besonders emissionsarme Techniken wie die der Pelletfeuerung.

Der Beitrag der Annuität an den Wärmegestehungskosten macht deutlich, dass zur Förderung des Holzeinsatzes die Gewährung von Investitionszuschüssen sinnvoll ist. Weitere wichtige Aspekte für die Wirtschaftlichkeit einer Holzfeuerungsanlage ist die Gewährleistung der Brennstoffversorgung zu konkurrenzfähigen Preisen – was für einen längerfristigen Zeitraum in der derzeit instabilen Marktlage oft ein Problem darstellt - , sowie die vertragliche Absicherung der Wärmeabnahme.

Der Einsatz von Holz als CO_2-neutrale und erneuerbare Energiequelle ist somit ökologisch und ökonomisch sinnvoll, sofern geeignete Brennstoffe und Techniken angewendet werden und auf eine sorgfältige Planung der Anlagen geachtet wird.

8.5 Quellen

[Anderl 2000] Anderl, H.; Mory, A., Zotter, T.: *BioCoComb-Vergasung von Biomasse und Mitverbrennung von Gas in einem Kohlestaubkessel*; VGB Kraftwerkstechnik Nr.3 (2000), S. 68-74

[Berghoff 1998] Berghoff, R.: *Verwertungskonzept des Bundeslandes Nordrhein-Westfalen für Holzabfälle und die Umsetzung in die Praxis*; Vortrag im Rahmen des VDI-Seminars Stand der Feuerungstechnik für Holz, Holzabfälle und Biomasse, 3./4. Dezember 1998, Salzburg

[BIZ 2000] *Biomasse-Informations-Zentrum (BIZ) des Instituts für Energiewirtschaft und Rationelle Energieanwendung (IER),* Universität Stuttgart; Internetseite: http://www.biomasse-info.net; Stand 29. Mai 2000

[Flamme u. Walter 1998] Flamme, S.; Walter, G.: *Gebraucht- und Restholzsituation in NRW*; Baustoff Recycling und Deponietechnik BR, Nr. 10 (1998), S. 11-13

[FNR 2000] Fachagentur Nachwachsende Rohstoffe: *Leitfaden Bioenergie; Planung, Betrieb und Wirtschaftlichkeit von Bioenergieanlagen*; Gülzow 2000

[Forstabsatzfonds 1998] FORSTABSATZFONDS (Hrsg.): *Holzenergie für Kommunen – Ein Leitfaden für Initiatoren, Materialien zu Wald, Holz und Umwelt*, Bonn 1998

[Gaegauf 2000] Gaegauf, C.: *Partikelemissionen verschiedener Holzfeuerungen; Tagungsband zum 6. Holzenergie-Symposium „Luftreinhaltung, Haus-Systeme und Stromerzeugung"* am 20.10.2000 in Zürich

[Gegusch 2001] Gegusch, H.: *Entsorgung von Altholz – Die Regelungen der geplanten Altholzverordnung*; Vortrag im Rahmen des VDI-Seminars 433621 „Prioritäre Abfallströme Klärschlamm/Holz/Ersatzbrennstoffe/Tiermehl", 15./16.2.2001, Neuss

[Groll 2000] Groll, A.; *A+S Häcksel- und Kompostierungs-GmbH*, Pfaffenhofen: Persönliche Mitteilung, Oktober 2000

[Hein et al. 1996] Hein, K.; Spliethoff, H.; Siegle, V.; Heinzel, T.: *Verfeuerung von Biomasse als Option zur Minderung der energieverbrauchsbedingten CO2- Emissionen*; Jahrbuch der Universität Stuttgart, 1996; URL: http://uni-stuttgart.de/wechselwirkungen/ww1996/hein.htm Stand 02.11.2000

[HZB 2001] Holzzentralblatt (HZB): Artikel *„EnBW verstärkt Investitionen in regenerativen Energien"* und *„Shell stoppt Aktivitäten bei Holzenergie"*, Nummer 118, 1. Oktober 2001, S. 1451

[Klenk 1998] Klenk, M.: *Feuerungsanlage mit Kraft-Wärme- Kopplung*, Abschlussbericht UBA 70 441-1/4 im Auftrag des Umweltbundesamtes, Juli 1998

[LfU 1999] Landesanstalt für Umweltschutz Baden-Württemberg (Hrsg.): *Anlagen zur Aufbereitung von Holzabfällen in Baden-Württemberg*, Erhebung, Stand August 1999, Karlsruhe 1999

[Marutzky u. Seeger 1999] Marutzky, R.; Seeger, K.: *Energie aus Holz und anderer Biomasse*; DRW-Verlag Weinbrenner GmbH & Co., Leinfelden-Echterdingen 1999

[Marutzky 2000] Marutzky, R.: *Potenziale an Holzbrennstoffen aus dem forstlichen Bereich, der Sägeindustrie und Gebrauchtholz*; Tagungsband des VDI- Seminars „Strom und Wärme aus Biomasse- Biogas", Freiberg, 9./10.11.2000

[Meinhardt et al. 2000] Meinhardt, N.; Lenz, R.; Nürk, G.: *Energieholz in Baden-Württemberg – Potenziale und derzeitige Verwertung*; Diplomarbeit an der Fachhochschule Nürtingen, Fachbereich Landespflege; 2000

[MLR 1999] Ministerium Ländlicher Raum: *Schwörer Haus – Mitverbrennung externer Biomassen in einer Kraft-Wärme-Kopplungsanlage*; Endbericht des Pilotvorhabens mit Beteiligung von Heinrich (Fichtner GmbH&Co. KG, Stuttgart), Bohner (SchwörerHaus KG, Oberstetten), Kemmerer, Thumm (Forstamt Lichtenstein, Kleinenstingen; Forstlicher Stützpunkt Pfronstetten); Petermann (Bezirksstelle für Naturschutz und Landschaftspflege Tübingen); Göggel (Amt für Landwirtschaft Münsingen); Walz (Bau- und Entsorgungsbetriebe der Stadt Reutlingen); Söll (Straßenmeisterei Gauingen); Vetter (Institut für umweltgerechte Landbewirtschaftung Müllheim); Bechteler (Ministerium Ländlicher Raum Baden-Württemberg); April 1999

[Rentz et al. 2000] Rentz, O.; Karl, U.; Peter, H.; Wolff, F.: *Konzeption zur Verbesserung der Emissionsdatenerfassung für krebserzeugende Spurenstoffe in Baden-Württemberg*; Bericht im Auftrag der Landesanstalt für Umweltschutz Baden-Württemberg, März 2000

[Rentz et al. 2001] Rentz, O.; Karl, U., Wolff, F.; Dreher, M.; Wietschel, M.: *Energetische Nutzung von Alt- und Restholz in Baden-Württemberg, Endbericht im Auftrag der Landesanstalt für Umweltschutz Baden-Württemberg*, Karlsruhe, Februar 2001

[Rösch 1996] Rösch, C.: *Vergleich stofflicher und energetischer Wege zur Verwertung von Bio- und Grünabfällen unter besonderer Berücksichtigung der Verhältnisse in Baden-Württemberg*; Forschungszentrum Karlsruhe GmbH, Technik und Umwelt, Wissenschaftlicher Bericht FZKA 5857, 1996

[Stockinger u. Obernberger 1998] Stockinger, H.; Obernberger, I.: *Systemanalyse der Nahwärmeversorgung mit Biomasse; Schriftenreihe Thermische Biomassenutzung*, Band2; dbv-Verlag für die Technische Universität Graz, 1. Auflage September 1998, ISBN 3-7041-0253-9

[UMEG 1999] UMEG Gesellschaft für Umweltmessungen und Umwelterhebungen mbH, Karlsruhe: *Feinstaubuntersuchungen an Holzfeuerungen, Teil II*: Bereich Industriefeuerungen > 1 MW; Abschlussbericht zum Werkvertrag 43-98.03, im Auftrag des Ministeriums für Umwelt und Verkehr Baden-Württemberg, Juli 1999

[VDI 3462] VDI-Richtlinie 3462: *Emissionsminderung Holzbearbeitung und –verarbeitung – Verbrennen von Holz und Holzwerkstoffen ohne Holzschutzmittel*; VDI Handbuch Reinhaltung der Luft, Band 3

[Verscheure 1998] Verscheure, P.: *Holz-Hackschnitzel Lieferkonzept für die Heizanlagen Mülheim und Neuenburg*; Diplomarbeit an der Forstwissenschaftlichen Fakultät der Albert-Ludwigs- Universität Freiburg i. Breisgau; Referent: Prof. Dr. G. Becker, Koferent: Prof. Dr. M. Becker; 1998

[Vhe 1996] Schweizerische Vereinigung für Holzenergie Vhe: *Wie lassen sich beim Bau automatischer Holzfeuerungen die Kosten reduzieren*?; Holz-Zentralblatt vom 06.12.1996

[Wienhaus u. Börtitz 1995] Wienhaus, G., Börtitz, S.: *Orientierende Untersuchungen über den Spurenelementgehalt in Gebrauchtholz sowie in Holz- und Aktivkohlen*; Holz als Roh- und Werkstoff: European journal of wood and wood products; 53 (1995), Nr. 4, S. 269-272

[Zollner et al. 1997] Zollner, A.; Häberle, K.-H.; Kölling, C.; Gulder, H.-J.; Schubert, A.; Dietrich, H.-P.; Remler, N.: *Holzaschenverwertung im Wald*; LWF-Bericht Nr. 14, Bayrische Landesanstalt für Wald und Forstwirtschaft; URL: http://www.lwf.uni-muenchen.de (Stand: 3.8.00) Bericht von 1997

[UMEG 1999] UMEG Gesellschaft für Umweltmessungen und Umwelterhebungen mbH, Karlsruhe: *Emissionsmessungen an Holzfeuerungen*. Teil B: Bericht [illegible] MW [illegible] Wolkenrot [illegible] im Auftrag des Ministeriums für Umwelt und Verkehr Baden-Württemberg, [illegible] 1999

[VDI 3462] VDI-Richtlinie 3462: *Emissionsminderung, Holzbearbeitung und -verarbeitung; Verbrennen von Holz und Holzwerkstoffen ohne Holzschutzmittel*. VDI-Handbuch Reinhaltung der Luft, Band [illegible]

[Vorreiter 1998] Vorreiter [illegible]: *Holztechnologisches Handbuch* [illegible] [illegible] Hausarbeit [illegible] an der Forstwissenschaftlichen Fakultät der Albert-Ludwigs-Universität Freiburg i. Breisgau, Referent: Prof. Dr. G. Becker, Koreferent: Prof. Dr. [illegible] 1998

[Wie 1996] [illegible] Vereinbarung für [illegible] Wer [illegible] [illegible] Zentralblatt vom [illegible] 1996

[Wienhaus u. Fischer 1997] Wienhaus, O.; [illegible] [illegible] Untersuchungen [illegible] [illegible] In: [illegible] Holz als Roh- und Werkstoff [illegible] wood and wood products, 55 (1997) [illegible]

[illegible] et al. [illegible] [illegible] Dick, [illegible] [illegible] Band IV [illegible] Ergebnisse [illegible] [illegible] 1999, [illegible]

9 783527 321810